住房和城乡建设部"十四五"
高等职业教育建设工程管理类

U0680508

建筑
施工技术

马成龙　洪乾坤　主　编
金　怡　孔晓露　周登高　副主编
厉天数　主　审

中国建筑工业出版社

图书在版编目（CIP）数据

建筑施工技术 / 马成龙，洪乾坤主编 ；金怡，孔晓露，周登高副主编 . —北京：中国建筑工业出版社，2023.9

住房和城乡建设部"十四五"规划教材 高等职业教育建设工程管理类专业课程思政系列教材

ISBN 978-7-112-28927-1

Ⅰ. ①建… Ⅱ. ①马… ②洪… ③金… ④孔… ⑤周… Ⅲ. ①建筑施工–施工技术–高等职业教育–教材 Ⅳ. ①TU74

中国国家版本馆CIP数据核字（2023）第128814号

本教材以培养学生指导现场施工能力为目标，以介绍技术系统为前提，以介绍复杂而多用技术为重点，遵守国家现行规范，反映新技术、新工艺，致力于培养应用型人才。本教材主要内容包括：地基工程、基础工程、主体结构工程、装配式建筑工程、建筑装饰工程、建筑防水工程、BIM技术在建筑工程中的应用7个项目。

教材专业内容穿插相关思政提示与案例，并在课后练习中增加思政方向问题，把思政元素有机融入专业知识。同时，每个项目都列举了实际案例，有助于读者更好地掌握相关知识点和技能点，便于教师教学和学生实习与上岗就业。

本教材层次分明、结构合理、重点突出、思政元素丰富，既可作为高等职业教育土建大类专业教材，也可作为对相关人员的岗位培训教材或供土建工程技术人员参考。

为更好地支持相应课程的教学，我们向采用本书作为教材的教师提供教学课件，有需要者可与出版社联系，邮箱：jckj@cabp.com.cn，电话：（010）58337285，建工书院 https://edu.cabplink.com（PC端）。

责任编辑：吴越恺 张 晶
责任校对：姜小莲
校对整理：李辰馨

住房和城乡建设部"十四五"规划教材
高等职业教育建设工程管理类专业课程思政系列教材

建筑施工技术

马成龙 洪乾坤 主 编
金 怡 孔晓露 周登高 副主编
厉天数 主 审

＊

中国建筑工业出版社出版、发行（北京海淀三里河路9号）
各地新华书店、建筑书店经销
北京鸿文瀚海文化传媒有限公司制版
河北鹏润印刷有限公司印刷

＊

开本：787毫米×1092毫米 1/16 印张：18 字数：362千字
2023年8月第一版 2023年8月第一次印刷
定价：49.00元（赠教师课件）

ISBN 978-7-112-28927-1
（41654）

出版说明

党和国家高度重视教材建设。2016 年，中办国办印发了《关于加强和改进新形势下大中小学教材建设的意见》，提出要健全国家教材制度。2019 年 12 月，教育部牵头制定了《普通高等学校教材管理办法》和《职业院校教材管理办法》，旨在全面加强党的领导，切实提高教材建设的科学化水平，打造精品教材。住房和城乡建设部历来重视土建类学科专业教材建设，从"九五"开始组织部级规划教材立项工作，经过近 30 年的不断建设，规划教材提升了住房和城乡建设行业教材质量和认可度，出版了一系列精品教材，有效促进了行业部门引导专业教育，推动了行业高质量发展。

为进一步加强高等教育、职业教育住房和城乡建设领域学科专业教材建设工作，提高住房和城乡建设行业人才培养质量，2020 年 12 月，住房和城乡建设部办公厅印发《关于申报高等教育职业教育住房和城乡建设领域学科专业"十四五"规划教材的通知》(建办人函〔2020〕656 号)，开展了住房和城乡建设部"十四五"规划教材选题的申报工作。经过专家评审和部人事司审核，512 项选题列入住房和城乡建设领域学科专业"十四五"规划教材（简称规划教材）。2021 年 9 月，住房和城乡建设部印发了《高等教育职业教育住房和城乡建设领域学科专业"十四五"规划教材选题的通知》(建人函〔2021〕36 号)。为做好"十四五"规划教材的编写、审核、出版等工作，《通知》要求：(1) 规划教材的编著者应依据《住房和城乡建设领域学科专业"十四五"规划教材申请书》(简称《申请书》) 中的立项目标、申报依据、工作安排及进度，按时编写出高质量的教材；(2) 规划教材编著者所在单位应履行《申请书》中的学校保证计划实施的主要条件，支持编著者按计划完成书稿编写工作；(3) 高等学校土建类专业课程教材与教学资源专家委员会、全国住房和城乡建设职业教育教学指导委员会、住房和城乡建设部中等职业教育专业指导委员会应做好规划教材的指导、协调和审稿等工作，保证编写质量；(4) 规划教材出版单位应积极配合，做好编辑、出版、发行等工作；(5) 规划教材封面和书脊应标注"住房和城乡建设部'十四五'规划教材"字样和统一标识；(6) 规划教材应在"十四五"期间完成出版，逾期不能完成的，不再作为《住房和城乡建设领域学科专业"十四五"规划教材》。

住房和城乡建设领域学科专业"十四五"规划教材的特点，一是重点以修订教育部、住房和城乡建设部"十二五""十三五"规划教材为主；二是严格按照专业标准规范要求编写，体现新发展理念；三是系列教材具有明显特点，满足不同层次和类型的学校专业教学要求；四是配备了数字资源，适应现代化教学的要求。规划教材的出版凝聚了作者、主审及编辑的心血，得到了有关院校、出版单位的大力支持，教材建设管理过程有严格保障。希望广大院校及各专业师生在选用、使用过程中，对规划教材的编写、出版质量进行反馈，以促进规划教材建设质量不断提高。

住房和城乡建设部"十四五"规划教材办公室

2021 年 11 月

前　言

　　为贯彻落实国家教材委员会关于《习近平新时代中国特色社会主义思想进课程教材指南》通知要求,进一步推动党的二十大精神进教材、进课堂、进头脑,本教材按照高等职业教育建设工程管理类专业培养目标的要求,并结合课程的特点,通过提炼思政元素点、列举思政案例和设置思政方向等方式,将社会主义核心价值观、公共秩序、人生信念、社会公德、职业操守渗透到学生的基本素养形成中,引导学生树立正确的世界观、人生观和价值观,认识到工程对社会、健康、安全、法律及文化的影响,有利于学生的再教育、再发展,为学生的成长成才注入不竭的动力。

　　本教材根据教育部制定的建设工程管理类专业主干课程教学标准和国家最新的相关文件规定,并依据多年工学结合与校企合作的经验,重点介绍了地基工程、基础工程、主体结构工程、装配式建筑工程、建筑装饰工程、建筑防水工程和BIM技术在建筑工程中的应用。本教材内容涉及面广,系统性、实践性、综合性强。

　　本教材由浙江同济科技职业学院马成龙、洪乾坤任主编,负责大纲拟定与全书统稿。浙江建设职业技术学院金怡、浙江同济科技职业学院孔晓露、浙江绿城时代建设管理有限公司周登高担任副主编,浙江同济科技职业学院孔德娟、城市建设技术集团(浙江)有限公司刘永军参与编写。其中,项目1由金怡编写,项目2和项目5由马成龙、洪乾坤编写、项目3和项目6由孔晓露编写、项目4和项目7由周登高编写。思政案例由各项目编写人员负责修改整理,插图由孔德娟、刘永军负责修改整理。本教材由城市建设技术集团(浙江)有限公司厉天数正高级工程师主审,厉天数正高级工程师认真审阅了书稿,并提出了许多宝贵的意见和建议。

　　限于编者水平,书中难免有疏漏和不妥之处,恳请读者批评指正。在此,一并向参与本书编写的人员、中国建筑工业出版社以及对本教材提供帮助的人员深表谢意!我们将继续努力,与读者共同进步。

2023 年 6 月

目　录

项目1 地基工程

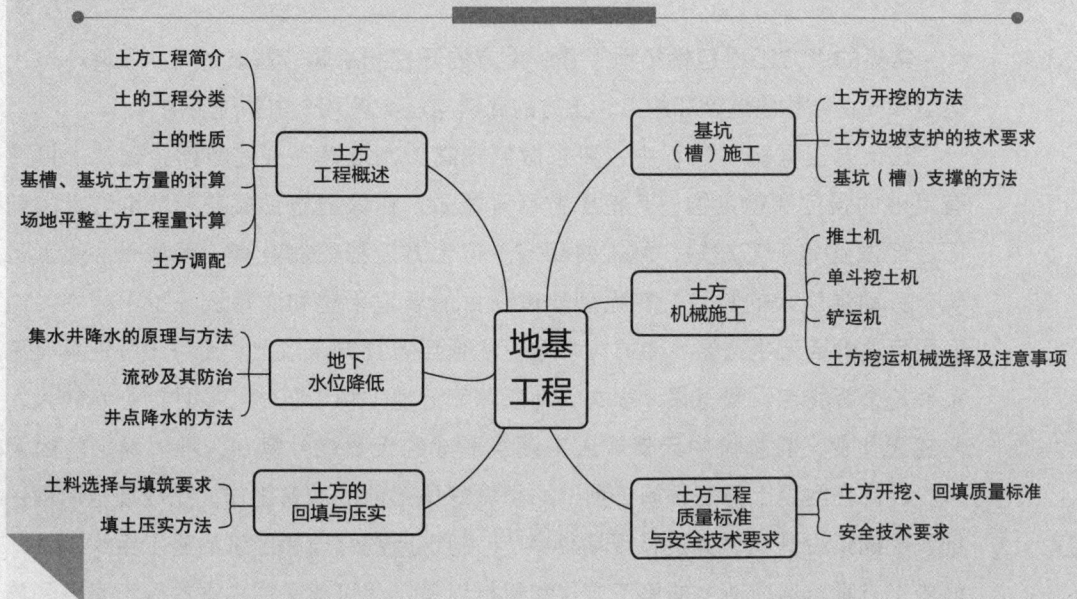

思维导图

- **土方工程概述**
  - 土方工程简介
  - 土的工程分类
  - 土的性质
  - 基槽、基坑土方量的计算
  - 场地平整土方工程量计算
  - 土方调配

- **地下水位降低**
  - 集水井降水的原理与方法
  - 流砂及其防治
  - 井点降水的方法

- **土方的回填与压实**
  - 土料选择与填筑要求
  - 填土压实方法

- **地基工程**

- **基坑（槽）施工**
  - 土方开挖的方法
  - 土方边坡支护的技术要求
  - 基坑（槽）支撑的方法

- **土方机械施工**
  - 推土机
  - 单斗挖土机
  - 铲运机
  - 土方挖运机械选择及注意事项

- **土方工程质量标准与安全技术要求**
  - 土方开挖、回填质量标准
  - 安全技术要求

【学习目标】

1. 知识目标

了解土的工程性质、边坡留设和土方调配的原则；掌握土方量计算的方法、场地设计标高确定的方法和用表上作业法进行土方调配；能熟悉深浅基坑的各种常用支护方法并了解其适用范围和基坑监测项目；理解流砂产生的原因，并了解其防治方法；掌握轻型井点设计并了解喷射井点、电渗井点和深井井点的适用范围；掌握基坑土方开挖的一般原则、方法和注意事项；了解常用土方机械的性能及适用范围并能正确合理地选用；掌握填土压实的方法和影响填土压实质量的影响因素；掌握土方工程质量标准与安全技术要求。

2. 思政目标

学习地基工程相关国家规范，树立行业规范意识，培养学生爱岗敬业、追求卓越、精益求精的工匠精神，建立生态文明建设的价值伦理。

任务 1.1 　土方工程概述

1.1.1 土方工程简介

常见的土方工程包括场地平整、土方的开挖和运输、基坑的排水及降水、土壁边坡和支护结构的选型和施工、土方的回填与压实等几个主要施工内容。

在土方工程施工过程中，要求做到标高控制准确、开挖断面合理，土体要具有足够的强度和稳定性，开挖土方尽可能少，在保证施工质量和基坑稳定的前提下尽量做到施工工期短，施工费用省。但土方工程往往具有工程量大，施工工期长，劳动强度大的特点，在大型建设项目的场地平整和深基坑开挖工程中，施工面积可达数百万平方米，土方工程量可达数百万立方米以上。土方工程还具有施工条件复杂等特点，受气候、水文、地质和邻近建（构）筑物等条件的影响较大，多为露天作业，且基坑中天然或人工填筑形成的土石成分复杂，难以确定的因素较多。因此在组织土方工程施工前，必须做好施工前的准备工作，完成场地清理，仔细研究勘察设计文件并进行现场勘察[①]；制定严密合理和经济的施工组织设计，做好施工方案，选择适当的施工方法和机械设备，尽可能采用先进的施工工艺和施工组织，实现土方工程施工综合机械化。制订合理的土方调配方案，并且制订好保证工程质量的技术措施和安全文明施工措施，对容易产生的质量通病做好预防措施等[②]。

1.1.2 土的工程分类

土的种类繁多，其分类方法各异，在土方工程施工中，按土的开挖难易程度分为松软土、普通土、坚土、砂砾坚土、软石、次坚石、坚石与特坚石八类，见表 1-1。表中一至四类为土，五至八类为岩石。在选择施工挖土机械和套用建筑安装工程劳动定额时要依据土的工程类别而定。

---

① 结合地质勘察报告的内容融入【德育：培养做事认真严谨、条理分明、实事求是的工作态度，严格遵守国家相关法律法规的规定与相关行业规范的职业素养】
② 结合安全、质量风险融入【德育：培养爱岗敬业、追求卓越、精益求精的工作态度，树立牢固的安全意识、质量意识】

土的工程分类　　　　　表 1-1

土的分类	土的级别	土的名称	密度（kg/m³）	开挖方法及工具
一类土 （松软土）	I	砂土；粉土；冲积砂土层；疏松的种植土；淤泥（泥炭）	600～1500	用锹、锄头挖掘，少许用脚蹬
二类土 （普通土）	II	粉质黏土；潮湿的黄土；夹有碎石、卵石的砂；粉土混卵（碎）石；种植土；填土	1100～1600	用锹、锄头挖掘，少许用镐翻松
三类土 （坚土）	III	软及中等密实黏土；重粉质黏土；砾石土；干黄土、含有碎石卵石的黄土；粉质黏土；压实的填土	1750～1900	主要用镐，少许用锹、锄头挖掘，部分用撬棍
四类土 （砂砾坚土）	IV	坚硬密实的黏性土或黄土；含碎石、卵石的中等密实的黏性土或黄土；粗卵石；天然级配砂石；软泥灰岩	1900	整个先用镐、撬棍，后用锹挖掘，部分用楔子及大锤
五类土 （软石）	V	硬质粘土；中密的页岩、泥灰岩、白垩土；胶结不紧的砾岩；软石灰岩及贝壳石灰岩	1100～2700	用镐或撬棍、大锤挖掘，部分使用爆破方法
六类土 （次坚石）	VI	泥岩；砂岩；砾岩；坚实的页岩、泥灰岩；密实的石灰岩；风化花岗岩；片麻岩及正长岩	2200～2900	用爆破方法开挖，部分用风镐
七类土 （坚石）	VII	大理岩；辉绿岩；玢岩；粗、中粒花岗岩；坚实的白云岩、砂岩、砾岩、片麻岩、石灰岩；微风化安山岩；玄武岩	2500～3100	用爆破方法开挖
八类土 （特坚石）	VIII	安山岩；玄武岩；花岗片麻岩；坚实的细粒花岗岩、闪长岩、石英岩、辉长岩、角闪岩、玢岩、辉绿岩	2700～3300	用爆破方法开挖

1.1.3 土的性质

土一般由土颗粒（固相）、水（液相）和空气（气相）三部分组成，这三部分之间的比例关系随着周围条件的变化而变化，三者间比例不同，反映出土的物理状态不同。土的天然含水量、土的天然密度和干密度、土的可松性、土的渗透性是与地基工程密切相关反映土的基本工程性质的指标，对评价土的工程性质、进行土的工程分类具有重要意义。

1. 土的天然含水量 ω

土的天然含水量 ω 是土中水的质量与土颗粒质量之比的百分率，即：

$$\omega = \frac{m_w}{m_s} \times 100\% \qquad (1-1)$$

式中　m_w——土中水的质量（kg）；

　　　m_s——土中固体颗粒的质量（kg）。

2．土的天然密度 ρ 和干密度 ρ_d

土在天然状态下单位体积的质量，称为土的天然密度。土的天然密度用 ρ 表示：

$$\rho = \frac{m}{V} \tag{1-2}$$

式中　m——土的总质量（kg）；

　　　V——土的天然体积（m^3）。

单位体积中土的固体颗粒的质量称为土的干密度，土的干密度用 ρ_d 表示：

$$\rho_d = \frac{m_s}{V} \tag{1-3}$$

式中　m_s——土中固体颗粒的质量（kg）；

　　　V——土的天然体积（m^3）。

土的干密度越大，表示土越密实。工程上常把土的干密度作为评定土体密实程度的标准，以控制填土工程的压实质量。土的干密度 ρ_d 与土的天然密度 ρ 之间有如下关系：

$$\rho_d = \frac{\rho}{1+\omega} \tag{1-4}$$

3．土的孔隙比 e 和孔隙率 n

土的孔隙比和孔隙率反映了土的密实程度，孔隙比和孔隙率越小土越密实。孔隙比 e 是土中孔隙体积 V_V 与固体颗粒体积 V_S 的比值，可表示为：

$$e = \frac{V_V}{V_S} \tag{1-5}$$

式中　V_V——土中孔隙体积（m^3）；

　　　V_S——土中固体颗粒体积（m^3）。

孔隙率 n 是土中孔隙体积与总体积的比值，用百分率表示，可表示为：

$$n = \frac{V_V}{V} \times 100\% \tag{1-6}$$

式中　V_V——土中孔隙体积（m^3）；

　　　V——土的总体积（m^3）。

对于同一类土，孔隙比 e 和孔隙率 n 越大，孔隙体积就越大，从而使土的压缩性和透水性都增大，土的强度降低。故工程上也常用孔隙比和孔隙率来判断土的密实程度和工程性质。

4．土的压缩性

土的压缩性是指土在压力作用下体积减小的特性。取土回填或移挖作填时，松土经运输、填压以后均会压缩，一般土的压缩率参考值见表 1-2。

一般土的压缩率参考值 表 1-2

土的类别	土的名称	土的压缩率（%）	每立方米松散土压实后的体积（m³）	土的类别	土的名称	土的压缩率（%）	每立方米松散土压实后的体积（m³）
一至二类	种植土	20	0.80	三类土	天然湿度黄土	12 ~ 17	0.85
	一般土	10	0.90		一般土	5	0.95
	砂土	5	0.95		干燥坚实黄土	5 ~ 7	0.94

5．土的可松性

土具有可松性，即自然状态下的土经开挖后，其体积因松散而增大，以后虽经回填压实，仍不能恢复其原来的体积。土的可松性程度用可松性系数表示，即：

$$K_s = \frac{V_{松散}}{V_{原状}} \qquad (1-7)$$

$$K'_s = \frac{V_{压实}}{V_{原状}} \qquad (1-8)$$

式中　K_s——土的最初可松性系数；

　　　K'_s——土的最后可松性系数；

　　　$V_{原状}$——土在天然状态下的体积（m³）；

　　　$V_{松散}$——土挖出后在松散状态下的体积（m³）；

　　　$V_{压实}$——土经回填压（夯）实后的体积（m³）。

土的可松性对确定场地设计标高、土方量的平衡调配、计算运土机具的数量和弃土坑的容积，以及计算填方所需的挖方体积等均有很大影响。各类土的可松性系数见表 1-3。

土的可松性系数 表 1-3

土的类别	体积增加百分数		可松性系数	
	最初	最后	K_s	K'_s
一类土（种植土除外）	8 ~ 17	1 ~ 2.5	1.08 ~ 1.17	1.01 ~ 1.03
一类土（植物性土、泥炭）	20 ~ 30	3 ~ 4	1.20 ~ 1.30	1.03 ~ 1.04
二类土	14 ~ 28	2.5 ~ 5	1.14 ~ 1.28	1.02 ~ 1.05
三类土	24 ~ 30	4 ~ 7	1.24 ~ 1.30	1.04 ~ 1.07
四类土（泥灰岩、蛋白石除外）	26 ~ 32	6 ~ 9	1.26 ~ 1.32	1.06 ~ 1.09
四类土（泥灰岩、蛋白石）	33 ~ 37	11 ~ 15	1.33 ~ 1.37	1.11 ~ 1.15
五至七类土	30 ~ 45	10 ~ 20	1.30 ~ 1.45	1.10 ~ 1.20
八类土	45 ~ 50	20 ~ 30	1.45 ~ 1.50	1.20 ~ 1.30

6. 土的渗透性

土的渗透性指水流通过土中孔隙的难易程度，水在单位时间内穿透土层的能力称为渗透系数，用 K 表示，单位为"m/d"。K 值的大小反映土体透水性的强弱，影响施工降水与排水的速度；土的渗透系数可以通过室内渗透试验或现场抽水试验测定，一般土的渗透系数见表1-4。

土的渗透系数 K 参考值   表 1-4

土的名称	渗透系数 K（m/d）	土的种类	渗透系数 K（m/d）
黏土	< 0.005	中砂	5.0 ~ 25.0
粉质黏土	0.005 ~ 0.1	均质中砂	35 ~ 50
粉土	0.1 ~ 0.5	粗砂	20 ~ 50
黄土	0.25 ~ 0.5	圆砾	50 ~ 100
粉砂	0.5 ~ 5.0	卵石	100 ~ 500
细砂	1.0 ~ 10.0	无填充物卵石	500 ~ 1000

1.14 基槽、基坑土方量的计算 ·· ●

1. 土方边坡

在开挖基坑、沟槽或填筑路堤时，为了防止边坡塌方，保证施工安全及边坡稳定，土坡的边缘应考虑放坡。土方边坡的坡度为边坡的高度 H 与底宽 B 之比（图1-1），即：

$$土方边坡坡度 = \frac{H}{B} = \frac{1}{\frac{B}{H}} = 1 : m \tag{1-9}$$

式中：$m = B/H$，称为坡度系数。当边坡高度已知为 H 时，则其边坡宽度 $B = mH$。

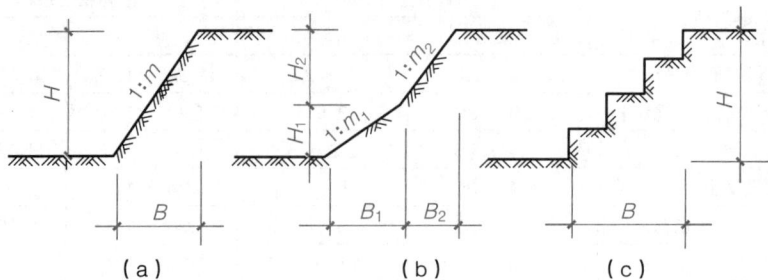

图 1-1 土方边坡
（a）直线形；（b）折线形；（c）踏步形

若边坡高度较高，土方边坡可根据各层土体所受的压力，做成折线形或阶梯形，以减少挖填土方量。土方边坡的大小主要与土质、开挖深度、开挖方法、边坡留置时间的长短、边坡附近的各种荷载状况及排水情况有关。

2．基坑、基槽土方量计算

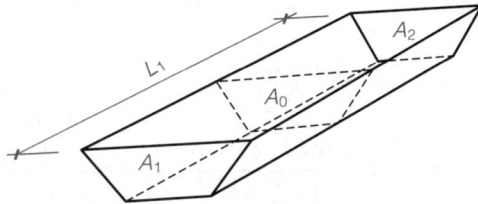

基坑土方量可按立体几何中的拟柱体（由两个平行的平面做底的一种多面体）体积公式计算（图 1-2）。即：

$$V = \frac{H}{6}(A_1 + 4A_0 + A_2) \qquad (1-10)$$

式中　H——基坑深度（m）；

　A_1、A_2——基坑上、下的底面积（m^2）；

　　A_0——基坑的中间位置截面面积（m^2）。

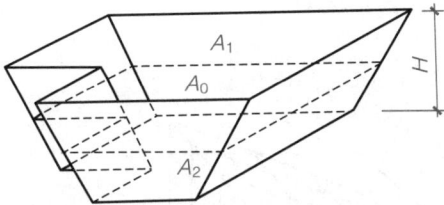

图 1-2　基坑土方量计算　　　　　图 1-3　基槽土方量计算

基槽和路堤的土方量可以沿长度方向分段后，再用同样方法计算（图 1-3）：

$$V_1 = \frac{L_1}{6}(A_1 + 4A_0 + A_2) \qquad (1-11)$$

式中　V_1——第一段的土方量（m^3）；

　L_1——第一段的长度（m）。

将各段土方量相加即得总土方量：

$$V = V_1 + V_2 + \cdots, + V_n$$

式中　V_1，V_2，$\cdots$，V_n——各分段的土方量（m^3）。

1.1.5　场地平整土方工程量计算 ●

1．场地设计标高的确定

要计算场地平整的土方工程量首先要确定合理的场地设计标高。对较大面积的场地平整，合理地确定场地的设计标高，对减少土方量和加快工程进度具有重要的经济意义[①]。一般应考虑以下几方面的因素：

① 满足生产工艺和运输的要求；

② 尽量利用地形，分区或分台阶布置，分别确定不同的设计标高；

③ 场地内挖填方平衡，尽量做到土方运输量最少；

④ 为了能满足排水要求，要有一定泻水坡度（≥2‰）；

⑤ 要考虑最高洪水位的影响。

场地设计标高一般应在设计文件上明确，若设计文件对场地设计标高没有设定时，可按下述步骤来确定。

（1）初步计算场地设计标高

初步计算场地设计标高的原则是场地内挖填方平衡，即场地内挖方总量等于填方总量。计算场地设计标高时，首先将场地的地形图根据要求的精度划分为 10～40m 的方格网，如图 1-4（a）所示。然后求出各方格角点的地面标高。地形平坦时，可根据地形图上相邻两等高线的标高，用插入法求得；地形起伏较大或无地形图时，可在地面用木桩打好方格网，然后用仪器直接测出。

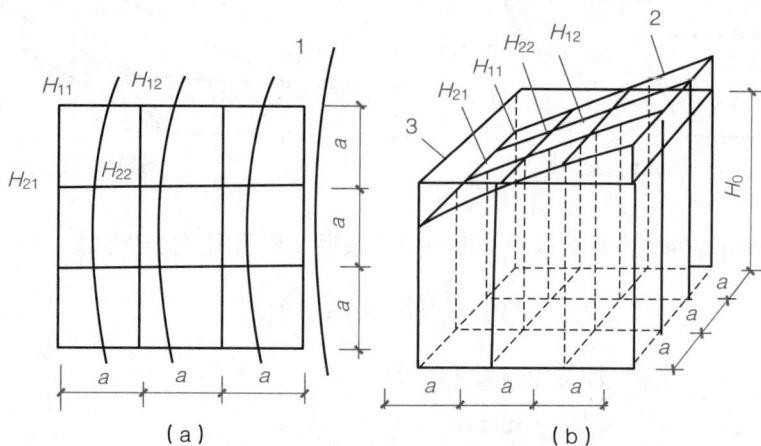

图 1-4　场地设计标高 H_0 计算示意图
（a）方格网划分；（b）场地设计标高示意图
1—等高线；2—自然地面；3—场地设计标高平面

按照场地内土方的平整前及平整后相等，即挖填方平衡的原则，如图 1-4（b）所示，场地设计标高可按下式计算：

$$H_0 na^2 = \sum\left(a^2 \frac{H_{11} + H_{12} + H_{21} + H_{22}}{4}\right)$$

$$H_0 = \frac{\sum(H_{11} + H_{12} + H_{21} + H_{22})}{4n} \tag{1-12}$$

---

① 结合土方工程对周围环境的影响融入【德育：提高绿水青山就是金山银山的环境保护意识，建立生态文明建设的价值伦理】

式中 　　　　　　H_0——所计算的场地设计标高（m）；

　　　　　　　a——方格边长（m）；

　　　　　　　n——方格数；

H_{11}、H_{12}、H_{21}、H_{22}——任一方格的四个角点的标高（m）。

从图 1-4（a）可以看出，H_{11} 系一个方格的角点标高，H_{12} 及 H_{21} 系相邻两个方格的公共角点标高，H_{22} 系相邻的四个方格的公共角点标高。如果将所有方格的四个角点相加，则类似 H_{11} 这样的角点标高加一次，类似 H_{12}、H_{21} 的角点标高需加两次，类似 H_{22} 的角点标高要加四次。如令：

H_1——为一个方格仅有的角点标高；

H_2——为二个方格共有的角点标高；

H_3——为三个方格共有的角点标高；

H_4——为四个方格共有的角点标高。

则场地设计标高 H_0 的计算公式（1-12）可改写为下列形式：

$$H_0 = \frac{\sum H_1 + 2\sum H_2 + 3\sum H_3 + 4\sum H_4}{4n} \tag{1-13}$$

（2）场地设计标高的调整

按上述公式计算的场地设计标高 H_0 仅为一理论值，在实际运用中还需考虑以下因素进行调整。

1）由于土具有可松性，一定体积的土方开挖后的体积会增大，因此需相应提高设计标高以达到土方量的实际平衡。

2）由于场地内大型基坑挖出的土方、修筑路堤填高的土方，以及经过经济比较而将部分挖方就近弃土于场外或将部分填方就近从场外取土，上述做法均会引起实际挖填土方量的变化。因此需要根据实际情况相应调整设计标高。

（3）场地泄水坡度对设计标高的影响

按上述计算和调整后的场地设计标高，平整后场地是一个水平面。但实际上由于排水的要求，场地表面均有一定的泄水坡度，平整场地的表面坡度应符合设计要求，如无设计要求时，一般应向排水沟方向作成不小于 2‰的坡度[1]。所以，在计算的 H_0 或经调整后的 H'_0 基础上，要根据场地要求的泄水坡度，最后计算出场地内各方格角点实际施工时的设计标高。当场地为单向泄水及双向泄水时，场地各方格角点的设计标高求法如下：

1）单向泄水时场地各方格角点的设计标高（图 1-5a）

以计算出的设计标高 H_0 或调整后的设计标高 H'_0 作为场地中心线的标高，场地

---

[1] 结合土方工程场地设计标高调整因素融入【德育：提醒学生任何事物都不是一成不变的，除了要具备严谨的分析问题、解决问题的能力，还要学会理论联系实际，在建立灵活变通的工作方式同时还要守住遵纪守法的底线】

内任意一个方格角点的设计标高为：

$$H_{dn}=H_0 \pm l \times i \qquad (1-14)$$

式中　H_{dn}——场地内任意一点方格角点的设计标高（m）；

l——该方格角点至场地中心线的距离（m）；

i——场地泄水坡度（不小于 2‰）；

$\pm$——该点比 H_0 高则取"＋"，反之取"－"。

例如，图 1-5（a）中场地内角点 10 的设计标高：$H_{d10}=H_0-0.5ai$

2）双向泄水时场地各方格角点的设计标高（图 1-5b）

以计算出的设计标高 H_0 或调整后的标高 H'_0 作为场地中心点的标高，场地内任意一个方格角点的设计标高为：

$$H_{dn}=H_0 \pm l_x i_x \pm l_y i_y \qquad (1-15)$$

式中　l_x、l_y——该点于 x-x、y-y 方向上距场地中心线的距离（m）；

i_x、i_y——场地在 x-x、y-y 方向上泄水坡度。

例如，图 1-5（b）中场地内角点 10 的设计标高：$H_{d10}=H_0-0.5ai_x-0.5ai_y$

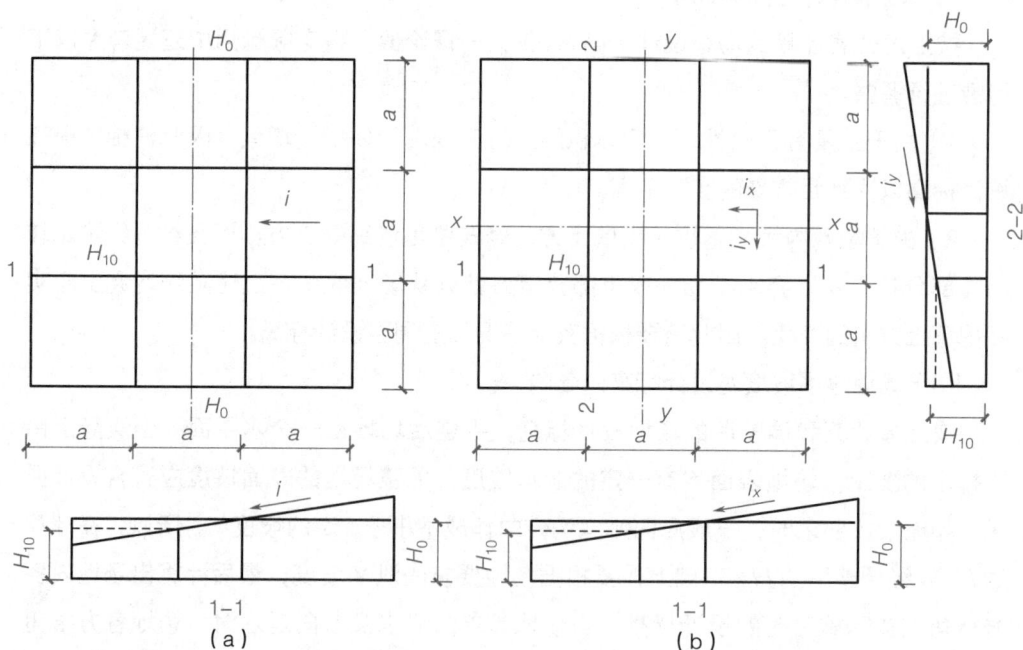

图 1-5　场地泄水坡度示意图
（a）单向泄水；（b）双向泄水

2. 场地土方工程量计算

场地土方量的计算方法，通常有方格网法和断面法两种。方格网法适用于地形较为平坦、面积较大的场地，断面法则多用于地形起伏变化较大或地形狭长的地带。

（1）方格网法

1）划分方格网并计算场地各方格角点的施工高度

根据已有地形图（一般用 1 ∶ 500 的地形图）划分成若干个方格网，尽量与测量的纵横坐标网对应，方格一般采用 10m×10m ~ 40m×40m，将角点自然地面标高和设计标高分别标注在方格网点的左下角和右下角（图 1-6）。角点设计标高与自然地面标高的差值即各角点的施工高度，表示为：

$$h_n = H_{dn} - H_n \qquad (1-16)$$

式中　h_n——角点的施工高度，以"＋"为填，以"－"为挖；标注在方格网点的右上角；

H_{dn}——角点的设计标高（若无泄水坡度时，即为场地设计标高）；

H_n——角点的自然地面标高。

2）计算零点位置

在一个方格网内同时有填方或挖方时，要先算出方格网边的零点位置即不挖不填点，并标注于方格网上，由于地形是连续的，连接零点得到的零线即为填方区与挖方区的分界线。

零线是挖方区和填方区的分界线，零线求出后，场地的挖方区和填方区也随之标出。一个场地内的零线不是唯一的，可能是一条，也可能是多条。当场地起伏较大时，零线可能出现多条。

零点的位置按相似三角形原理（图 1-7）按下式计算：

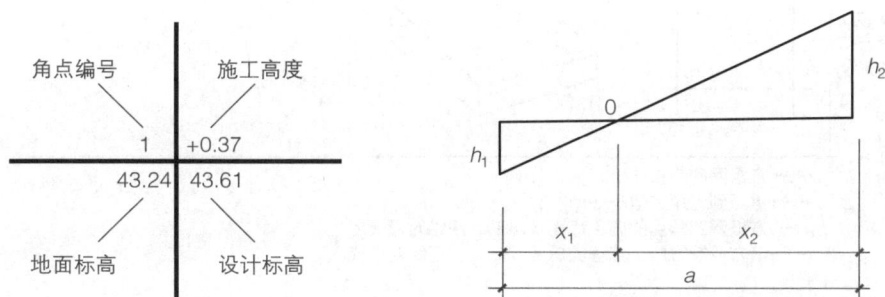

图 1-6　方格网标注标高示意图　　　　图 1-7　相似三角形原理示意图

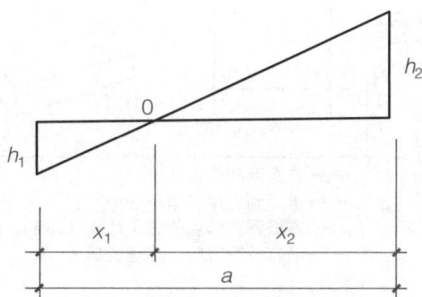

$$x_1 = \frac{h_1}{h_1 + h_2} \times a; \ x_2 = \frac{h_2}{h_1 + h_2} \times a \qquad (1-17)$$

式中　x_1、x_2——角点至零点的距离（m）；

h_1、h_2——相邻两角点的施工高度（m），均用绝对值表示；

a——方格网的边长（m）。

3）计算方格土方工程量

按方格网底面积图形和表 1-5 所列公式，计算每个方格内的挖方或填方量。表内计算式是按各计算图形底面面积乘以平均施工高度而得出的，即平均高度法。

常用方格网计算公式　　　　　表 1-5

项目	图示	计算公式
一点填方或挖方（三角形）		$V = \dfrac{1}{2}bc\dfrac{\sum h}{3} = \dfrac{bch_3}{6}$ 当 $b=c=a$ 时，$V = \dfrac{a^2 h_3}{6}$
二点填方或挖方（梯形）		$v_+ = \dfrac{b+c}{2}a\dfrac{\sum h}{4} = \dfrac{a}{8}(b+c)(h_1+h_3)$ $v_- = \dfrac{d+e}{2}a\dfrac{\sum h}{4} = \dfrac{a}{8}(d+e)(h_2+h_4)$
三点填方或挖方（五角形）		$v = \left(a^2 - \dfrac{bc}{2}\right)\dfrac{\sum h}{5} = \left(a^2 - \dfrac{bc}{2}\right)\dfrac{h_1+h_2+h_4}{5}$
四点填方或挖方（正方形）		$V = \dfrac{a^2}{4}\sum h = \dfrac{a^2}{4}(h_1+h_2+h_3+h_4)$

注：　a——方格网的边长（m）；
　　　b、c——零点到一角的边长（m）；
h_1、h_2、h_3、h_4——方格网四角点的施工高程（m），用绝对值代入；
　　　$\sum h$——填方或挖方施工高程的总和（m），用绝对值代入。

4）边坡土方量计算

为了维持土体的稳定，场地的边沿不管是挖方区还是填方区均需做成相应的边坡，因此在实际工程中还需要计算边坡的土方量（图 1-8）。一般小面积场地平整边坡土方量计算可以采用图算法，图算法计算边坡土方量方法直观且简便。常用边坡三角棱体、棱柱体计算公式见表 1-6。

5）计算土方总量

将挖方区（或填方区）所有方格的土方量和边坡土方量汇总，就可以算出场地平整挖（填）方的工程总量。

（2）断面法

沿场地的纵向或相应方向取若干个相互平行的断面（可利用地形图定出或实地
测量定出），将所取的每个断面（包括边坡）划分成若干个三角形和梯形，如图 1-9
所示，对于某一断面，其中三角形和梯形的面积为：

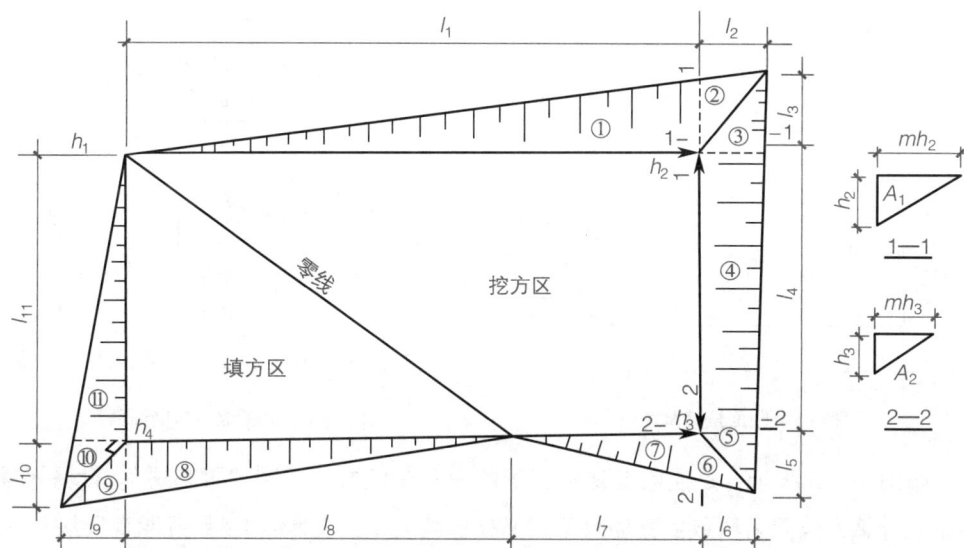

图 1-8　场地边坡平面图

常用边坡三角棱体、棱柱体计算公式　　　　　　　　　　表 1-6

项目	计算公式	符号意义
边坡三角棱体体积	边坡三角棱体体积 V 可按下式计算（例如图 1-8 中的①）： $$V_1 = \frac{1}{3}F_1 l_1$$ 其中　$F = \frac{h_2(mh_2)}{2} = \frac{mh_2^2}{2}$ V_2、V_5…V_{11} 计算方法同上	V_1、V_2、V_3、V_5…V_{11}——边坡①、②、③、⑤～⑪三角棱体体积（m^3）； l_1——边坡①的边长（m）； F_1——边坡①的端面积（m^2）； h_2——角点的挖土高度（m）； m——边坡的坡度系数； V_4——边坡④三角棱柱体体积（m^3）； l_4——边坡④的长度（m）； F_1、F_2、F_0——边坡④两端及中部的横截面面积（m^2）
边坡三角棱柱体体积	边坡三角棱柱体体积 V_4 可按下式计算（例如图 1-8 中的④）： $$V_4 = \frac{F_1 + F_2}{2}l_4$$ 当两端横截面面积相差很大时，则： $$V_4 = \frac{l_4}{6}(F_1 + 4F_0 + F_2)$$ F_1、F_2、F_0 计算方法同上	

$$f_1 = \frac{h_1}{2}d_1,\ f_2 = \frac{h_1 + h_2}{2}d_2,\ \cdots,\ f_n = \frac{h_n}{2}d_n \qquad （1-18）$$

该断面面积为：$F_i=f_1+f_2+, \cdots, +f_n$

若 $\qquad\qquad d_1=d_2=, \cdots, =d_n=d$

则 $\qquad\qquad F_i=d(h_1+h_2+, \cdots, h_n)$ （1-19）

各个断面面积求出后，即可计算土方体积。设各断面面积分别为 F_1, F_2, $\cdots$, F_n，相邻两断面之间的距离依次为 l_1, l_2, $\cdots$, l_n，则所求土方体积为：

$$V=\frac{F_1+F_2}{2}l_1+\frac{F_2+F_3}{2}l_2+\cdots\cdots+\frac{F_{n-1}+F_n}{2}l_n \qquad （1-20）$$

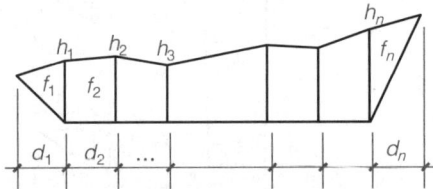

图 1-9　断面法计算图

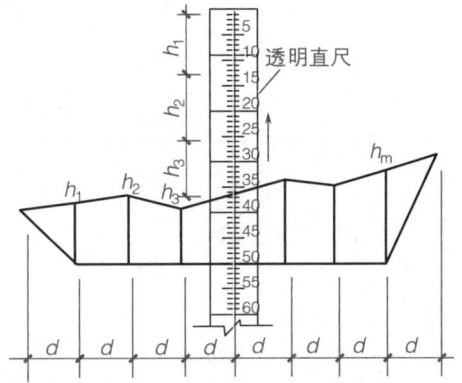

图 1-10　用累高法求断面面积

如图 1-10 所示，是用断面法求面积的一种简便方法，叫"累高法"。此法不需用公式计算，只要将所取的断面绘于普通坐标纸上（d 取等值），用透明直尺从 h_1 开始，依次量出（用大头针向上拨动透明直尺）各点标高（h_1、h_2……），累计得出各点标高之和，然后将此值与 d 相乘，即可得出所求断面面积。

1.1.6 土方调配 .... ●

1．土方调配原则

土方工程量计算完成后，即可着手对土方进行平衡与调配。土方的平衡与调配是土方规划设计的一项重要内容，是对挖土的利用、堆弃和填土的取得这三者之间的关系进行综合平衡处理，达到使土方运输费用最小而又能方便施工的目的。土方调配原则主要有：

（1）应力求达到挖、填平衡和运输量最小的原则。这样可以降低土方工程的成本。然而，仅限于场地范围的平衡，往往很难满足运输量最小的要求。因此还需根据场地和其周围地形条件综合考虑，必要时可在填方区周围就近借土，或在挖方区周围就近弃土，而不是只局限于场地以内的挖、填平衡，这样才能做到经济合理。

（2）应考虑近期施工与后期利用相结合的原则。当工程分期分批施工时，先期工程的土方余额应结合后期工程的需要而考虑其利用数量与堆放位置，以便就近调配。堆放位置的选择应为后期工程创造良好的工作面和施工条件，力求避免重复挖运。如先期工程有土方欠额时，可由后期工程地点挖取。

（3）尽可能与大型地下建筑物的施工相结合。当大型建筑物位于填土区而其基坑开挖的土方量又较大时，为了避免土方的重复挖、填和运输，该填土区暂时不予填土，待地下建筑物施工之后再行填土。为此，在填方保留区附近应有相应的挖方保留区，或将附近挖方工程的余土按需要合理堆放，以便就近调配。

（4）调配区大小的划分应满足主要土方施工机械工作面大小（如铲运机铲土长度）的要求，使土方机械和运输车辆的效率能得到充分发挥。

总之，进行土方调配，必须根据现场的具体情况、有关技术资料、工期要求、土方机械与施工方法，结合上述原则，予以综合考虑，从而做出经济合理的调配方案[①]。

2．土方调配区的划分

场地土方平衡与调配，需编制相应的土方调配图表，以便施工中使用。其方法如下：

（1）划分调配区

在场地平面图上先划出挖、填区的分界线（零线），然后在挖方区和填方区适当地分别划出若干个调配区。划分时应注意以下几点：

1）划分应与建筑物的平面位置相协调，并考虑开工顺序、分期开工顺序；

2）调配区的大小应满足土方机械的施工要求；

3）调配区范围应与场地土方量计算的方格网相协调，一般可由若干个方格组成一个调配区；

4）当土方运距较大或场地范围内土方调配不能达到平衡时，可考虑就近借土或弃土，一个借土区或一个弃土区可作为一个独立的调配区；

5）计算各调配区的土方量，并将它标注于图上。

（2）求出每对调配区之间的平均运距

调配区的大小及位置确定后，就可以计算各挖填调配区之间的平均运距。当用铲运机或推土机平土时，挖方调配区和填方调配区土方中心之间的距离，通常就是该挖填调配区之间的平均运距。

确定平均运距的方法需先求出各个调配区土方的中心，并把中心标在相应的调配区图上，然后用比例尺量出每对调配区之间的平均运距即可。当挖填方调配区之间的距离较远，采用汽车、自行式铲运机或其他运土工具沿工地道路或规定线路运输时，其运距可按实际计算。

[①]　结合土方调配影响因素融入【德育：培养学生统筹规划的能力，树立发展观和大局观】

3．土方调配方案

（1）初始方案

用"最小元素法"求出初始调配方案。最小元素法，即对运距最小（C_{ij} 对应）的 X_{ij}，优先并最大限度地供应土方量，如此依次分配，使 C_{ij} 最小的那些方格内的 X_{ij} 值尽可能取大值，直至土方量分配完为止。需注意的是，这只是优先考虑"最近调配"，所求得的总运输量是较小的，但这并不能保证总运输量最小，因此，需判别它是否为最优方案。

（2）最优方案判别法

只有所有检验数 $\lambda_j \geqslant 0$，初始方案才为最优解。"表上作业法"中求检验数 λ_j 的方法有"闭回路法"与"位势法"。"位势法"较"闭回路法"简便，因此这里只介绍用"位势法"求检验数。

检验时，首先将初始方案中有调配数方格的平均运距列出来，然后根据这些数字的方格，按下式求出两组位势数 u_i（i=1，2，…，m）和 V_j（j=1，2，…，n）：

$$C_{ij}=u_i+V_j \tag{1-21}$$

式中　C_{ij}——平均运距（m）；

　　　u_i、V_j——位势数。

位势数求出后，便可根据下式计算各方格的检验数：

$$\lambda_j=C_{ij}-u_i-V_j \tag{1-22}$$

如果求得的检验数均为正数，则说明该方案是最优方案，否则，该方案就不是最优方案。

（3）土方调配图绘制

根据表上作业求得的最优调配方案，在场地地形图上绘出土方调配图，图上应标出土方调配方向、土方数量及平均运距，如图 1-11 所示。

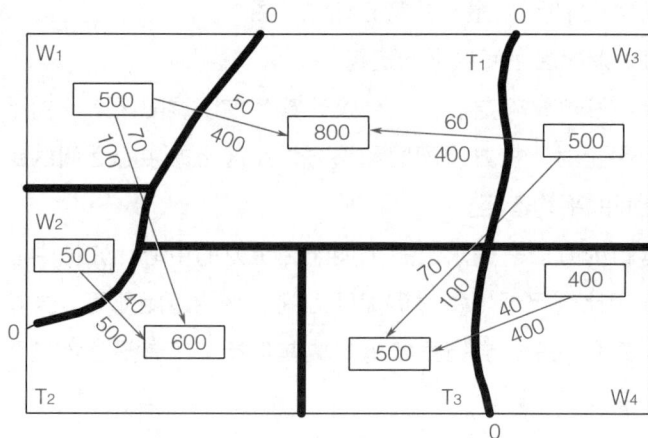

图 1-11　土方调配图

任务 1.2　基坑（槽）施工

1.2.1 土方开挖的方法 ●

基坑开挖分两种情况：一是无支护结构基坑的放坡开挖，二是有支护结构基坑的开挖。

1.无支护结构基坑的放坡开挖工艺

采用放坡开挖时，一般基坑深度较浅，挖土机可以一次开挖至设计标高，所以在地下水位高的地区，软土基坑采用反铲挖土机配合运土汽车在地面作业。如果地下水位较低，坑底坚硬，也可以让运土汽车下坑，配合正铲挖土机在坑底作业。当开挖基坑深度超过 4m 时，若土质较好，地下水位较低，场地允许，有条件放坡时，边坡宜设置阶梯平台，分阶段、分层开挖，每级平台宽度不宜小于 1.5m。

在采用放坡开挖时，要求基坑边坡在施工期间保持稳定。基坑边坡坡度应根据土质、基坑深度、开挖方法、留置时间、边坡荷载、排水情况及场地大小确定。放坡开挖应有降低坑内水位和防止坑外水倒灌的措施。若土质较差且基坑施工时间较长，边坡坡面可采用钢丝网喷浆进行护坡，以保持基坑边坡稳定。

放坡开挖基坑内作业面大，方便挖土机械作业，施工程序简单，经济效益好。但在城市密集地区施工，往往不允许采用这种开挖方式。

2.支护结构基坑的开挖工艺

支护结构基坑的开挖按其坑壁结构可分为直立壁无支撑开挖、直立壁内支撑开挖和直立壁拉锚（或土钉、土锚杆）开挖（图 1-12）。有支护结构基坑开挖的顺序、方法必须与设计工况相一致，并遵循"开槽支撑，先撑后挖，分层开挖，严禁超挖"和"分层、分段、对称、限时"的原则。

基坑开挖及内支撑

（1）直立壁无支撑开挖工艺

直立壁无支撑开挖工艺是一种重力式坝体结构，一般采用水泥土搅拌桩作坝体材料，也可采用粉喷桩等复合桩体作坝体。重力式坝体既挡土又止水，给坑内创造宽敞的施工空间和可降水的施工环境。

基坑深度一般在 5 ~ 6m，故可采用反铲挖土机配合运土汽车在地面作业。由于

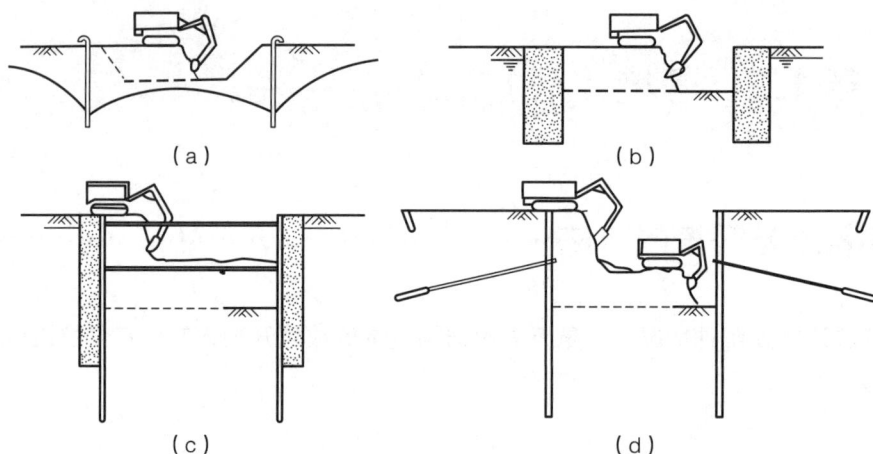

图 1-12 基坑挖土方式
（a）放坡开挖；（b）直立壁无支撑开挖；（c）直立壁内支撑开挖；（d）直立壁拉锚开挖

采用止水重力坝的基坑，地下水位一般都比较高，因此很少使用正铲下坑挖土作业。

（2）直立壁内支撑开挖工艺

在基坑深度大、地下水位高、周围地质和环境又不允许做拉锚和土钉、土锚杆的情况下，一般采用直立壁内支撑开挖形式。基坑采用内支撑，能有效控制侧壁的位移，具有较高的安全度，但减小了施工机械的作业面，影响挖土机械、运土汽车的效率，增加施工难度。

采用直立壁内支撑的基坑，深度一般较大，超过挖土机的挖掘深度，需分层开挖。在施工过程中，土方开挖和支撑施工需交叉进行。内支撑是随着土方的分层、分区开挖，形成支撑施工工作面，然后施工内支撑，结束后待内支撑达到一定强度以后进行下一层（区）土方的开挖，形成下一道内支撑施工工作面，重复施工，从而逐步形成支护结构体系。所以，基坑土方开挖必须和支撑施工密切配合，根据支护结构设计的工况，先确定土方分层、分区开挖的范围，然后分层、分区开挖基坑土方。在确定基坑土方分层、分区开挖范围时，还应考虑土体的时空效应、支撑施工的时间、机械作业面的要求等。

当有较密内支撑或为了严格限制支护结构的位移，常采用盆式开挖顺序，即在尽量多挖去基坑下层中心区域的土方后，架设十字对撑式钢管支撑并施加预紧力，或在挖去本层中心区域土方后，浇筑钢筋混凝土支撑，并逐个区域挖去周边土方，逐步形成对围护壁的支撑。这时使用的机械一般为反铲和抓铲挖土机。必要时，还可对挡墙内侧四周的土体进行加固，以提高内侧土体的被动土压力，满足控制挡墙变形的要求。图 1-13 所示为某广场基坑盆式开挖及支撑施工顺序示意图。

（3）直立壁土钉（或土锚杆或拉锚）开挖

当周围的环境和地质可以允许进行拉锚或采用土钉和土层锚杆时，应选用直立壁土钉开挖，因为直壁拉锚开挖使坑内的施工空间宽敞，挖土机械效率较高。在土

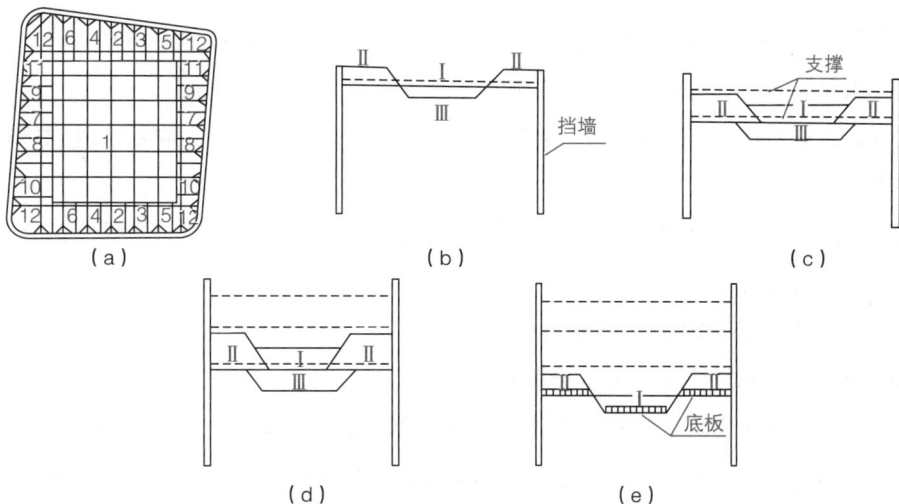

图 1-13 某广场基坑盆式开挖、支撑施工顺序示意图
（a）每层分块示意图；（b）第一道支撑工况；（c）第二道支撑工况；（d）第三道支撑工况；（e）坑底挖土及底板施工

方施工中，需进行分层、分区段开挖，穿插进行土钉（或土锚杆）施工。土方分层、分区段开挖的范围应和土钉（或土锚杆）的设置位置一致，满足土钉（土锚杆）施工机械的要求，同时也要满足土体稳定性的要求。

为了利用基坑中心部分土体搭设栈桥以加快土方外运，提高挖土速度，设直立壁土钉（或土锚杆）的基坑开挖或者采用周边桁架空间支撑系统的基坑开挖有时采用岛式开挖顺序（图 1-14 所示为某工程采用岛式开挖及支撑的施工顺序示意图），即先挖除挡墙内四周土方，待周边支撑形成后再开挖中间岛区的土

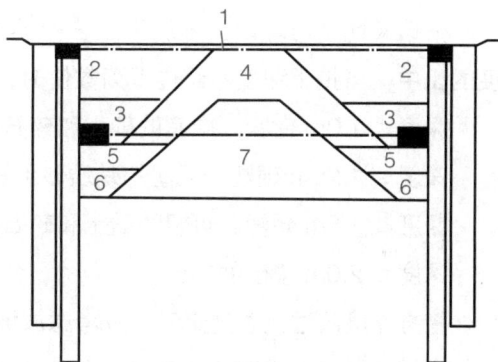

图 1-14 某工程岛式开挖及支撑的施工顺序示意图
1—中间环形桁架空间支撑系统；2—第一层开挖挡墙内四周土方；3—第二层开挖挡墙内四周土方；4—第一层开挖中间岛区土方；5—第三层开挖挡墙内四周土方；6—第四层开挖挡墙内四周土方；7—第二层开挖中间岛区土方

方。由于中间环形桁架空间支撑系统形成一定强度后即可穿插开挖中间岛区土（图 1-14 中 4 部分），同时钢筋混凝土支撑继续养护缩短了挖土时间。缺点是由于先挖挡墙内四周的土方，挡墙的受荷时间长，在软黏土中时间效应显著，有可能增大支护结构的变形量，所以在软黏土中应用较少。

1.2.2 土方边坡支护的技术要求

土壁的稳定，主要是由土体内摩擦阻力和黏结力来保持平衡，一旦土体失去平

衡，土体就会塌方，这不仅会造成人身安全事故，同时亦会影响工期，有时还会危及附近的建筑物[1]。造成土壁塌方的原因主要有：

（1）边坡过陡，使土体的稳定性不足导致塌方；尤其是在土质差，开挖深度大的坑槽中；

（2）雨水、地下水渗入土中泡软土体，从而增加土的自重同时降低土的抗剪强度，这是造成塌方的常见原因；

（3）基坑上口边缘附近大量堆土或停放机具、材料，或由于行车等动荷载，使土体中的剪应力超过土体的抗剪强度；

（4）土壁支撑强度破坏失效或刚度不足导致塌方。

为了防止塌方，保证施工安全，在基坑（槽）开挖时，边坡施工需要满足以下要求。土方边坡坡度大小的留设应根据土质、开挖深度、开挖方法、施工工期、地下水水位、坡顶荷载及气候条件等因素确定。一般情况下，黏性土的边坡可陡些，砂性土则应平缓些；当基坑附近有重要建筑物时，边坡应取 1：1.0 ～ 1：1.5。

根据《地基与基础工程施工工艺标准》QCJJT-JS02—2004 的建议，在天然湿度的土中，当挖土深度不超过下列数值时，可不放坡、不支撑。

深度≤ 1.0m 密实、中密的砂土和碎石类土（充填物为砂土）；

深度≤ 1.25m 硬塑、可塑的黏质砂土及砂质黏土；

深度≤ 1.5m 硬塑、可塑的黏土和碎石类土（充填物为黏性土）；

深度≤ 2.0m 坚硬的黏土。

挖方深度超过上述规定时，应考虑放坡或做成直立壁加支撑。

根据《土方与爆破工程施工及验收规范》GB 50201-2012 规定，在坡体整体稳定的情况下，如地质条件良好、土（岩）质较均匀，高度在 3m 以内的临时性挖方边坡坡度宜符合表 1-7 的规定。

临时性挖方边坡坡度值　　　　　　　　　表 1-7

土的类别		边坡值（高：宽）
砂土（不包括细砂、粉砂）		1：1.25 ～ 1：1.50
一般性黏土	坚硬	1：0.75 ～ 1：1.00
	硬塑	1：1.00 ～ 1：1.25
碎石类土	密实、中密	1：0.50 ～ 1：1.00
	稍密	1：1.00 ～ 1：1.50

---

[1]　结合土方边坡塌方案例融入【德育：培养学生严谨、认真的工匠精神，树立质量与安全底线】

1.2.3 基坑（槽）支撑的方法 ●

当土方开挖深度较大，自然放坡无法满足要求时可以设置土壁支撑。

基坑支护方法较多，限于篇幅，本节介绍常用的 10 种基坑支护方式。其中用在基坑支护深度不到 5m，在放坡卸荷的情况下还可突破 1 ~ 2m 的有深层搅拌水泥土桩支护、土钉墙支护、悬臂式排桩支护、槽钢支护、型钢桩挡土板支护等；一般用在基坑支护深度超过 5m 的有复合土钉墙支护、排桩加内支撑支护、拉森式钢板桩支护、型钢水泥土墙支护（SMW 工法）和桩锚支护。现分别介绍如下：

1．深层搅拌水泥土桩支护

深层搅拌水泥土桩（也称深层水泥搅拌桩）是加固饱和软土的一种新方法，最早用于加固软土地基，后来发展作为防渗墙及浅基坑的挡土支护桩（图 1-15）。它由搅拌桩机将水泥和土强行搅拌，形成柱状的搅拌水泥土桩，水泥土柱状加固体连续搭接形成密封挡墙；兼具隔水作用的挡土支护桩通常布置成连续式（至少四排）或格栅式，格栅式要求相邻桩搭接不小于 20cm，格栅的截面置换率（加固土面积与总面积之比）为 0.6 ~ 0.8。它适用于 4 ~ 6m 深的沿海地区，如沪、江浙、粤等地的软土地基基坑，采取卸荷方法最大可达 7m。深层搅拌水泥土桩只要一排就能止水防渗，渗透系数不大于 7 ~ 10cm/s，因此 1 ~ 2 排深层搅拌水泥土桩还被广泛应用在后述深基坑的排桩支护前和型钢水泥土支护中，当然此刻它只起止水防渗作用，挡土任务由排桩和 H 型钢完成。

深层搅拌水泥土桩支护的施工工艺目前主要用喷浆式深层搅拌法（湿法），这种工艺施工时注浆量较易控制，成桩质量较为稳定，桩体均匀性好。

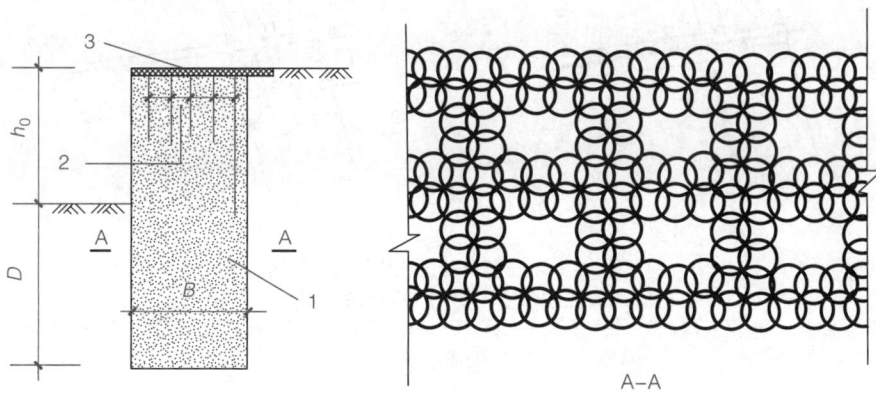

图 1-15　深层水泥搅拌桩支护
1—水泥土；2—后插钢筋或毛竹；3—面板

2．土钉墙与复合土钉墙支护

（1）土钉墙

土钉是用来加固或同时锚固现场原位土体的细长杆件。通常采用土中钻孔、置入变形钢筋（即带肋钢筋）并沿孔全长注浆的方法做成。土钉依靠与土体之间的界面黏结力或摩擦力，在土体发生变形的条件下被动受力，并主要承受拉力作用。土钉也可用钢管、角钢等作为钉体，采用直接击入的方法置入土中。土钉支护是以土钉作为主要受力构件的边坡支护技术，它由密集的土钉群、被加固的原位土体、喷射混凝土面层和必要的防水系统组成。

土钉墙支护适用于可塑、硬塑或坚硬的黏性土，胶结或弱胶结的粉土、砂土和角砾、风化岩层等。土钉除了采用钻孔注浆钉（图 1-16a）外，对于易塌孔的土层常采用打入式钢花管注浆钉（图 1-16b）。

土钉支护具有设备简单、材料用量和工程量少、施工速度快、经济效益好的优点。据我国统计，土钉支护比起灌注桩支护可节约造价 1/3 ~ 2/3。但它也有缺点：只适用于地下水位以上或经降水措施后的杂填土、普通黏土或非松散性的砂土；在淤泥质类软弱土及高地下水位的地层中应用因锚固力低难以实施；适用开挖深度较小（一般 5m 以下），变形要求不太严格的边坡和基坑。

钻孔注浆钉的施工工艺流程是：确定基坑开挖边线→按线开挖工作面→修整边坡→埋设喷射混凝土厚度控制标志→放土钉孔位线做标志→成孔、安设土钉（钢筋）、注浆→绑扎钢筋网，土钉与加强钢筋焊接连接→喷射混凝土→（土钉注浆强度达到 80% 后）开始下一层挖土施工。

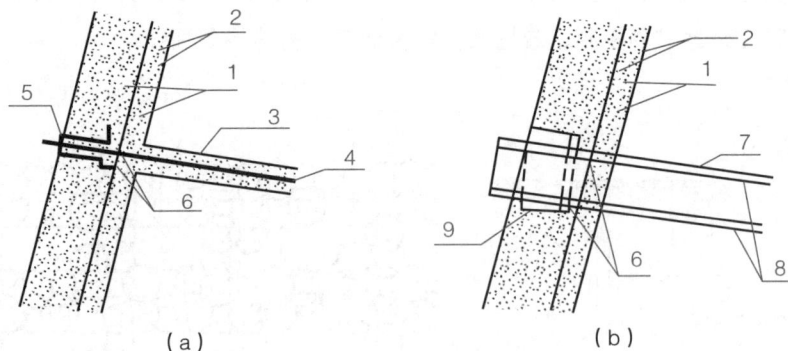

土钉墙及预应力锚杆支护

（a）　　　　　　　　　　　　（b）

图 1-16　土钉与面层连接构造示意图
（a）钻孔注浆钉；（b）打入式钢花管注浆钉
1—喷射混凝土；2—钢筋网；3—钻孔；4—土钉；5—钉头筋；6—加强筋；7—钢管；8—出浆孔；9—角钢或钢筋

土钉墙每层开挖最大深度取决于在支护投入工作前土壁可以自稳而不发生滑动

破坏的可能，实际工程中常取基坑每层挖深与土钉竖向设计间距相等。每层开挖的水平分段宽度也取决于土壁自稳能力且与支护施工流程相互衔接，一般为 10 ～ 20m 长。当基坑面积较大时，允许在距离基坑四周边坡 8 ～ 10m 的基坑中部自由开挖，但应注意与分层作业区的开挖相协调。

土钉是被动受拉杆件，拉力能否发挥是支护能力的关键。因此，土钉支护施工完毕还应该在现场进行土钉抗拔试验，应在专门设置的非工作钉进行抗拔试验直至破坏，要求在典型土层中至少做 3 个。

（2）复合土钉墙

土钉墙由于遇水支护能力下降较大，且只适用开挖深度较小的基坑。因此，工程技术人员开发了复合土钉技术，突破了土钉的上述限制（图 1-17）。

复合土钉墙是土钉墙与预应力锚杆、截水帷幕、微型桩中的一类或几类结合而成的基坑支护形式。复合土钉墙基坑支护可采用下列形式：截水帷幕复合土钉墙，预应力锚杆复合土钉墙，微型桩复合土钉墙，土钉墙与截水帷幕、预应力锚杆、微型桩中的两种及两种以上形式的复合。

复合土钉墙适用于黏土、粉质黏土、粉土、砂土、碎石土、全风化及强风化岩，夹有局部淤泥质土的地层中也可采用。地下水位高于基坑底时应采取降排水措施或选用具有截水帷幕的复合土钉墙支护。坑底存在软弱地层时应经地基加固或采取其他加强措施后再采用。

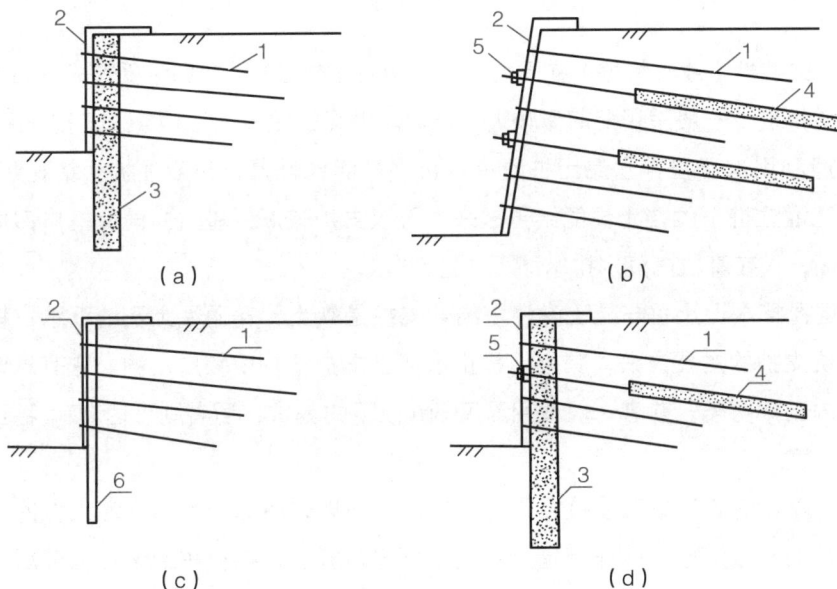

图 1-17　复合土钉的部分组合形式示意图
（a）截水帷幕复合土钉墙；（b）预应力锚杆复合土钉墙；（c）微型桩复合土钉墙；
（d）截水帷幕 - 预应力锚杆复合土钉墙
1—土钉；2—喷射混凝土面层；3—截水帷幕；4—预应力锚杆；5—锚头与围檩；6—微型桩

预应力锚杆是能将张拉力传递到稳定的岩土层中的一种受拉构件，由锚头、杆体自由段和杆体锚固段组成。它的特点是在地层开挖后，能施加预拉应力立即提供支护能力，有利于保护地层的固有强度，阻止地层的进一步扰动，控制地层变形的发展，提高施工过程的安全性。在工程中能将基坑支护的深度延伸到 13m，可放坡时基坑开挖深度甚至能达到 18m。

3．悬臂式排桩支护（图 1-18）与排桩加内支撑支护（图 1-19）

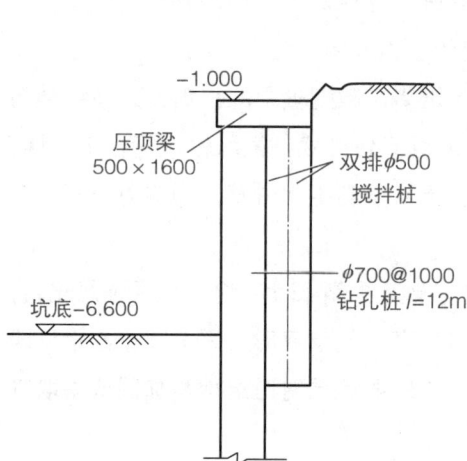

图 1-18　悬臂式排桩支护

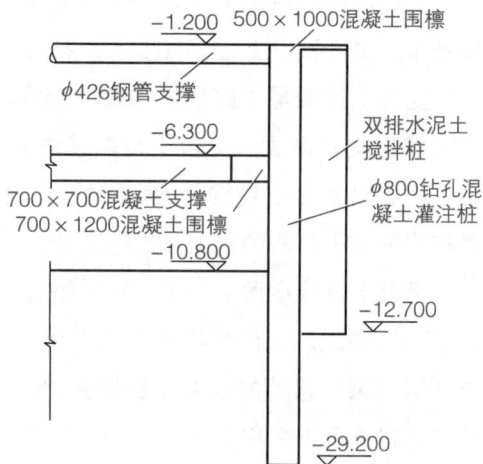

图 1-19　排桩加内支撑支护

由于围护桩（或支护桩）在受力形式上相对于转 90°的梁即承受弯矩，因此围护桩（或支护桩）一般采用配筋量较大、抗弯能力强的钻孔灌注桩或人工挖孔灌注桩。目前一般利用深层搅拌水泥土桩的良好止水性能作帷幕，与灌注桩（钻孔灌注桩、人工挖孔灌注桩）的挡土性能结合起来，可以支护较深的基坑。同时基坑四周地下水被封闭，仅在基坑内降水排水即可开挖土方。

深层搅拌水泥土桩与挡土灌注桩结合支护是软土、普通黏土及地下水位较高地区深基坑支护的主要方法，其应用是止水挡土支护结构中较广泛的。它有悬臂桩和排桩加内支撑两类，前者一般适用深度 5m 以下的基坑，后者则可达 20m 甚至以上的基坑深度。

由于灌注桩施工成型后桩径误差较大，会妨碍以后深层搅拌水泥土桩的施工搭接精度从而导致渗水，故深层搅拌水泥土桩先行施工，待养护到设计强度后再进行灌注桩施工。

内支撑一般采用水平支撑，常用材料有钢管支撑、型钢支撑和现浇钢筋混凝土支撑。现浇钢筋混凝土支撑是随着挖土的加深，根据设计规定的位置现场支模浇筑而成。其优点是整体刚度大、安全可靠，可使围护墙变形小，有利于保护周围环境；其缺点是自重大，属于一次性，不能重复利用。水平支撑体系的布置形式如图 1-20 所示，有贯通基坑全长或全宽的对撑或对撑桁架；位于基坑角部两邻边之间的斜角撑或斜撑桁架；位于对撑或对撑桁架端部的八字撑；由围檩和靠近基坑边的对撑为弦杆的边桁架；支撑之间的边系杆等。有时在同一基坑中混合使用，如角撑加对撑、环梁加边桁（框）架、环梁加角撑等，主要根据基坑的平面形状和尺寸设置最适合的支撑。如当基坑形状为圆形、正方形或拟正方形时，可考虑采用圆环形或椭圆形支撑，圆形内支撑将作用在圆径向的荷载转变为切向的压力，能充分利用混凝土受压强度高的特点。一般圆环支撑与桩墙间用压杆连接以传递荷载，圆环内支撑中心形成一个较大的空间，对基坑土方的开挖创造了方便的条件。

图 1-20　水平支撑体系
（a）角撑；（b）对撑；（c）框架式；（d）边桁架式；（e）环撑与边框架式；（f）角撑加对撑

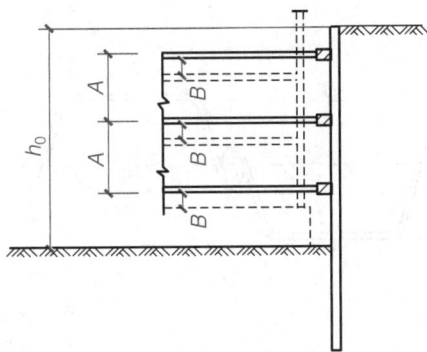

图 1-21　水平支撑竖向布置

水平支撑在竖向的布置主要取决于基坑深度、围护墙种类、挖土方式、地下结构各层楼盖和底板的位置等，如图 1-21 所示。

支撑设置的标高要避开地下结构楼盖的位置，以便于支模浇筑地下楼层结构时换撑。因此，支撑多数布置在楼盖之下和底板之上，其间净距离 B 不宜小于 600mm。支撑竖向间距还与挖土方式有关，如人工挖土，支撑竖向间距 A 不宜小于 3m；如挖土机下坑挖土，A 不宜小于 4m，特殊情况除外。

4．钢板桩支护

钢板桩是一种较老的基坑支护，适用于软土、淤泥质土、松散砂土及地下水丰富地区。

钢板桩的种类很多，基本上分为平板与波浪形板桩两类，每类中又有多种形式。

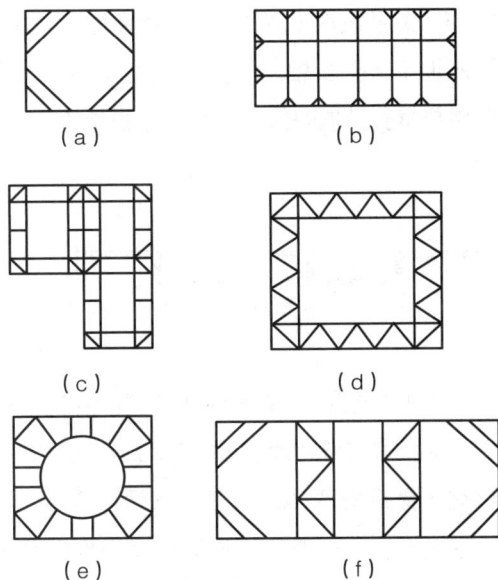

（1）平板桩（图1-22槽钢和图1-23一字形截面）承受轴向应力的性能良好，易打入地下，但长轴方向抗弯强度较小，常用于4m以下深度的较浅基坑或基槽，一般采用悬臂式板桩即依靠入土部分的土压力来维持板桩的稳定或顶部设一道支撑或拉锚。

图1-22　槽钢钢板桩截面形式

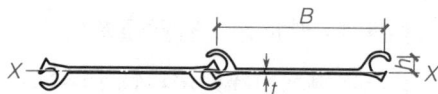

图1-23　一字形截面

（2）"拉森"式钢板桩（图1-24）是波浪形板桩最典型的一种，其截面宽400mm、高300mm，重77kg/m，抗弯性能较好，施工应用较广。它有悬臂式板桩和有支撑板桩两类，前者一般适用深度8m以下的基坑，后者则可达20m甚至以上的基坑深度。一般在板桩墙前设刚性内支撑如大型型钢、钢管加以固定。

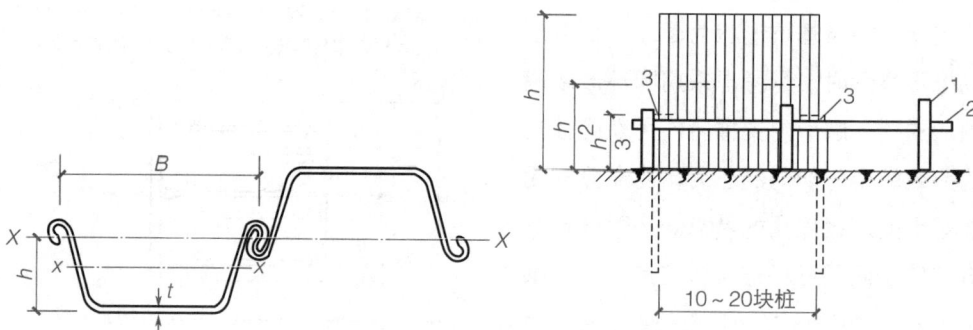

图1-24　"拉森"式钢板桩与屏风打法示意图
1，2—导架；3—主桩

钢板桩的优点是材料质量可靠，在软土地区打设方便，施工速度相对较快；有一定的挡水能力；可多次重复利用。其缺点是用于较深的基坑时必须设置支撑，否则变形较大；在透水性较好的土层中也不能完全挡水；拔出时易带土，如处理不当会引起土层移动，可能危害周围的环境。

5．型钢桩横挡板支撑

型钢桩横挡板支撑（图1-25）是沿挡土位置预先打入钢轨、工字钢或H型钢桩（图1-26），间距1～1.5m，然后边挖方，边将3～6cm厚的挡土板塞进钢桩之间挡土，并在横向挡板与型钢桩之间打入楔子，使横板与土体紧密接触，适于地下水位较低，深度不超过5m的一般黏性或砂土层中应用。

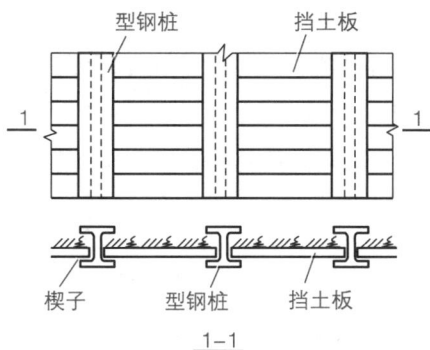

图 1-25 型钢桩横挡板支撑

图 1-26 轧制 H 型钢桩

6．型钢水泥土墙支护（SMW 工法）

型钢水泥土墙支护结构同时具有抵抗侧向土、水压力和阻止地下水渗漏的功能，主要用于深基坑支护。SMW 是 Soil Mixing Wall 的缩写，SMW 工法也叫柱列式土壤水泥墙工法，即通过特制的多轴深层搅拌机自上而下将施工场地原位土体切碎，同时从搅拌头处将水泥浆等固化剂注入土体并与土体搅拌均匀，通过连续的重叠搭接施工，形成水泥土地下连续墙。在水泥土凝固之前，将断面较大的 H 型钢插入水泥土墙中（图 1-27），利用抗弯能力强大的 H 型钢（图 1-28）承受水土侧压力，水泥土墙仅作为止水帷幕，H 型钢表面一般需要涂抹隔离剂，待基坑工程结束即填土之后将 H 型钢拔出，又可以再循环使用。

型钢水泥土墙支护可以在黏性土、粉土、砂砾土中使用，目前可用于开挖深度 15m 以下的基坑围护工程，该技术的优点是：

（1）施工不扰动邻近土体，很少会产生邻近地面下沉、房屋倾斜、道路裂损及地下设施移位等危害（刚度大）；

（2）钻掘和搅拌反复进行使墙体全长无接缝，其比传统的连续墙具有更可靠的止水性（结构抗渗性好）；

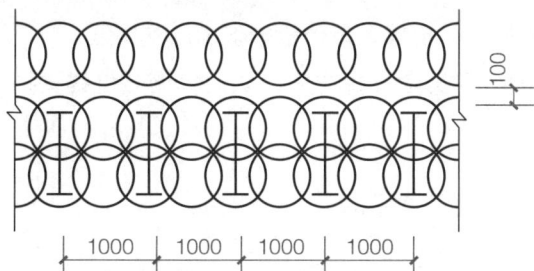

图 1-27 H 型钢与水泥土平面布置图

图 1-28 H 型钢

（3）可在黏性土、粉土、砂土、砂砾土等土层中应用（运用范围广）；

（4）工期较其他工法短，在一般地质条件下为地下连续墙的 1/3（工期短）；

（5）废土外运量较其他工法少，四周可不做防护，型钢可回收（成本较低），经济效益明显，工程造价较常用的钻孔灌注桩排桩方法至少节约 30%；

（6）无钻孔灌注桩的施工减少了对周围环境和施工场地的污染，且此类搅拌桩不存在挤土作用。

7．桩锚支护

桩锚式支护结构由钢筋混凝土排桩（钻孔灌注桩或人工挖孔灌注桩）与土锚杆组成。锚杆可分为单层锚杆（图 1-29）、二层锚杆和多层锚杆（图 1-30）。锚杆需要地基土能提供较大的锚固力来抵抗拉力，因此桩锚支护结构较适用于砂土地基或黏土地基，不适用软土地基。

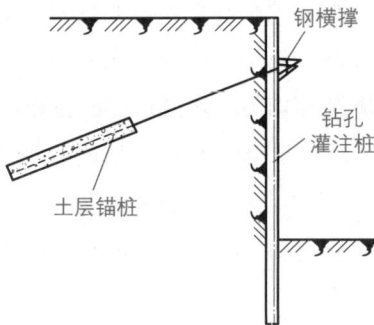

图 1-29　单层桩锚支护

图 1-30　多层桩锚支护

桩锚支护优点是：

（1）锚杆在整个基坑支护体系中主要作为受拉构件，提供反力维持土体平衡；

（2）锚杆能施加预拉应力，主动控制支护结构的变形量，降低桩身弯矩峰值，从而减少桩的入土深度和配筋；

（3）能提供较宽敞的工作空间便于土方开挖和运输，也便于地下结构的施工；

（4）施工简便，相对内支撑，则无需换撑、拆撑，造价较排桩加内支撑低；

（5）能采用与其他支护形式相结合的各种灵活支护方式，如土钉墙与桩锚支护结合[①]（图 1-31）。

---

① 结合国内外基坑支护技术的发展融入【德育：培养学生建立终身学习和自主创新的意识，激发学生投身科研的意愿】

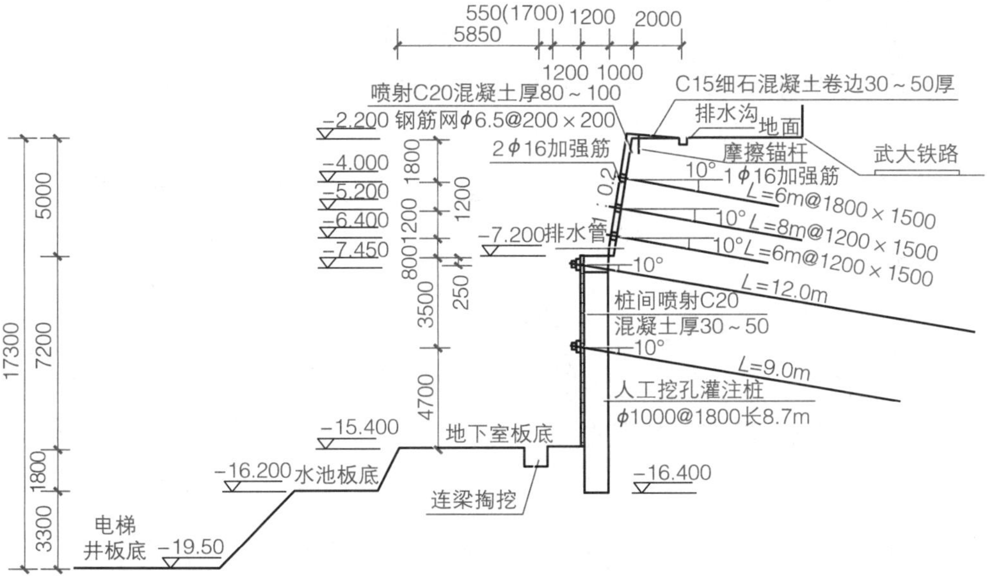

图 1-31　某建设项目深基坑工程示意图
（上部土钉下部桩锚支护）

任务 1.3　地下水位降低

在开挖基坑或沟槽时，土壤的含水层常被切断，地下水将会不断渗入坑内。雨期施工时，地面水也会流入坑内。为了保证施工的正常进行，防止边坡塌方和地基承载能力的下降，必须做好基坑降水工作。降水方法可分为明排水法（如集水井、明渠等）和人工降低地下水法两种。

施工排水降水

1.3.1 集水井降水的原理与方法

集水井降水通常采用的方法是截流、疏导、抽取。其原理就是通过截流将流入基坑的水流截住并通过疏导，即将积水导入集水井最后用水泵把水抽出基坑。其方法是在基坑或沟槽开挖时，在坑底设置集水井，并沿坑底的周围或中央开挖排水沟，使水由排水沟流入集水井内，然后用水泵抽出坑外（图 1-32）。

四周的排水沟及集水井一般应设置在基础范围以外，地下水流的上游。基坑面积较大时，可在基础范围内设置盲沟排水。根据地下水量、基坑平面形状及水泵能力，集水井每隔 20 ~ 40m 设置一个。

集水井的直径或宽度，一般为 0.6 ~ 0.8m；其深度随着挖土的加深而加深，要始终低于挖土面 0.7 ~ 1.0m，井壁可用竹、木等简易加固。当基坑挖至设计标高后，井底应低于坑底 1 ~ 2m，并铺设 0.3m 碎石滤水层，以免在抽水时将泥沙抽出，并防止井底的土被搅动。坑壁必要时可用竹、木等材料加固。

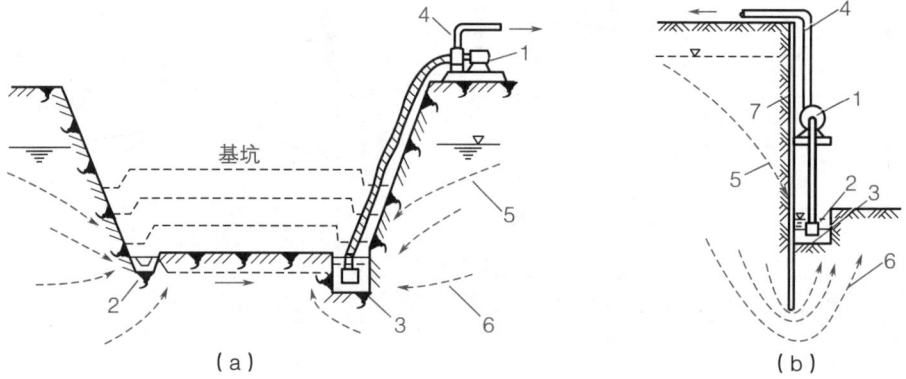

图 1-32　集水井降低地下水位
（a）斜坡边沟；　（b）直坡边沟
1—水泵；2—排水沟；3—集水井；4—压力水管；5—降落曲线；6—水流曲线；7—板桩

1.3.2 流砂及其防治 ●

　　基坑挖土达到地下水位以下，有时坑底下的土就会形成流动状态，随地下水一起流动涌进坑内，这种现象称为流砂现象。发生流砂现象时，地基土会完全丧失承载力，施工条件恶化，难以开挖至设计深度，流砂严重时，还会引发基坑侧壁塌方，使得附近建筑物下沉、倾斜甚至倒塌。总之，流砂现象对土方施工和附近建筑物都有很大危害。

1．流砂产生的原因

　　流砂现象的产生是水在土中渗流所产生的动水压力对土体作用的结果。如图 1-33（a）从土体中截取的一段砂土脱离体（两端的高低水头分别是 h_1、h_2）受力分析，可以容易地得出动水压力的大小。

　　水在土中渗流时，作用在砂土脱离体中的全部水体上的力有：

　　$\gamma_w h_1 F$ ——作用在土体左端 A-A 截面处的总水压力；其方向与水流方向一致；

　　γ_w 为水的重度，F 为土截面面积；

　　$\gamma_w h_2 F$ ——作用在土体右端 B-B 截面处的总水压力；其方向与水流方向相反；

　　T/F ——水渗流时整个水体受到土颗粒的总阻力（T 为单位体积土体阻力），

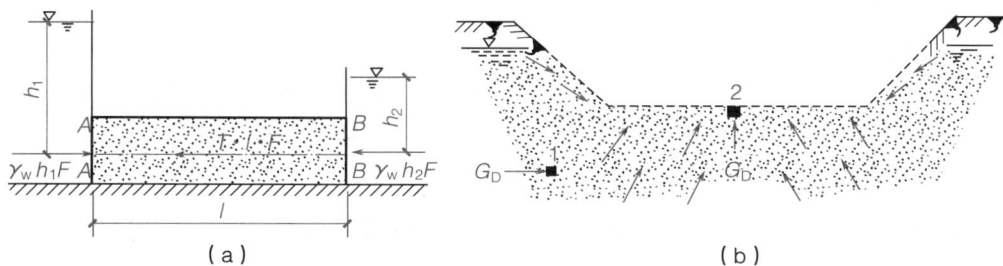

图 1-33 动水压力原理图
（a）水在土中渗流时的脱离体受力图；（b）动水压力对地基土的影响
1、2—土粒

方向假设向右。

由静力平衡条件 $\Sigma X=0$（设向右的力为正）

$$\gamma_w h_1 F - \gamma_w h_2 F + TlF = 0$$

得 $T = \dfrac{h_1 - h_2}{l}\gamma_w$（"–"表示实际方向与假设右正向相反而向左）   （1-23）

式中 $\dfrac{h_1-h_2}{l}$ 为水头差与渗透路径之比，称为水力坡度，用 i 表示。即上式可写成

$$T = -i\gamma_w \qquad\qquad (1-24)$$

设水在土中渗流时对单位体积土体的压力为 G_D，由作用力与反作用力相等、方向相反的定律可知：

$$G_D = -T = i\gamma_w \qquad\qquad (1-25)$$

我们称 G_D 为动水压力，其单位为 N/cm^2 或 kN/m^2。由上式可知，动水压力 G_D 的大小与水力坡度成正比，即水位差 h_1-h_2 愈大，则 G_D 愈大；而渗透路径 l 愈长，则 G_D 愈小；动水压力的作用方向与水流方向（向右方向）相同。当水流在水位差的作用下对土颗粒产生向上压力时，动水压力不但使土粒受到了水的浮力，而且还使土粒受到向上动水压力的作用。如果动水压力等于或大于土的浮重度 γ'_w，即：

$$G_D \geqslant \gamma'_w$$

则土粒失去自重，处于悬浮状态，土的抗剪强度等于零，土粒能随着渗流的水一起流动，这种现象就叫"流砂现象"。

2．流砂的防治

细颗粒（颗粒粒径在 0.005 ~ 0.05mm）、粒径均匀、松散（土的天然孔隙比大于 75%）、饱和的土容易发生流砂现象，但是否会产生流砂现象的重要条件是动水压力的大小，因此防治流砂的产生应着力于减小或消除动水压力。

防治流砂的方法主要有：水下挖土法、打板桩法、抢挖法、地下连续墙法、枯水期施工法及井点降水等。流砂防治的具体措施如下：

（1）水下挖土法，即不排水施工，使坑内外的水压互相平衡，不致形成动水压力。如沉井施工，不排水下沉，进行水中挖土、水下浇筑混凝土等。

（2）打板桩，将板桩沿基坑周围打入不透水层，便可起到截住水流的作用；或者打入坑底面一定深度，这样将地下水引至桩底以下才流入基坑，不仅增加了渗流长度，而且改变了动水压力方向，从而可达到减小动水压力的目的。

（3）抢挖法，如在施工过程中发生局部的或轻微的流砂现象，可组织人力分段抢挖，挖至标高后，立即铺设芦席并抛大石块，增加土的压重以平衡动水压力，力争在未产生流砂现象之前，将基础分段施工完毕。

（4）地下连续墙，沿基坑的周围先浇筑一道钢筋混凝土的地下连续墙，从而起到承重、截水和防流砂的作用，它又是深基础施工的可靠支护结构。

（5）枯水期施工，选择枯水期间施工，因为此时地下水位低，坑内外水位差小，动水压力减小，从而可预防和减轻流砂现象。

（6）井点降低地下水位，采用轻型井点等降水方法，使地下水渗流向下，水不致渗流入坑内，井点降水能增大土料间的压力，从而有效防止流砂形成。因此，这种措施应用广且较可靠。

1.3.3 井点降水的方法

井点降水法就是在基坑开挖前，预先在基坑四周埋设一定数量的滤水管（井），在基坑开挖前和开挖过程中，利用真空原理，不断抽出地下水，使地下水位降低到坑底以下（图1-34），从根本上解决地下水涌入坑内的问题（图1-35a）；防止边坡由于受地下水流的冲刷而引起的塌方（图1-35b）；使坑底的土层消除了地下水位差引起的压力，也防止了坑底土的上冒（图1-35c）；没有了水压力，使板桩减少了横向荷载（图1-35d）；由于没有地下水的渗流，也就防止了流砂现象产生（图1-35e）。降低地下水位后，由于土体固结，还能使土层密实，增加地基土的承载能力。

采用井点降水方法降低地下水位到基坑底以下，使动水压力方向朝下，增大土颗粒间的压力，则不论细砂、粉砂都一劳永逸地消除了流砂现象。实际上井点降水方法是避免流砂危害的常用方法。

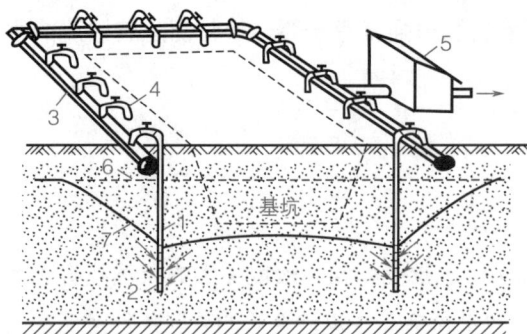

图1-34 轻型井点降低地下水位全貌图
1—井点管；2—滤管；3—总管；4—弯联管；5—水泵房；
6—原有地下水位线；7—降低后地下水位线

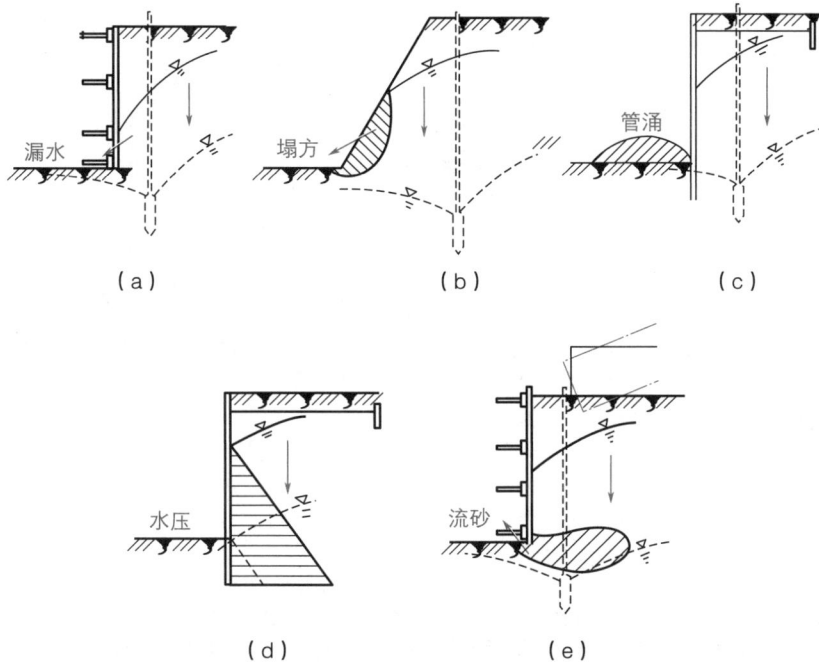

图 1-35　井点降水的作用

（a）防止涌水；（b）使边坡稳定；（c）防止土的上冒；（d）减少横向荷载；（e）防止流砂

1．井点降水的种类

井点降水有两类：一类为轻型井点（包括电渗井点与喷射井点）；另一类为管井井点（包括深井泵）。各种井点降水方法一般根据土的渗透系数、降水深度、设备条件及经济性选用，可参照表 1-8 选择。其中轻型井点应用最为广泛。

各种井点的适用范围　　　　　表 1-8

井点类型		土层渗透系数（m/d）	降低水位深度（m）
轻型井点	一级轻型井点	0.1 ~ 50	3 ~ 6
	二级轻型井点	0.1 ~ 50	6 ~ 12
	喷射井点	0.1 ~ 5	8 ~ 20
	电渗井点	< 0.1	根据选用的井点确定
管井类	管井井点	20 ~ 200	3 ~ 5
	深井井点	10 ~ 250	> 15

2．一般轻型井点

（1）一般轻型井点设备

轻型井点设备由管路系统和抽水设备组成（图 1-36），管路系统包括：滤管、

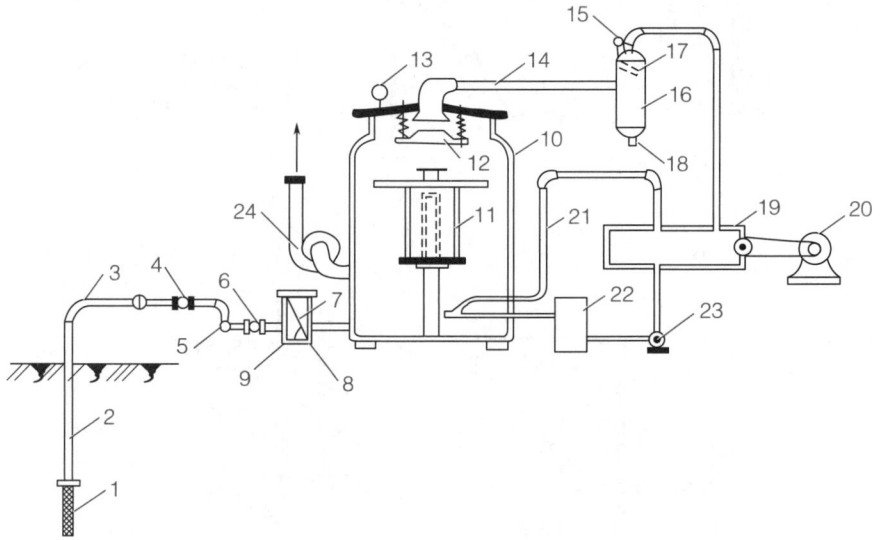

图 1-36　轻型井点设备工作原理

1—滤管；2—井点管；3—弯管；4—阀门；5—集水总管；6—闸门；7—滤网；8—过滤箱；9—掏砂孔；10—水气分离器；11—浮筒；12—阀门；13—真空计；14—进水管；15—真空计；16—副水气分离器；17—挡水板；18—放水口；19—真空泵；20—电动机；21—冷却水管；22—冷却水箱；23—循环水泵；24—离心水泵

井点管、弯联管及总管等。滤管（图 1-37）为进水设备，通常采用长 1.0 ～ 1.5m、直径 38mm 或 51mm 的无缝钢管，管壁钻有直径为 12 ～ 18mm 的呈梅花形排列的滤孔，滤孔面积为滤管表面积的 20% ～ 25%。骨架管外面包以两层孔径不同的滤网，内层为 30 ～ 50 孔 /cm² 的黄铜丝或尼龙丝布的细滤网，外层为 3 ～ 10 孔 /cm² 的同样材料粗滤网或棕皮。为使流水畅通，在骨架管与滤管之间用塑料管或梯形铅丝隔开，塑料管沿骨架管绕成螺旋形。滤网外面再绕一层粗铁丝保护网，滤管下端为一铸铁塞头。滤管上端与井点管连接。

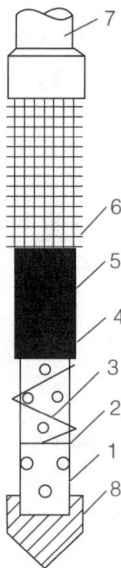

图 1-37　滤管构造
1—钢管；2—管壁上的小孔；3—缠绕的塑料管；4—细滤网；5—粗滤网；6—粗铁丝保护网；7—井点管；8—铸铁头

井点管为直径 38mm 或 51mm、长 5 ～ 7m 的钢管，可整根或分节组成。井点管的上端用弯联管与总管相连。

集水总管为直径 100 ～ 127mm 的无缝钢管，每段长 4m，其上装有与井点管连接的短接头，间距为 0.8 ～ 1.6m。

抽水设备常用的有真空泵、射流泵和隔膜泵井点设备。

一套抽水设备的负荷长度（即集水总管长度）为 100 ～ 120m。常用的 W5、W6 型干式真空泵，其最大负荷长度分别为 100m 和 120m。

（2）轻型井点的布置

井点系统的布置，应根据基坑大小与深度、土质、地下水位高低与流向、降水深度要求等而定。

当基坑或沟槽宽度小于 6m，且降水深度不超过 5m 时，可用单排线状井点（图 1-38），布置在地下水流的上游一侧，两端延伸长度不小于坑槽宽度。

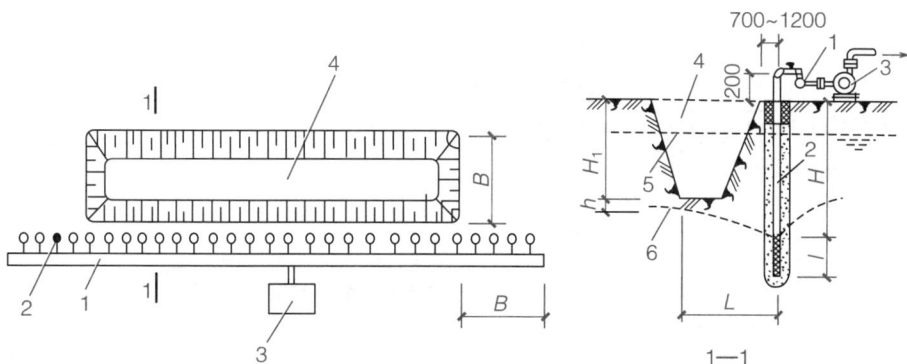

图 1-38　单排线状井点布置

1—集水总管；2—井点管；3—抽水设备；4—基坑；5—原地下水位线；6—降低后地下水位线

如宽度大于 6m 或土质不良，则用双排线状井点（图 1-39），位于地下水流上游一排井点管的间距应小些，下游一排井点管的间距可大些。面积较大的基坑宜用环状井点（图 1-40），有时亦可布置成 U 形，以利挖土机和运土车辆出入基坑。井点管距离基坑壁一般可取 0.7～1.2m，以防局部发生漏气。井点管间距一般为 0.8m、1.2m、1.6m，由计算或经验确定。井点管在总管四角部位适当加密。

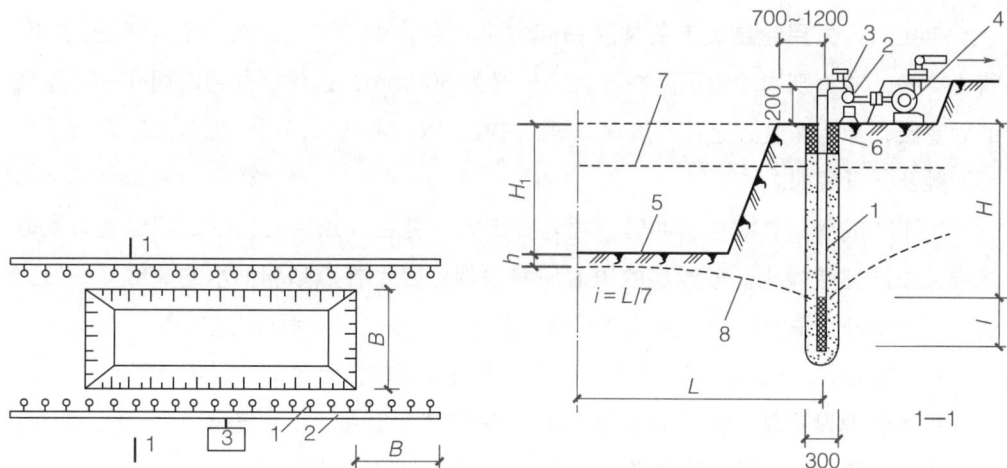

图 1-39　双排线状井点布置

1—井点管；2—集水总管；3—弯联管；4—抽水设备；5—基坑；
6—黏土封孔；7—原地下水位线；8—降低后地下水位线

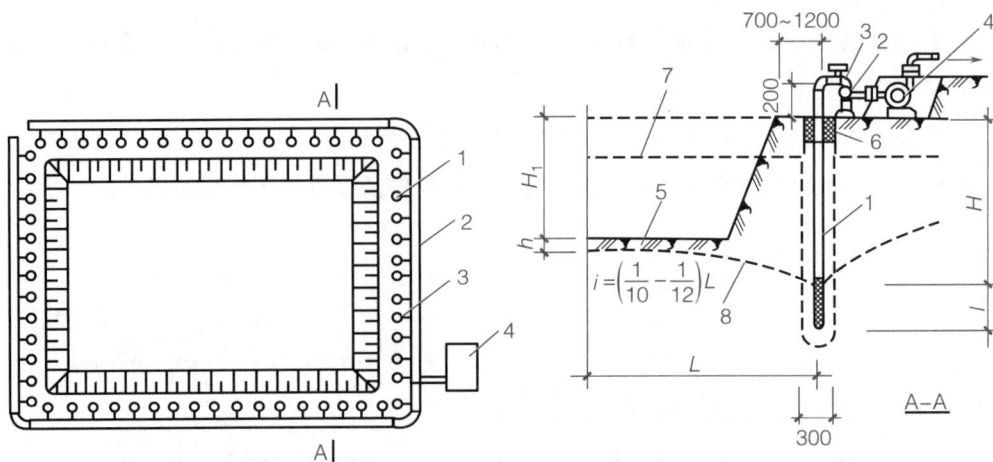

图 1–40　环形井点布置图

1—井点管；2—集水总管；3—弯联管；4—抽水设备；5—基坑；
6—黏土封孔；7—原地下水位线；8—降低后地下水位线

（3）井点管的埋设

轻型井点的施工，大致包括下列几个过程：准备工作、井点系统的埋设、使用及拆除。

准备工作包括井点设备、动力、水源及必要材料的准备，排水沟的开挖，附近建筑物的标高观测以及防止附近建筑物沉降措施的实施。

埋设井点的程序是：先排放总管，再埋设井点管，用弯联管将井点管与总管接通，然后安装抽水设备。

井点管的埋设一般用水冲法进行，并分为冲孔（图 1–41a）与埋管（图 1–41b）两个过程。

冲孔时，先用起重设备将冲管吊起并插在井点的位置上，然后开动高压水泵，将土冲松，冲管则边冲边沉。冲孔直径一般为 300mm，以保证井管四周有一定厚度的砂滤层，冲孔深度宜比滤管底深 0.5m 左右，以防冲管拔出时，部分土颗粒沉于底部而触及滤管底部。

井孔冲成后，立即拔出冲管，插入井点管，并在井点管与孔壁之间迅速填灌砂滤层，以防孔壁塌土。砂滤层的填灌质量是保证轻型井点顺利抽水的关键。一般宜选用干净粗砂，填灌均匀，并填至滤管顶上 1 ~ 1.5m，以保证水流畅通。

井点填砂后，在地面以下 0.5 ~ 1.0m 范围内须用黏土封口，以防漏气。

井点管埋设完毕，应接通总管与抽水设备进行试抽水，检查有无漏水、漏气，出水是否正常，有无淤塞等现象，如有异常情况，应检修好后方可使用。

（4）井点管的使用

轻型井点使用时，应保证连续不断抽水，并准备双电源。若时抽时停，滤网容

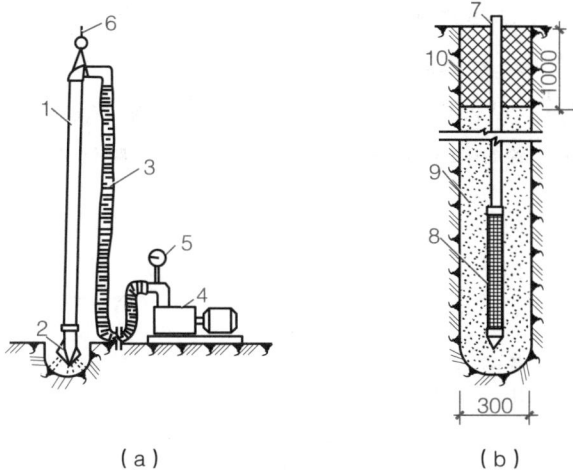

图 1-41　井点管的埋设
（a）冲孔；（b）埋管
1—冲管；2—冲嘴；3—胶皮管；4—高压水泵；5—压力表；
6—起重机吊钩；7—井点管；8—滤管；9—填砂；10—黏土封口

易堵塞，也容易抽出土粒，使水混浊，并引起附近建筑物由于土粒流失而沉降开裂。正常出水规律是"先大后小，先混后清"。抽水时需要经常观测真空度以判断井点系统工作是否正常，真空度一般应不低于 55.3 ~ 66.7kPa；造成真空度不够的原因较多，但通常是由于管路系统漏气，应及时检查并采取措施。

井点管淤塞，一般可采用听管内水流声响；手扶管壁有振动感；夏、冬季手摸管子有夏冷、冬暖感等简便方法检查。如发现淤塞井点管太多，严重影响降水效果时，应逐根用高压水反向冲洗或拔出重埋。

地下构筑物竣工并进行回填土后，方可拆除井点系统。拔出井点管多借助于捯链、起重机等，所留孔洞用砂或土填实，对地基有防渗要求时，地面上 2m 应用黏土填实。

（5）回灌井点

轻型井点降水有许多优点，在基础施工中广泛应用，但其影响范围较大，影响半径可达百米甚至数百米，且会导致周围土壤固结而引起地面沉陷。特别是在弱透水层和压缩性大的黏土层中降水时，由于地下水流造成的地下水位下降、地基自重应力增加和土层压缩等原因会产生较大的地面沉降；又由于土层的不均匀性和降水后地下水位呈漏斗曲线，四周土层的自重应力变化不一而导致不均匀沉降，使周围建筑基础下沉或房屋开裂。因此，在建筑物附近进行井点降水时，为防止降水影响或损害区域内的建筑物，就必须阻止建筑物下地下水的流失。除可在降水区域和原有建筑物之间的土层中设置一道固体抗渗帷幕（如水泥搅拌桩、灌注桩加压密注浆桩、旋喷桩、地下连续墙）外，较经济也比较常用的是用回灌井点补充地下水的办法来保持地下水位。

回灌井点就是在降水井点与要保护的已有建（构）筑物之间打一排井点，在井点降水的同时，向土层中灌入足够数量的水，形成一道隔水帷幕，使井点降水的影响半径不超过回灌井点的范围，从而阻止回灌井点外侧的建（构）筑物下的地下水流失（图1-42）。这样，也就不会因降水而使地面沉降，或减少沉降值[1]。

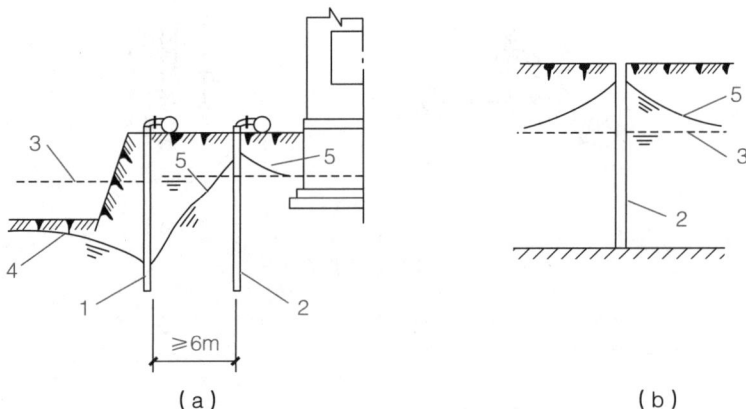

图 1-42　回灌井点布置
（a）回灌井点布置；（b）回灌井点水位图
1—降水井点；2—回灌井点；3—原水位线；4—基坑内降低后的水位线；5—回灌后水位线

　　为了防止降水和回灌两井相通，回灌井点与降水井点之间应保持一定的距离，一般不宜小于 6m，否则基坑内水位无法下降，失去降水的作用。回灌井点的深度一般应控制在长期降水曲线下 1m 为宜，并应设置在渗透性较好的土层中。

　　为了观测降水及回灌后四周建筑物、管线的沉降情况及地下水位的变化情况，必须设置沉降观测点及水位观测井，并定时测量记录，以便及时调节灌、抽量，使灌、抽基本达到平衡，确保周围建筑物或管线等的安全。

3．其他井点简介

（1）喷射井点

　　当基坑开挖较深，采用多级轻型井点不经济时，宜采用喷射井点，其降水深度可达 20m。特别适用于降水深度超过 6m，土层渗透系数为 0.1 ～ 2m/d 的弱透水层。

　　喷射井点根据其工作时使用液体和气体的不同，分为喷水井点和喷气井点两种。其设备主要由喷射井管、高压水泵（或空气压缩机）和管路系统组成（图 1-43）。喷射井管由内管和外管组成，在内管下端装有喷射扬水器与滤管相连。当高压水（0.7 ～ 0.8MPa）经内外管之间的环形空间通过扬水器侧孔流向喷嘴喷出时，在喷嘴

① 结合回灌井点的优点融入【德育：培养学生突破陈规、大胆探索、敢于创造的改革创新精神】

处由于过水断面突然收缩变小，使工作水流具有极高的流速（30 ～ 60m/s），在喷口附近造成负压形成一定真空，因而将地下水经滤管吸入混合室与高压水汇合；流经扩散管时，由于截面扩大，水流速度相应减小，使水的压力逐渐升高，沿内管上升经排水总管排出。

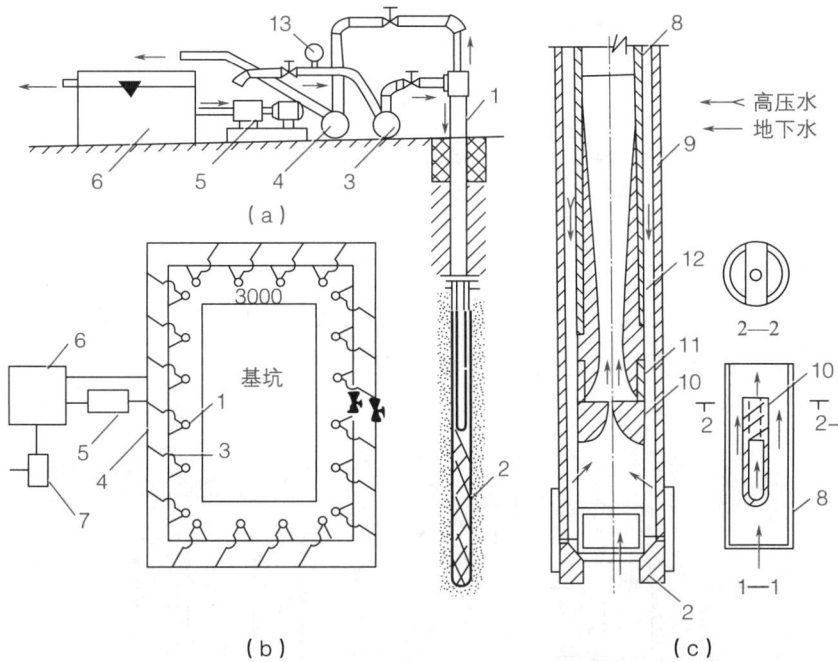

图 1-43　喷射井点设备及平面布置简图

（a）喷射井点设备简图；（b）喷射井点平面布置；（c）喷射扬水器详图

1—喷射井管；2—滤管；3—进水总管；4—排水总管；5—高压水泵；6—集水池；
7—水泵；8—内管；9—外管；10—喷嘴；11—混合室；12—扩散管；13—压力表

（2）电渗井点

电渗井点适用于土的渗透系数小于 0.1m/d，用一般井点不可能降低地下水位的含水层中，尤其宜用于淤泥排水。

电渗井点（图 1-44）的原理是在降水井点管的内侧打入金属棒（钢筋或钢管），连以导线，当通以直流电后，土颗粒会发生从井点管（阴极）向金属棒（阳极）移动的电泳现象，而地下水则会出现从金属棒（阳极）向井点管（阴极）流动的电渗现象，从而达到软土地基易于排水的目的。

电渗井点是以轻型井点管或喷射井点管作阴极，$\phi 20 \sim \phi 25$ 的钢筋或 $\phi 50 \sim \phi 75$ 的钢管为阳极，埋设在井点管内侧，与阴极并列或交错排列。当用轻型井点时，两者的距离为 0.8 ～ 1.0m；当用喷射井点则为 1.2 ～ 1.5m。阳极入土深度应比井点管深 500mm，露出地面 200 ～ 400mm。阴、阳极数量相等，分别用电线连成通路，接到直流发电机或直流电焊机的相应电极上。

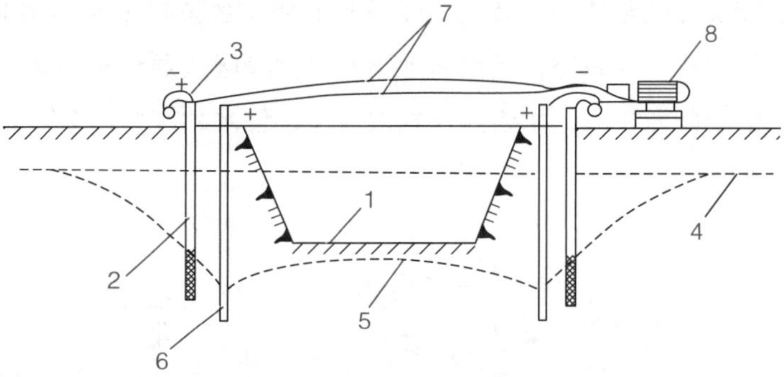

图 1-44　电渗井点降水示意图
1—基坑；2—井点管；3—集水总管；4—原地下水位；5—降低后地下水位；
6—钢管或钢筋；7—线路；8—直流发电机或电焊机

（3）管井井点

管井井点（图 1-45），就是沿基坑每隔 20～50m 距离设置一个管井，每个管井单独用一台水泵（潜水泵、离心泵）不断抽水来降低地下水位。用此法可降低地下水位

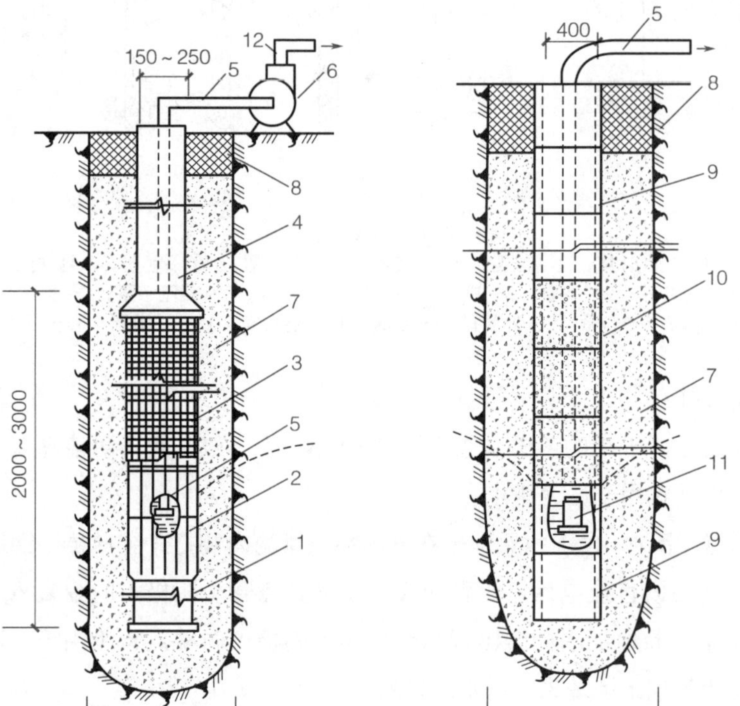

图 1-45　管井井点
（a）钢管管井；（b）混凝土管管井
1—沉砂管；2—钢筋焊接骨架；3—滤网；4—管身；5—吸水管；
6—离心泵；7—小砾石过滤层；8—黏土封口；9—混凝土实管；
10—混凝土过滤管；11—潜水泵；12—出水管

5～10m，适用于土的渗透系数较大（$K=20～200m/d$）且地下水量大的砂类土层中。

如要求降水深度较大，在管井井点内采用一般离心泵或潜水泵不能满足要求时，可采用特制的深井泵，其降水深度可达 50m。

近年来在上海等地区应用较多的是带真空的深井泵，每一个深井泵由井管和滤管组成，单独配备一台电动机和一台真空泵，开动后达到一定的真空度，则可达到深层降水的目的，在渗透系数较小的淤泥质黏土中亦能降水[①]。

任务 1.4　土方施工机械

常用的土方工程的施工过程包括：土方开挖、运输、填筑与压实等。由于土方工程量大、劳动繁重，施工时应尽可能采用机械化、半机械化施工，以减轻繁重的体力劳动，加快施工进度、降低工程造价。

1.4.1 推土机

推土机是土方工程施工的主要机械之一，是在履带式拖拉机上安装推土铲刀等工作装置而成的机械。按铲刀的操纵机构不同，推土机分为索式和液压式两种。索式推土机的铲刀借本身自重切入土中，在硬土中切土深度较小。液压式推土机由于用液压操纵，能使铲刀强制切入土中，切入深度较大。同时，液压式推土机铲刀还可以调整角度，具有更大的灵活性，是目前常用的一种推土机（图 1-46）。

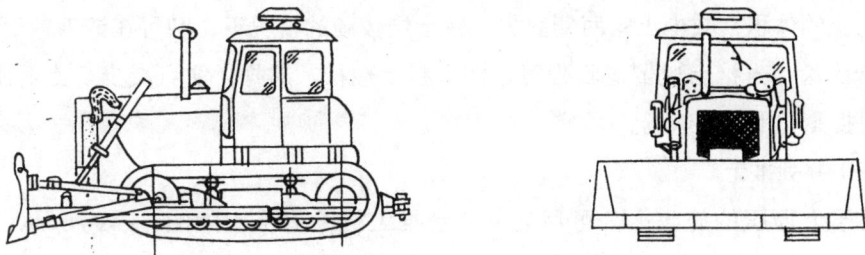

图 1-46　液压式推土机外形图

推土机操纵灵活，运转方便，所需工作面较小、行驶速度快、易于转移，能爬30°左右的缓坡，因此应用范围较广，适用于开挖一至三类土。多用于挖土深度不大

---

① 结合真空的深井泵等施工新技术的介绍融入【德育：培养学生敢于创造的改革创新精神，养成"活到老学到老"的终身学习习惯】

的场地平整，开挖深度不大于 1.5m 的基坑，回填基坑和沟槽，堆筑高度在 1.5m 以内的路基、堤坝，平整其他机械卸置的土堆；推送松散的硬土、岩石和冻土，配合铲运机进行助铲；配合挖土机施工，为挖土机清理余土和创造工作面。此外，将铲刀卸下后，还能牵引其他无动力的土方施工机械，如拖式铲运机、松土机、羊足碾等，进行土方其他施工过程的施工。

推土机的运距宜在 100m 以内，效率最高的推运距离为 40 ～ 60m。为提高生产率，可采用下述方法：

（1）下坡推土

如图 1-47 所示，推土机顺地面坡势沿下坡方向推土，借助机械向下的重力作用，可增大铲刀切土深度和运土数量，提高推土机效率和缩短推土时间，一般可提高生产率 30% ～ 40%。但坡度不宜大于 15°，以免后退时爬坡困难。

（2）槽形推土

当运距较远，挖土层较厚时，利用已推过的土槽再次推土如图 1-48 所示，可以减少铲刀两侧土的散漏。这样作业可提高效率 10% ～ 30%。槽深 1m 左右为宜，槽间土埂宽约 0.5m。在推出多条槽后，再将土埂推入槽内，然后运出。

图 1-47　下坡推土

图 1-48　槽形推土

此外，对于推运疏松土壤，且运距较大时，还应在铲刀两侧装置挡板，以增加铲刀前土的体积，减少土向两侧散失。在土层较硬的情况下，则可在铲刀前面装置活动松土齿，当推土机倒退回程时，即可将土翻松。这样，便可减少切土时阻力，从而可提高切土运行速度。

（3）并列推土

对于大面积的施工区，可用 2 ～ 3 台推土机并列推土如图 1-49 所示。推土时两铲刀相距 15 ～ 30cm，这样可以减少土的散失而增大推土量，能提高生产率 15% ～ 30%。但平均运距不宜超过 50 ～ 75m，亦不宜小于 20m；且推土机数量不宜超过 3 台，否则倒车不便，行驶不一致，反而影响生产率的提高。

（4）分批集中，一次推送

若运距较远而土质又比较坚硬时，由于切土的深度不大，宜采用多次铲土，分批集中，再一次推送的方法，使铲刀前保持满载，以提高生产率。

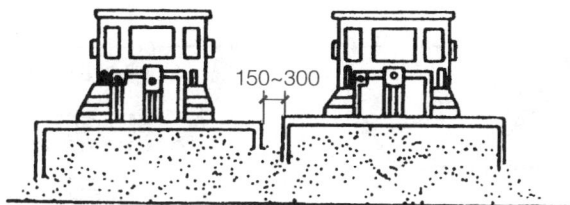

图 1-49　并列推土（单位：mm）

⓵.④.②　单斗挖土机

单斗挖土机是基坑（槽）土方开挖常用的一种机械。按其行走装置的不同，分为履带式和轮胎式两类。根据工作的需要，其工作装置可以更换。依其工作装置的不同，分为正铲、反铲、拉铲和抓铲四种。

1. 正铲挖土机

正铲挖土机的挖土特点是：前进向上，强制切土。它适用于开挖停机面以上的一～三类土，且需与运土汽车配合完成整个挖运任务，其挖掘力大，生产率高。开挖大型基坑时需设坡道，挖土机在坑内作业，因此适宜在土质较好、无地下水的地区工作；当地下水位较高时，应采取降低地下水位的措施，把基坑土疏干。正铲挖土机外形如图 1-50 所示。

（1）正铲挖土机的作业方式

根据挖土机的开挖路线与汽车相对位置不同，其卸土方式有侧向卸土和后方卸土两种。

1）正向挖土，侧向卸土（图 1-50a）

即挖土机沿前进方向挖土，运输车辆停在侧面卸土（可停在停机面上或高于停机面）。此法挖土机卸土时动臂转角小，运输车辆行驶方便，故生产效率高，应用较广。

2）正向挖土，后方卸土（图 1-50b）

即挖土机沿前进方向挖土，运输车辆停在挖土机后方装土。此法挖土机卸土时动臂转角大、生产率低，运输车辆要倒车进入，一般在基坑窄而深的情况下采用。

（2）正铲挖土机的工作面

挖土机的工作面是指挖土机在一个停机点进行挖土的工作范围。工作面的形状和尺寸取决于挖土机的性能和卸土方式。根据挖土机作业方式不同，挖土机的工作面分为侧工作面与正工作面两种。

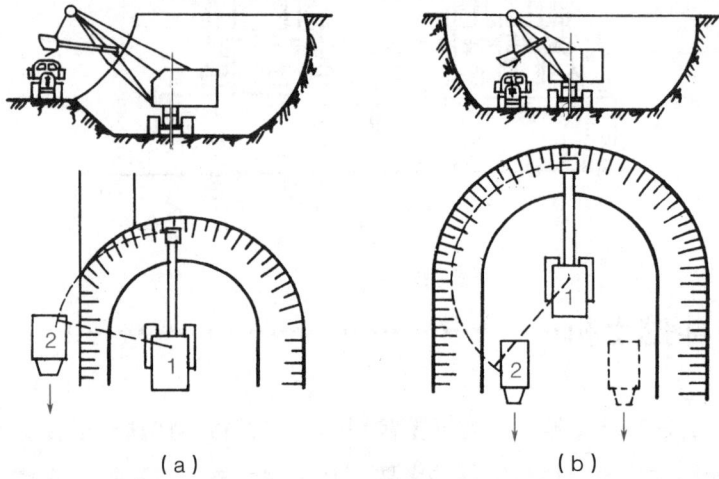

图 1-50　正铲挖土机开挖方式
（a）侧向开挖；（b）正向开挖
1—正铲挖土机；2—自卸汽车

　　挖土机侧向卸土方式就构成了侧工作面，根据运输车辆与挖土机的停放标高是否相同又分为高卸侧工作面（车辆停放处高于挖土机停机面）及平卸侧工作面（车辆与挖土机在同一标高），高卸、平卸侧工作面的形状及尺寸如图 1-51 所示。

　　挖土机后向卸土方式则形成正工作面，正工作面的形状和尺寸是左右对称的，其中右半部与图 1-51（b）平卸侧工作面的右半部相同。

　　（3）正铲挖土机的开行通道

　　在正铲挖土机开挖大面积基坑时，必须对挖土机作业时的开行路线和工作面进行设计，确定出开行次序和次数，称为开行通道。当基坑开挖深度较小时，可布置一层开行通道（图 1-52），基坑开挖时，挖土机开行三次。第一次开行采用正向挖土，后方卸土的作业方式，为正工作面；挖土机进入基坑要挖坡道，坡道的坡度为 1：8 左右。第二、三次开行时采用侧方卸土的平卸侧工作面。

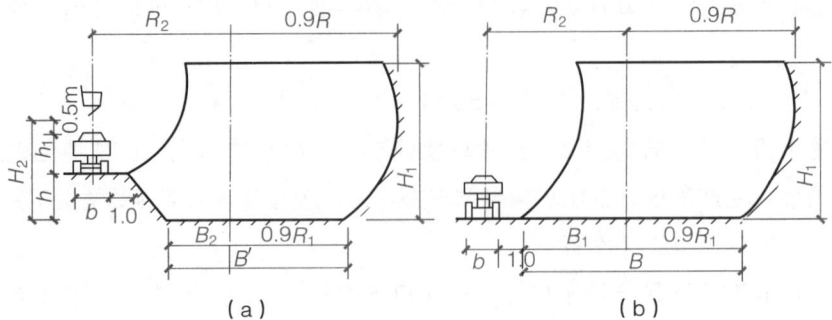

图 1-51　侧工作面尺寸
（a）高卸侧工作面；（b）平卸侧工作面

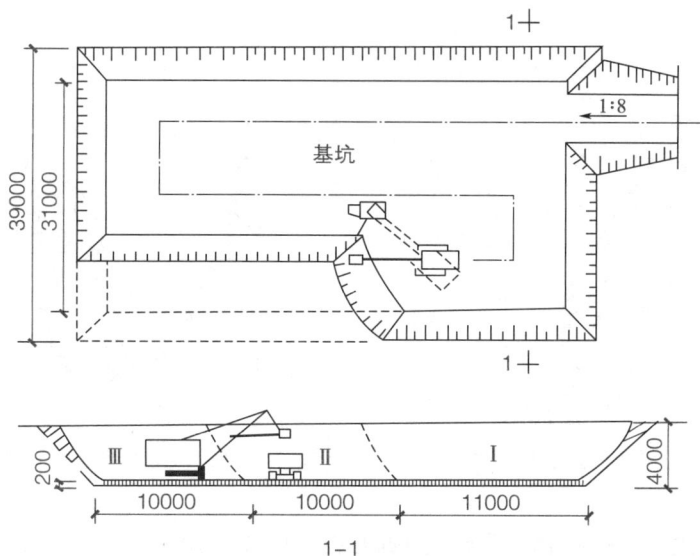

图 1-52　正铲一层通道多次开挖基坑
Ⅰ、Ⅱ、Ⅲ—通道断面及开挖顺序

当基坑宽度稍大于正工作面的宽度时，为了减少挖土机的开行次数，可采用加宽工作面的办法，挖土机按"之"字形路线开行（图 1-53a）。

当基坑的深度较大时，则开行通道可布置成多层（图 1-53b），即为三层通道的布置。

图 1-53　正铲开挖基坑
（a）一层通道"之"字形开挖；（b）三层通道布置

2．反铲挖土机

反铲挖土机的挖土特点是：后退向下，强制切土。其挖掘力比正铲小，能开挖停机面以下的一~三类土（机械传动反铲只宜挖一~二类土）。不需设置进出口通道，适用于一次开挖深度在 4m 左右的基坑、基槽、管沟，亦可用于地下水位较高的土方开挖；在深基坑开挖中，依靠止水挡土结构或井点降水，反铲挖土机通过下坡道，采用台阶式接力方式挖土也是常用方法。反铲挖土机可以与自卸汽车配合，装土运走，也可弃土于坑槽附近。履带式机械传动反铲挖土机的工作性能如图 1-54 所示，履带式液压反铲挖土机的工作性能如图 1-55 所示。

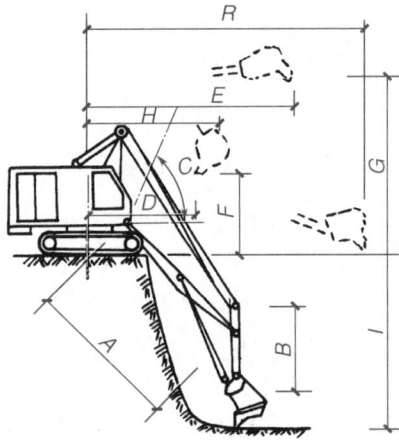

图 1-54 履带式机械传动反铲挖土机

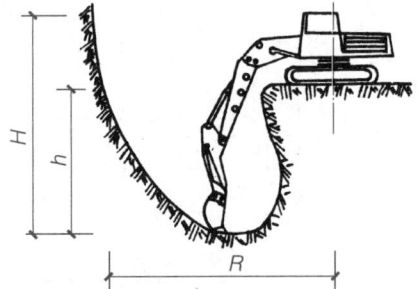

图 1-55 液压反铲挖土机工作尺寸

反铲挖土机的作业方式可分为沟端开挖（图 1-56a）和沟侧开挖（图 1-56b）两种。

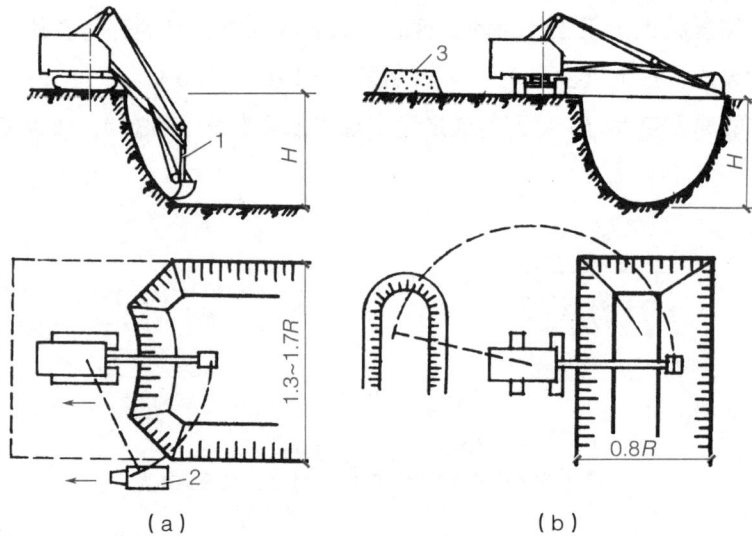

（a）　　　　　　　　　　　（b）

图 1-56 反铲挖土机开挖方式
（a）沟端开挖；（b）沟侧开挖
1—反铲挖土机；2—自卸汽车；3—弃土堆

沟端开挖，挖土机停在基坑（槽）的端部，向后倒退挖土，汽车停在基槽两侧装上。其优点是挖土机停放平稳，装土或甩土时回转角度小，挖土效率高，挖的深度和宽度也较大。基坑较宽时，可多次开行开挖（图 1-57a）。

沟侧开挖，挖土机沿基槽的一侧移动挖土，将土弃于距基槽较远处。沟侧开挖时开挖方向与挖土机移动方向相垂直，所以稳定性较差，而且挖的深度和宽度均较小，一般只在无法采用沟端开挖或挖土不需运走时采用（图 1-57b）。

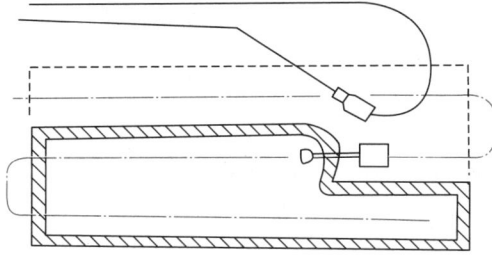

图 1-57　反铲挖土机多次开行挖土

3．拉铲挖土机

拉铲挖土机（图 1-58）的土斗用钢丝绳悬挂在挖土机长臂上，挖土时土斗在自重作用下落到地面切入土中。其挖土特点是：后退向下，自重切土；其挖土深度和挖土半径均较大，能开挖停机面以下的一~二类土，但不如反铲动作灵活准确。适用于开挖较深较大的基坑（槽）、沟渠，挖取水中泥土以及填筑路基，修筑堤坝等。

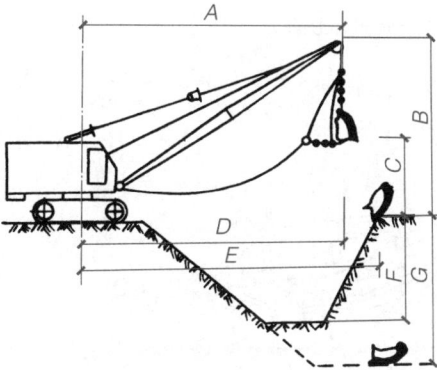

图 1-58　履带式拉铲挖土机

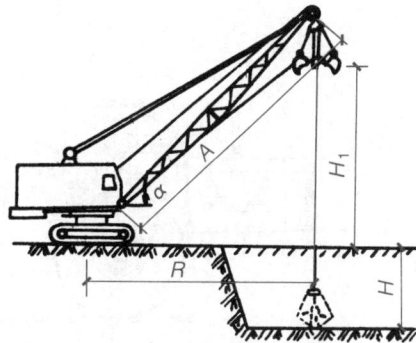

图 1-59　履带式抓铲挖土机

履带式拉铲挖土机的挖斗容量有 $0.35m^3$、$0.5m^3$、$1m^3$、$1.5m^3$、$2m^3$ 等数种。其最大挖土深度由 7.6m（W3-30）到 16.3m（W1-200）。

拉铲挖土机的开挖方式与反铲挖土机的开挖方式相似，可沟侧开挖也可沟端开挖。

4．抓铲挖土机

机械传动抓铲挖土机（图 1-59）是在挖土机臂端用钢丝绳吊装一个抓斗。其挖土特点是：直上直下，自重切土。其挖掘力较小，能开挖停机面以下的一~二类土，适用于开挖软土地基基坑，特别是其中窄而深的基坑、深槽、深井采用抓铲效果理想；抓铲还可用于疏通旧有渠道以及挖取水中淤泥等，或用于装卸碎石、矿渣等松散材料。抓铲也有采用液压传动操纵抓斗作业，其挖掘力和精度优于机械传动抓铲挖土机。

①.④.③ 铲运机 ⋯⋯⋯⋯⋯⋯⋯⋯⋯⋯⋯⋯⋯⋯⋯⋯⋯⋯ ●

铲运机是一种能够独立完成铲土、运土、卸土、填筑、整平的土方机械。按行走机构可分为拖式铲运机（图1-60）和自行式铲运机（图1-61）两种。拖式铲运机由拖拉机牵引，自行式铲运机的行驶和作业都靠本身的动力设备。

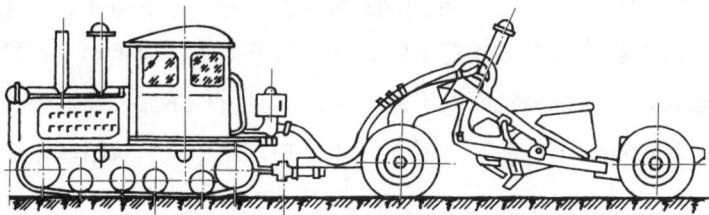

图1-60　C₆-2.5型拖式铲运机外形图

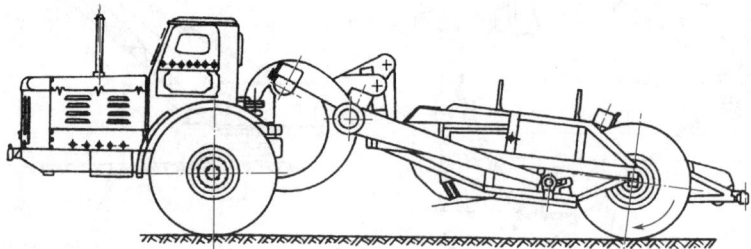

图1-61　C₃-6型自行式铲运机外形图

铲运机的工作装置是铲斗，铲斗前方有一个能开启的斗门，铲斗前设有切土刀片。切土时，铲斗门打开，铲斗下降，刀片切入土中。铲运机前进时，被切入的土挤入铲斗；铲斗装满土后，提起土斗，放下斗门，将土运至卸土地点。

铲运机对行驶的道路要求较低，操纵灵活，生产率较高。可在一～三类土中直接挖、运土，常用于坡度在20°以内的大面积土方挖、填、平整和压实，大型基坑、沟槽的开挖，路基和堤坝的填筑，不适于砾石层、冻土地带及沼泽地区使用。坚硬土开挖时要用推土机助铲或用松土机配合。

在土方工程中，常使用的铲运机的铲斗容量为2.5～8m³；自行式铲运机适用于运距800～3500m的大型土方工程施工，以运距在800～1500m的范围内的生产效率最高；拖式铲运机适用于运距为80～800m的土方工程施工，而运距在200～350m时，效率最高。如果采用双联铲运或挂大斗铲运时，其运距可增加到

1000m①。运距越长，生产率越低，因此，在规划铲运机的运行路线时，应力求符合经济运距的要求。为提高生产率，一般采用下述方法：

1．合理选择铲运机的开行路线

在场地平整施工中，铲运机的开行路线应根据场地挖、填方区分布的具体情况合理选择，这对提高铲运机的生产率有很大关系。铲运机的开行路线，一般有以下几种：

（1）环形路线

当地形起伏不大，施工地段较短时，多采用环形路线（图 1-62a、b）。环形路线每一循环只完成一次铲土和卸土，挖土和填土交替；挖填之间距离较短时，则可采用大循环路线（图 1-62c），一个循环能完成多次铲土和卸土，这样可减少铲运机的转弯次数，提高工作效率。

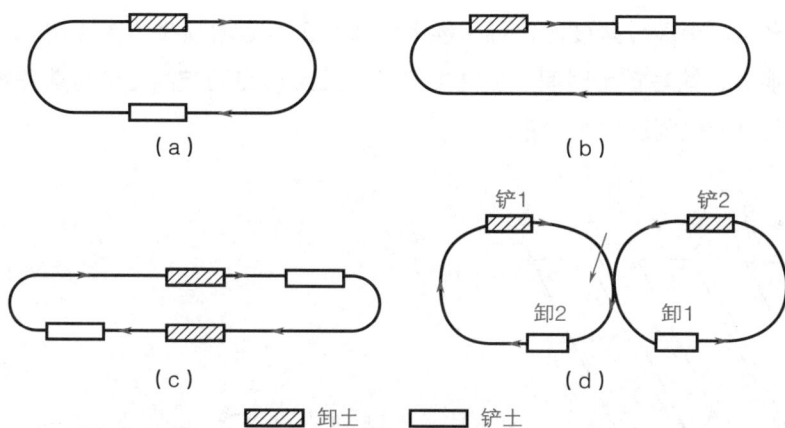

图 1-62　铲运机开行路线
（a）环形路线；（b）环形路线；（c）大循环路线；（d）"8"字形路线

（2）"8"字形路线

施工地段较长或地形起伏较大时，多采用"8"字形开行路线（图 1-62d）。这种开行路线，铲运机在上下坡时是斜向行驶，受地形坡度限制小；一个循环中两次转弯方向不同，可避免机械行驶时的单侧磨损；一个循环完成两次铲土和卸土，减少了转弯次数及空车行驶距离，从而缩短运行时间，提高生产率。

尚需指出，铲运机应避免在转弯时铲土，否则铲刀受力不均易引起翻车事

---

① 结合双联铲运和挂大斗铲运的优点融入【德育：培养学生勇于创新、开拓进取的创新精神和团结协作、服从安排的团队意识】

故^①。因此，为了充分发挥铲运机的效能，保证能在直线段上铲土并装满土斗，要求铲土区应有足够的最小铲土长度。

2．铲土作业方法

（1）下坡铲土

铲运机利用地形进行下坡推土，借助铲运机的重力，加深铲斗切土深度，缩短铲土时间；但纵坡不得超过 25°，横坡不大于 5°，铲运机不能在陡坡上急转弯，以免翻车。

（2）跨铲法

如图 1-63 所示，铲运机间隔铲土，预留土埂。这样，在间隔铲土时由于形成一个土槽，减少向外撒土量；铲土埂时，铲土阻力减小。一般土埂高不大于 300mm，宽度不大于拖拉机两履带间的净距。

（3）推土机助铲

地势平坦、土质较坚硬时，可用推土机在铲运机后面顶推（图 1-64），以加大铲刀切土能力，缩短铲土时间，提高生产率。推土机在助铲的空隙可兼作松土或平整工作，为铲运机创造作业条件。

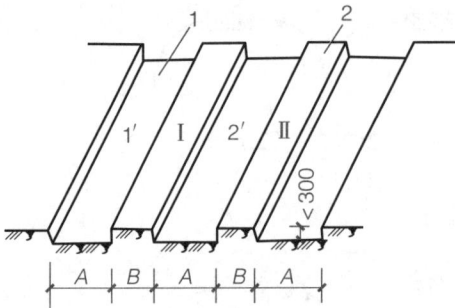

图 1-63 跨铲法
1—沟槽；2—土埂；A—铲土宽；B—不大于拖拉机履带净距

图 1-64 推土机助铲
1—铲运机；2—推土机

（4）双联铲运法

当拖式铲运机的动力有富余时，可在拖拉机后面串联两个铲斗进行双联铲运（图 1-65）。对坚硬土层，可用双联单铲，即一个土斗铲满后，再铲另一斗土；对松软土层，则可用双联双铲，即两个土斗同时铲土。

---

① 结合下坡铲土的技术要求融入【德育：培养学生实际操作中严谨、认真的工作态度，树立牢固的遵守规范与规程的规则意识、质量意识和安全意识】

图 1-65 双联铲运法

（5）挂大斗铲运

在土质松软地区，可改挂大型铲土斗，以充分利用拖拉机的牵引力来提高工效。

1.4.4 土方挖运机械选择及注意事项

（1）机械开挖应根据工程地下水位高低、施工机械条件、进度要求等合理地选用施工机械，以充分发挥机械效率，节省机械费用，加快工程进度。一般深度 2m 以内、基坑不太长时的土方开挖，宜采用推土机或装载机推土和装车；深度在 2m 以内长度较大的基坑，可用铲运机铲运土或加助铲铲土；对面积大且深的基坑，且有地下水或土的湿度大，基坑深度不大于 5m 可采用液压反铲挖掘机在停机面一次开挖；深 5m 以上，通常采用反铲分层开挖并开坡道运土。如土质好且无地下水也可开沟道，用正铲挖土机下入基坑分层开挖，多采用 0.5m³、1.0m³ 斗容量的液压正铲挖掘。在地下水中挖土可用拉铲或抓铲，效率较高。

（2）使用大型土方机械在坑下作业，如为软土地基或在雨期施工，进入基坑行走需铺垫钢板或铺路基箱垫道。所以对大型软土基坑，为减少分层挖运土方的复杂性，还可采用"接力挖土法"（图 1-66）。它是利用两台或三台挖土机分别在基坑的不同标高处同时挖土。一台在地表，两台在基坑不同标高的台阶上，边挖土边向上传递到上层由地表挖土机装车，用自卸汽车运至弃土地点。如上部可用大型反铲挖土机，中、下层可用反铲液压中、小型挖土机，以便挖土、装车均衡作业，机械开挖不到之处，再配以人工开挖修坡、找平。在基坑纵向两端设有道路出入口，上部汽车开行单向行驶。用本法开挖基坑，可一次挖到设计标高，一次完成，一般两层挖土可挖到 −10m，三层挖土可挖到 −15m 左右。这种挖土方法与通常开坡道运输汽车运土相比，土方运输效率受到影响。但对某些面积不大、深度较大的基坑，本身开坡道有困难，此法可避免将载重汽车开进基坑装土、运土作业，工作条件好，效率也较高，并可降低成本。最后用搭枕木垛的方法，使挖土机开出基坑（图 1-67）或牵引拉出；如坡度过陡也可用吊车吊运出坑。

（3）土方开挖应绘制土方开挖图，确定开挖路线、顺序、范围、基底标高、边坡坡度、排水沟、集水井位置以及挖出的土方堆放地点。绘制土方开挖图应尽可能使机械多挖。

（4）由于大面积基础群基坑底标高不一，机械开挖次序一般采取先整片挖至一平

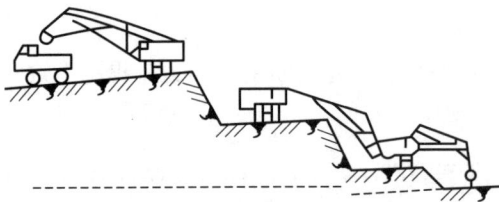

图1-66 接力式挖土示意图

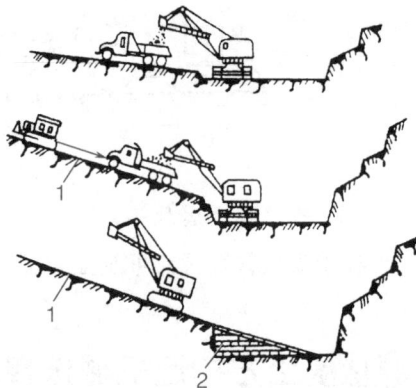

图1-67 挖土机开出基坑
1—坡道；2—枕木垛

均标高，然后再挖个别较深部位。当一次开挖深度超过挖土机最大挖掘高度（5m以上）时，宜分二～三层开挖，并修筑10%～15%坡道，以便挖土及运输车辆进出。

（5）基坑边角部位，即机械开挖不到之处，应用少量人工配合清坡，将松土清至机械作业半径范围内，再用机械掏取运走。人工清土所占比例一般为1.5%～4%，修坡以厘米作限制误差。大基坑宜另配一台推土机清土、送土、运土。

（6）挖土机、运土汽车进出基坑的运输道路，应尽量利用基础一侧或两侧相邻的基础以后需开挖的部位，使其互相贯通作为车道，或利用提前挖除土方后的地下设施部位作为相邻的几个基坑开挖地下运输通道，以减少挖土量。

（7）由于机械挖土对土的扰动较大，且不能准确地将地基抄平，容易出现超挖现象。所以要求施工中机械挖土只能挖至基底以上20～30cm，其余20～30cm的土方采用人工或其他方法挖除。

任务1.5 土方的回填与压实

1.5.1 土料选择与填筑要求 ●

为了保证填土工程的质量，必须正确选择土料和填筑方法。对填方土料应按设计要求验收后方可填入。如设计无要求，一般按下述原则进行：

（1）碎石类土、砂土（使用细、粉砂时应取得设计单位同意）和爆破石渣可用作表层以下的填料；含水量符合压实要求的黏性土，可用作各层填料；碎块草皮和有机质含量大于8%的土，仅用于无压实要求的填方。含有大量有机物的土，容易降解变形而降低承载能力；含水溶性硫酸盐大于 5% 的土，在地下水的作用下，硫酸盐会逐渐溶解消失，形成孔洞影响密实性，因此含有大量有机物的土、含水溶性硫酸盐大于 5% 的土以及淤泥和淤泥质土、冻土、膨胀土等均不应作为填土。

（2）填土应分层进行，并尽量采用同类土填筑。如采用不同土填筑时，应将透水性较大的土层置于透水性较小的土层之下，不能将各种土混杂在一起使用，以免填方内形成水囊。

（3）碎石类土或爆破石渣作填料时，其最大粒径不得超过每层铺土厚度的 2/3，使用振动碾时，不得超过每层铺土厚度的 3/4，铺填时，大块料不应集中，且不得填在分段接头或填方与山坡连接处。

（4）当填方位于倾斜的山坡上时，应将斜坡挖成阶梯状，以防填土横向移动。

（5）回填基坑和管沟时，应从四周或两侧均匀地分层进行，以防基础和管道在土压力作用下产生偏移或变形。

（6）回填以前，应清除填方区的积水和杂物，如遇软土、淤泥，必须进行换土回填。在回填时，应防止地面水流入，并预留一定的下沉高度（一般不得超过填方高度的 3%）。

1.5.2 填土压实方法

填土的压实方法一般有：碾压、夯实、振动压实以及利用运土工具压实。对于大面积填土工程，多采用碾压和利用运土工具压实。对较小面积的填土工程，则宜用夯实机具进行压实。

1. 碾压法

碾压法是利用机械滚轮的压力压实土壤，使之达到所需的密实度。碾压机械有平碾、羊足碾和气胎碾。

平碾又称光碾压路机（图 1-68），是一种以内燃机为动力的自行式压路机。按重量等级分为轻型（30～50kN）、中型（60～90kN）和重型（100～140kN）三种，适于压实砂类土和黏性土，适用土类范围较广。轻型平碾压实土层的厚度不大，但土层上部变得较密实，当用轻型平碾初碾后，再用重型平碾碾压松土，就会取得较好的效果。如直接用重型平碾碾压松土，则由于强烈的起伏现象，其碾压效果较差。

羊足碾如图 1-69 和图 1-70 所示，一般无动力靠拖拉机牵引，有单筒、双筒两种；根据碾压要求，可分为空筒及装砂、注水等三种。羊足碾虽然与土接触面积小，但对单位面积的压力比较大，土的压实效果好。羊足碾只能用来压实黏性土。

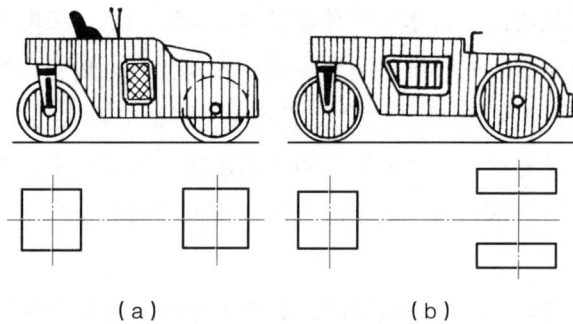

图 1-68 光碾压路机
（a）两轴两轮；（b）两轴三轮

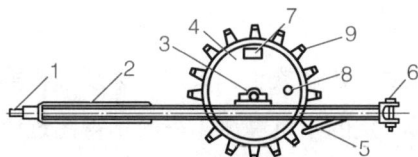

图 1-69 单筒羊足碾构造示意图
1—前拉头；2—机架；3—轴承座；4—碾筒；5—铲刀；
6—后拉头；7—装砂口；8—水口；9—羊足头

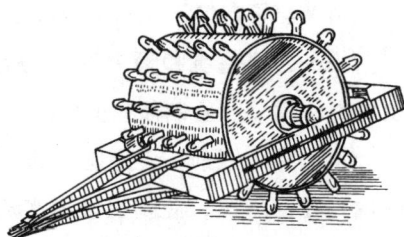

图 1-70 羊足碾

气胎碾又称轮胎压路机（图 1-71），它的前后轮分别密排着四、五个轮胎，既是行驶轮，也是碾压轮。由于轮胎弹性大，在压实过程中，土与轮胎都会发生变形，而随着几遍碾压后铺土密实度的提高，沉陷量逐渐减少，因而轮胎与土的接触面积逐渐缩小，但接触应力则逐渐增大，最后使土料得到压实。由于在工作时是弹性体，其压力均匀，填土质量较好。

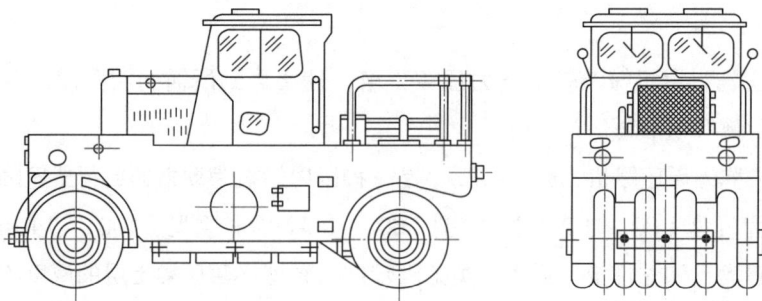

图 1-71 轮胎压路机

碾压法主要用于大面积的填土，如场地平整、路基、堤坝等工程。用碾压法压实填土时，铺土应均匀一致，碾压遍数要一样，碾压方向应从填土区的两边逐渐压向中心，每次碾压应有 15 ～ 20cm 的重叠；碾压机械开行速度不宜过快，一般平碾不应超过 2km/h，羊足碾控制在 3km/h 之内，否则会影响压实效果。

2．夯实法

夯实法是利用夯锤自由下落的冲击力来夯实土壤，主要用于小面积的回填土或作业面受到限制的环境下。夯实法分人工夯实和机械夯实两种。人工夯实所用的工具有木夯、石夯等；常用的夯实机械有夯

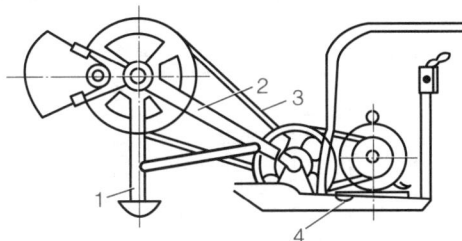

图 1-72 蛙式打夯机
1—夯头；2—夯架；3—三角胶带；4—底盘

锤、内燃夯土机、蛙式打夯机和利用挖土机或起重机装上夯板后的夯土机等，其中蛙式打夯机（图 1-72）轻巧灵活，构造简单，在小型土方工程中应用最广。

3．振动压实法

振动压实法是将振动压实机放在土层表面，借助振动机构使压实机振动土颗粒，土的颗粒发生相对位移而达到紧密状态。用这种方法振实非黏性土效果较好。

近年来，又将碾压和振动法结合起来而设计和制造了振动平碾、振动凸块碾等新型压实机械。振动平碾适用于填料为爆破碎石渣、碎石类土、杂填土或黏质粉土的大型填方；振动凸块碾则适用于粉质黏土或黏土的大型填方。当压实爆破石渣或碎石类土时，可选用重 8 ～ 15t 的振动平碾，铺土厚度为 0.6 ～ 1.5m，先静压，后振动碾压，碾压遍数由现场试验确定，一般为 6 ～ 8 遍。

任务 1.6　土方工程质量标准与安全技术要求

1.6.1 土方开挖、回填质量标准 ·······························●

（1）平整场地的表面坡度应符合设计要求，如设计无要求时，排水沟方向的坡度不应小于 2‰。平整后的场地表面应逐点检查。检查点为每 100 ～ 400m² 取 1 点，但不应少于 10 点；长度、宽度和边坡均为每 20m 取 1 点，每边不应少于 1 点。

（2）施工过程中应检查平面位置、水平标高、边坡坡度、压实度、排水、降低地下水位系统，并随时观测周围的环境变化。

（3）土方开挖工程的质量检验标准应符合表 1-9 的规定。

土方开挖工程质量检验标准（单位：mm）　　表 1-9

项目	序	项目	允许偏差或允许值					检验方法
			柱基基坑基槽	挖方场地平整		管沟	地（路）面基层	
				人工	机械			
主控项目	1	标高	−50	±30	±50	−50	−50	水准仪
	2	长度、宽度（由设计中心线向两边量）	+200 −50	+300 −100	+500 −150	+100	—	经纬仪，用钢尺量
	3	边坡	设计要求					观察或用坡度尺检查
一般项目	1	表面平整度	20	20	50	20	20	用 2m 靠尺和楔形塞尺检查
	2	基底土性	设计要求					观察或土样分析

注：地（路）面基层的偏差只适用于直接在挖、填方上做地（路）面的基层。

（4）柱基、基坑、基槽和管沟基底的土质，必须符合设计要求，并严禁扰动。

（5）填方的基底处理，必须符合设计要求或建筑地基基础工程施工质量验收规范规定。

（6）填方柱基、坑基、基槽、管沟回填的土料应按设计要求验收后方可填入。

（7）填方施工结束后，应检查标高、边坡坡度、压实程度等，检验标准应符合表 1-10 的规定[①]。

填土工程质量检验标准（单位：mm）　　表 1-10

项目	序	检查项目	允许偏差或允许值					检查方法
			桩基基坑基槽	场地平整		管沟	地（路）面基层	
				人工	机械			
主控项目	1	标高	−50	±30	±50	−50	−50	水准仪
	2	分层压实系数	设计要求					按规定方法
一般项目	1	回填土料	设计要求					取样检查或直观鉴别
	2	分层厚度及含水量	设计要求					水准仪及抽样检查
	3	表面平整度	20	20	30	20	20	用靠尺或水准仪

（8）密实度检验中的分层压实系数

填方压实后，应具有一定的密实度。密实度应按设计规定控制干密度 ρ_{cd} 作为检

---

① 结合填土工程质量检验标准融入【德育：培养学生严谨、认真的工作态度，要熟练掌握与工作内容相关的施工工艺，培养遵守施工规范和相关的法律法规的职业道德和思想政治素养】

查标准。土的控制干密度与最大干密度之比称为压实系数 D_y。对于一般场地平整，其压实系数为 0.9 左右，对于地基填土（在地基主要受力层范围内）为 0.93 ~ 0.97。

填方压实后的干密度，应有 90% 以上符合设计要求，其余 10% 的最低值与设计值的差，不得大于 0.08g/cm³，且应分散，不宜集中。

检查土的实际干密度，一般采用环刀取样法，或用小轻便触探仪直接通过锤击数来检验。其取样组数为：基坑回填每 30 ~ 50m³ 取样一组（每个基坑不少于一组）；基槽或管沟回填每层按长度 20 ~ 50m 取样一组；室内填土每层按 100 ~ 500m² 取样一组；场地平整填方每层按 400 ~ 900m² 取样一组。取样部位应在每层压实后的下半部。试样取出后，先称出土的湿密度并测定含水量，然后用式（1–26）计算土的实际干密度 ρ_d：

$$\rho_d = \frac{\rho}{1+\omega} \tag{1-26}$$

式中　ρ ——土的湿密度（g/cm³）；

　　　ω ——土的湿含水量。

如用式（1–4）算得的土的实际干密度 $\rho_d \geq \rho_{cd}$，则压实合格；若 $\rho_d < \rho_{cd}$，则压实不够，应采取相应措施，提高压实质量。

1.6.2 安全技术要求

1. 基坑土方开挖中的注意事项

（1）土方开挖的顺序、方法必须与设计工况相一致，并遵循"开槽支撑，先撑后挖，分层开挖，严禁超挖"的原则。

挖土与坑内支撑安装要密切配合，每次开挖深度不得超过将要加支撑位置以下 500mm，防止立柱及支撑失稳。每次挖土深度与所选用的施工机械有关。当采用分层分段开挖时，分层厚度不宜大于 5m，分段的长度不大于 25m，并应快挖快撑，时间不宜超过 1 ~ 2d，以充分利用土体结构的空间作用，减少支护结构的变形。为防止地基一侧失去平衡而导致坑底涌土、边坡失稳、坍塌等情况，深基坑挖土时应注意对称分层开挖的方法。另外，如前所述，土方开挖宜选用合适施工机械、开挖程序及开挖路线；而且开挖中除设计允许，挖土机械不得在支撑上作业或行走。

（2）要重视打桩效应，防止桩位移和倾斜。

对一般先打桩、后挖土的工程，如果打桩后紧接着开挖基坑，由于开挖时地基卸土，打桩时积聚的土体应力释放，再加上挖土高差形成侧向推力，土体易产生一定的水平位移，使先打设的桩易产生水平位移和倾斜，所以打桩后应有一段停歇时间，待土体应力释放、重新固结后再开挖，同时挖土要分层、对称，尽量减少挖土时的压力差，保证桩位正确。对于打预制桩的工程，必须先打工程桩再施工支护结构，否则也会由于打桩挤土效应，引起支护结构位移变形。

（3）注意减少坑边地面荷载，防止开挖完的基坑暴露时间过长。

基坑开挖过程中，不宜在坑边堆置弃土、材料和工具设备等，尽量减轻地面荷载，严禁超载。基坑开挖完成后，应立即验槽，并及时浇筑混凝土垫层，封闭基坑，防止暴露时间过长。如发现基底土超挖，应用素混凝土或砂石回填夯实，不能用素土回填。若挖方后不能立即转入下道工序或雨期挖方时，应在坑槽底标高上保留15～30cm厚的土层不挖，待下道工序开工前再挖掉。冬期挖方时，每天下班前应挖一步（30cm左右）虚土或用草帘覆盖，以防地基土受冻。

（4）当挖土至坑槽底50cm左右时，应及时抄平。

一般在坑槽壁各拐角处和坑槽壁每隔2～4m处测设一水平小木桩或竹片桩，作为清理坑槽底和打基础垫层时控制标高的依据。

（5）在基坑开挖和回填过程中应保持井点降水工作的正常进行。

土方开挖前应先做好降水、排水施工，待降水运转正常并符合要求后，方可开挖土方。开挖过程中，要经常检查降水后的水位是否达到设计标高要求，要保持开挖面基本干燥，如坑壁出现渗漏水，应及时进行处理。通过对水位观察井和沉降观测点的定时测量，检查是否对邻近建筑物等产生不良影响进而采取适当措施。

（6）开挖前要编制包含周详安全技术措施的基坑开挖施工方案，以确保施工安全。

2．基坑支护工程的现场监测

在深基坑施工、使用过程中，出现荷载、施工条件变化的可能性较大，设计计算值与支护结构的实际工作状况往往不很一致。因此在基坑开挖过程中必须要系统地进行监控以防不测。根据基坑工程事故调查表明，在发生重大事故前，或多或少都有预兆，如果能切实做好基坑监测工作，及时发现事故预兆并采取适当措施，则可避免许多重大基坑事故的发生，减少基坑事故所带来的经济损失和社会影响。目前，开展基坑现场监测可以避免基坑事故的发生已形成共识。《建筑基坑支护技术规程》JGJ 120—2012已明确规定，在基坑开挖过程中，必须开展基坑工程监测，对于基坑工程监测项目，规定要结合基坑工程的具体情况，如工程规模大小、开挖深度、场地条件、周边环境保护要求等，可按表1-11进行选择。

基坑监测项目表　　　　　　　表 1-11

监测项目	基坑侧壁安全等级		
	一级	二级	三级
支护结构水平位移	应测	应测	应测
周围建筑物、地下管线变形	应测	应测	宜测
地下水位	应测	应测	宜测
桩、墙内力	应测	宜测	可测
锚杆拉力	应测	宜测	可测
支撑轴力	应测	宜测	可测
立柱变形	应测	宜测	可测
土体分层竖向位移	应测	宜测	可测
支护结构界面上侧向压力	宜测	可测	可测

　　由于基坑开挖到设计深度以后，土体变形、土压力和支护结构的内力仍会继续发展、变化，因此基坑监测工作应从基坑开挖以前制定监控方案开始，直至地下工程施工结束的全过程进行监测。基坑监控方案应包括监控目的、监控项目、监控报警值、监控方法及精度要求、监控点的布置、检测周期、工序管理和记录制度以及信息反馈系统等①。

　　从表 1-11 中可以看出，不管任何基坑侧壁安全等级，支护结构水平位移均属于应测项目。实际上，在深基坑开挖施工监测中支护结构水平位移一般有两个测试项目，即围护桩（墙）顶面水平位移监测和围护桩（墙）的侧向变形，而在不同深度上各点的水平位移监测，称为围护桩（墙）的测斜监测。

　　围护桩（墙）的顶面水平位移监测，是深基坑开挖施工监测的一项基本内容，通过围护桩（墙）顶面水平位移监测，可以掌握围护桩（墙）的基坑挖土施工过程顶面的平面变形情况，并与设计值进行比较，分析其对周围环境的影响，另外，围护桩（墙）顶面水平位移数值可以作为测斜、测试孔口的基准点。围护桩（墙）顶面水平位移测试一般选用精度为 2″ 级的经纬仪。围护桩（墙）顶面水平位移监测点应沿其结构体延伸方向布设，水平位移观测点间距宜为 10 ~ 15m，其测试方法有准直线法、控制线偏离法、小角度法、交会法等。

　　围护桩（墙）在基坑外侧水土压力作用下，会发生变形。要掌握围护桩（墙）的侧向变形，即在不同深度处各点的水平位移，可通过对围护桩（墙）的测斜监测来实现。

---

① 结合基坑监测的过程融入【德育：培养学生科学严谨、实事求是的工作态度，树立安全施工人人有责的质量和安全观念以及进行科学的数据采集和分析的科学施工理念】

基坑变形的监控值，若设计有指标规定，以设计要求为依据；如无设计指标，可按表 1–12 的规定执行。

基坑变形的监控值（单位：cm） 表 1-12

基坑类别	围护结构墙顶位移监控值	围护结构墙体最大位移监控值	地面最大沉降监控值
一级基坑	3	5	3
二级基坑	6	8	6
三级基坑	8	10	10

注：（1）符合下列情况之一者，为一级基坑：
  1）重要工程或支护结构做主体结构的一部分。
  2）开挖深度大于 10m。
  3）与临近建筑物、重要设施的距离在开挖深度以内的基坑。
  4）基坑范围内有历史文物、近代优秀建筑、重要管线等需严加保护的基坑。[①]
 （2）三级基坑为开挖深度小于 7m，且周围环境无特别要求的基坑。
 （3）除一级和三级外的基坑属二级基坑。
 （4）当周围已有的设施有特殊要求时，尚应符合这些要求。

3．其他注意事项

（1）基坑开挖时，两人操作间距大于 2.5m，多台机械开挖，挖土机间距应大于 10m。挖土应由上而下，逐层进行，严禁采用先挖底脚的施工方法。

（2）基坑开挖应严格按要求放坡。操作时应随时注意土壁变动情况，如发现有裂纹或部分坍塌现象，应及时进行支撑或放坡，并注意支撑的稳固和土壁的变化。

（3）基坑（槽）挖土深度超过 3m，使用吊装设备吊土时，起吊后，坑内操作人员应立即离开吊点的垂直下方，起吊设备距坑边一般不得少于 1.5m，坑内人员应戴安全帽。

（4）用手推车运土，应先平整好道路。卸土回填，不得放手让车自动翻转。用翻斗汽车运土，运输道路的坡度、转弯半径应符合有关安全规定。

（5）深基坑上下应先挖好阶梯或设置靠梯，或开斜坡道，采取防滑措施，禁止踩踏支撑上下。坑四周应设安全栏杆或悬挂危险标志。

（6）基坑（槽）设置的支撑应经常检查是否有松动变形等不安全迹象，特别是雨后更应加强检查。

（7）回填管沟时，应采用人工先在管子周围填土夯实，并应从管道两边同时对称进行，高差不超过 0.3m。管顶 0.5m 以上，在不损坏管道的情况下，方可采用机械回填和压实。

---

① 结合基坑类别的划分融入【德育：培养学生发现文物主动保护文物的文物保护意识，结合弘扬中华传统文化与民族精神，提升学生的人文素养和环境保护意识】

【思政提升】••

　　本项目主要介绍了土方工程概述、基坑（槽）施工、地下水位降低、土方机械施工、土方的回填与压实、土方工程质量标准与安全技术要求等内容。土方工程概述中主要介绍土方工程量计算及调配，主要包括基坑（槽）土方量计算、场地平整土方工程量计算及调配等。土方工程施工时，可靠且合理的基坑支护措施和降水措施为土方开挖和基础施工提供良好的施工条件，对保证土方工程施工质量和安全具有十分重要的作用。在土方机械进行土方工程的挖、运、填、压施工中，正确选择地基填土的填土料及填筑压实方法是保证土方的回填与压实质量的关键。通过本项目的学习，了解地基工程相关国家规范和质量标准，牢固树立质量安全意识，工作过程中要有爱岗敬业、严谨、认真、精益求精的工作态度，施工方案制定和选择过程除了要注意质量和安全问题以外还要注意对周边环境影响，建立生态文明建设的价值伦理。

勇于挑战，敢于创新——全钢性基坑围护体系保驾文物发掘

••

【课后习题】

1. 土按开挖的难易程度分几类？各类的特征是什么？
2. 土方调配应遵循哪些原则？调配区如何划分？
3. 试述流砂形成的原因以及因地制宜防治流砂的方法。
4. 试述人工降低地下水位的方法及适用范围。
5. 试述一般基槽、一般浅基坑和深基坑的支护方法和适用范围。
6. 试述单斗挖土机有哪几种类型？各有什么特点？
7. 土方挖运机械如何选择？土方开挖注意事项有哪些？
8. 根据基坑安全等级要监测哪些基坑监测项目？其中哪些是应测项目？哪些是宜测和可测项目？
9. 试述填土压实的方法和适用范围。

项目2 基础工程

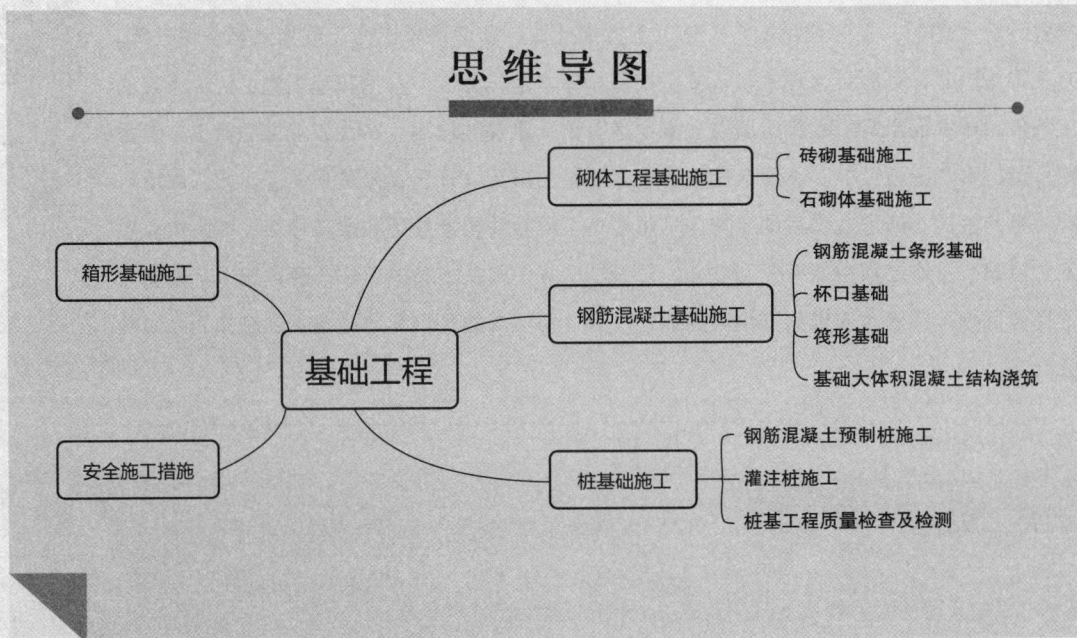

思 维 导 图

砖砌基础施工
石砌体基础施工

砌体工程基础施工

钢筋混凝土条形基础
杯口基础
筏形基础
基础大体积混凝土结构浇筑

钢筋混凝土基础施工

箱形基础施工

基础工程

安全施工措施

桩基础施工

钢筋混凝土预制桩施工
灌注桩施工
桩基工程质量检查及检测

【学习目标】··

1. 知识目标

掌握砌体工程基础、钢筋混凝土基础、桩基础和箱形基础的施工工艺流程和施工要点，熟悉主控项目验收。

2. 思政目标

树立安全意识和标准意识，培养脚踏实地、独立思考和严谨细致的工作态度，注重团队协作。

任务 2.1 砌体工程基础施工

2.1.1 砖砌基础施工

砖基础用普通烧结砖与水泥砂浆砌成。砖基础砌成的台阶形状称为"大放脚"①，有等高式和不等高式两种，如图 2-1 所示。等高式大放脚是两皮一收，两边各收进 1/4 砖长，即高为 120mm，宽为 60mm；不等高式大放脚是两皮一收与一皮一收相间隔，两边各收进 1/4 砖长，即高为 120mm 与 60mm，宽为 60mm。

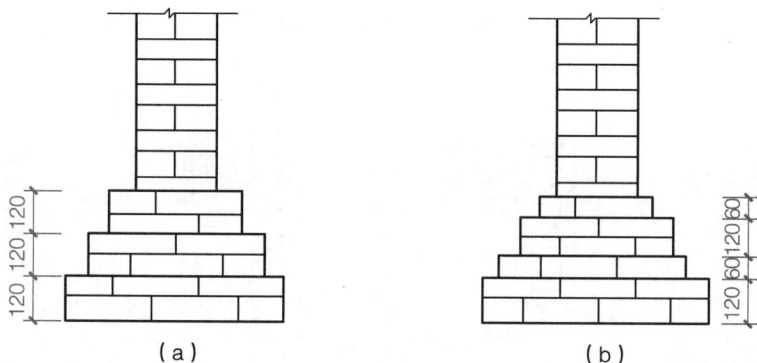

图 2-1 砖基础大放脚形式（单位：mm）
（a）等高式；（b）不等高式

大放脚的底宽应根据计算确定，各层大放脚的宽度应为半砖宽的整数倍。在大放脚的下面一般做地基。地基材料可用 3：7 或 2：8 灰土，也可用 1：2：4 或 1：3：6 碎砖三合土。为了防止土中水分沿砖块中毛细管上升而侵蚀墙身，应在室内地坪以下一皮砖处设置防潮层②，如图 2-2 所示。防潮层一般用 1：2 水泥防水砂浆，厚约 20mm。

大放脚一般采用一顺一丁砌法，上下皮垂直灰缝相互错开 60mm。砖基础的转角处、交接处，为错缝需要应加砌配砖（3/4 砖、半砖或 1/4 砖）。在这些交接处，纵横墙要隔皮砌通；大放脚的最下一皮及每层的最上一皮应以丁砌为主。底宽为两砖半等高式砖基础大放脚转角处分皮砌法如图 2-3 所示。

---

① 结合砖基础的形状为"大放脚"融入【德育：为人处世要脚踏实地】
② 结合防潮层的设计融入【德育：要注重团队协作，共同进步】

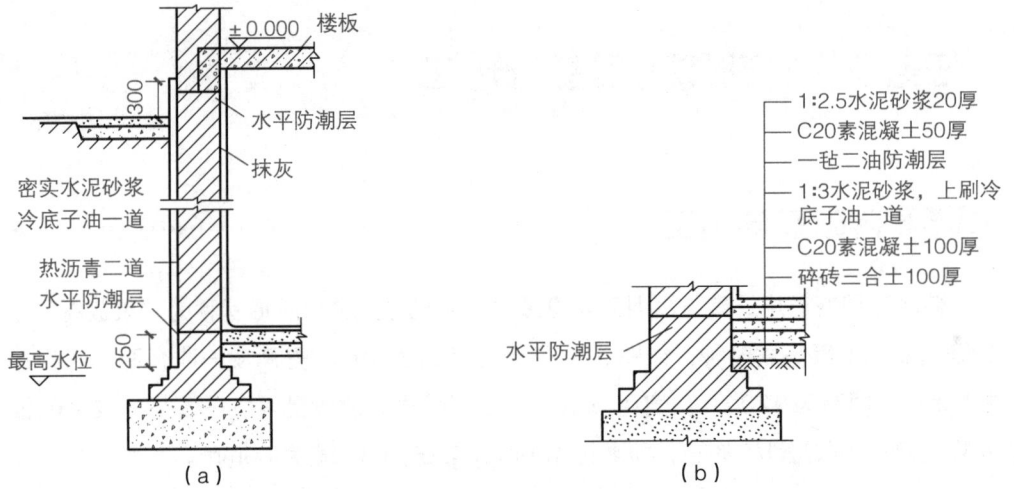

图 2-2 防潮层设置（单位：mm）
（a）墙身防潮；（b）地坪防潮

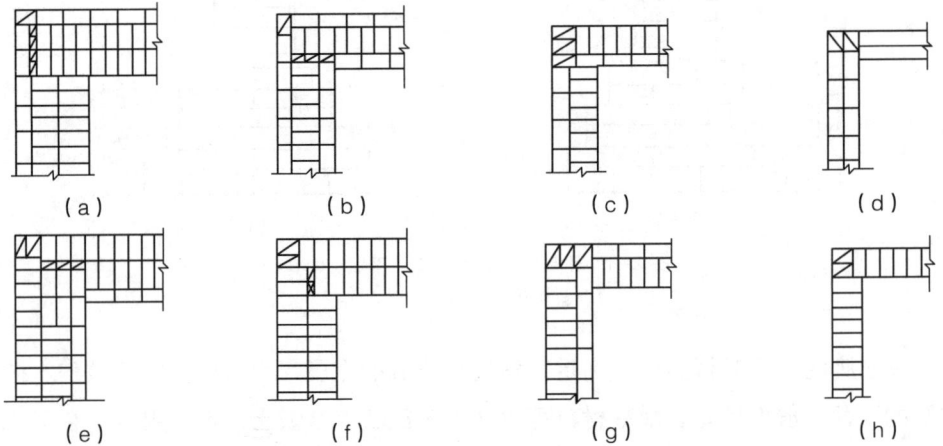

图 2-3 大放脚转角处分皮砌法

砖基础底标高不同时，应从低处砌起，并应由高处向低处搭砌，当设计无要求时，搭砌长度不应小于砖基础大放脚的高度（图 2-4）。砖基础的转角处和交接处应同时砌筑，当不能同时砌筑时，应留置斜槎。基础墙的防潮层，当设计无具体要求时，宜用 1：2 水泥砂浆加适量防水剂铺设，其厚度宜为 20mm。砖基础施工工艺流程如图 2-5 所示[①]。

施工要点包括以下几项：

（1）砌砖基础前，应先将地基清扫干净，并用水润湿，立好皮数杆，检查防潮层以下砌砖的层数是否相符。

① 结合砖基础砌筑工艺流程融入【德育：实事求是、规范意识、做事有标准】

（2）从相对设立的龙门板上拉上大放脚准线，根据准线交点在地基面上弹出位置线，即为基础大放脚边线。基础大放脚的组砌法如图 2-6 所示。大放脚转角处要放七分头，七分头应在山墙和檐墙两处分层交替放置，一直砌到实墙。

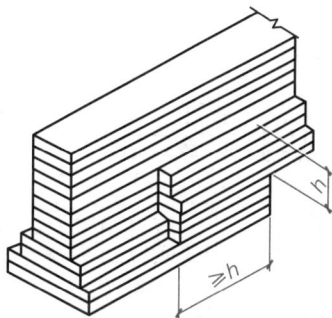

（3）大放脚一般采用一顺一丁砌筑法，竖缝至少错开 1/4 砖长。大放脚的最下一皮及各个台阶的上面一皮应以丁砌为主，砌筑时宜采用"三一"砌法，即一铲灰、一块砖、一挤揉。

（4）开始操作时，在墙转角和内外墙交接处应砌大角，先砌筑 4、5 皮砖，经水平尺检查无误后进行挂线①，砌好摆底砖，再砌以上各皮砖，挂线方法如图 2-7 所示。

（5）砌筑时，所有承重墙基础应同时进行。基础接槎必须留斜槎，高低差不得大于 1.2m。预留孔洞必须在砌筑时预先留出，位置要准确。暖气沟墙可以在基础砌完后再砌，但基础墙上放暖气沟盖板的出檐砖，必须同时砌筑。

（6）有高低台的基础底面，应从低处砌起，并按大放脚的底部宽度由高台向低台搭接②。如设计无规定时，搭接长度不应小于大放脚高度，如图 2-8 所示。

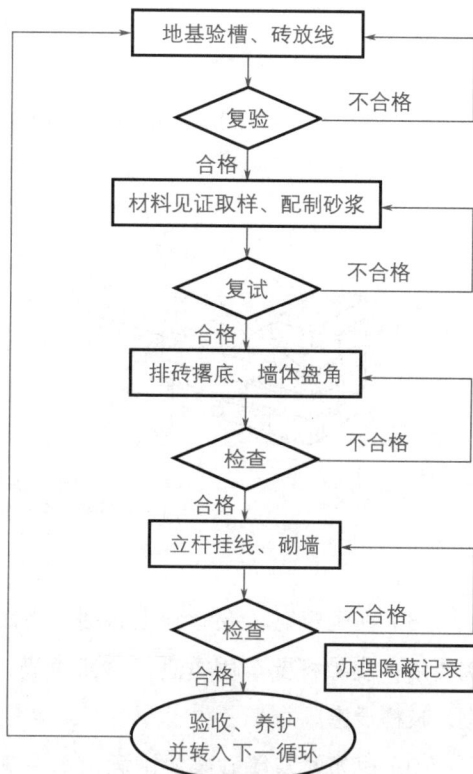

图 2-4 基底标高不同时，砖基础的搭砌

图 2-5 砖基础施工工艺流程

（7）砌完基础大放脚，开始砌实墙部位时，应重新抄平放线，确定墙的中线和边线，再立皮数杆。砌到防潮层时，必须用水平仪找平，并按图样规定铺设防潮层。如设计未作具体规定，宜用 1：2.5 水泥砂浆加适量的防水剂铺设，其厚度一般为 20mm。砌完基础经验收后，应及时清理基槽（坑）内杂物和积水，在两侧同时填土，并应分层夯实。

---

① 结合检查无误后进行挂线融入【德育：严谨细致，实事求是】
② 结合高低台的基础地面应从低处砌起融入【德育：万丈高楼平地起，实事求是】

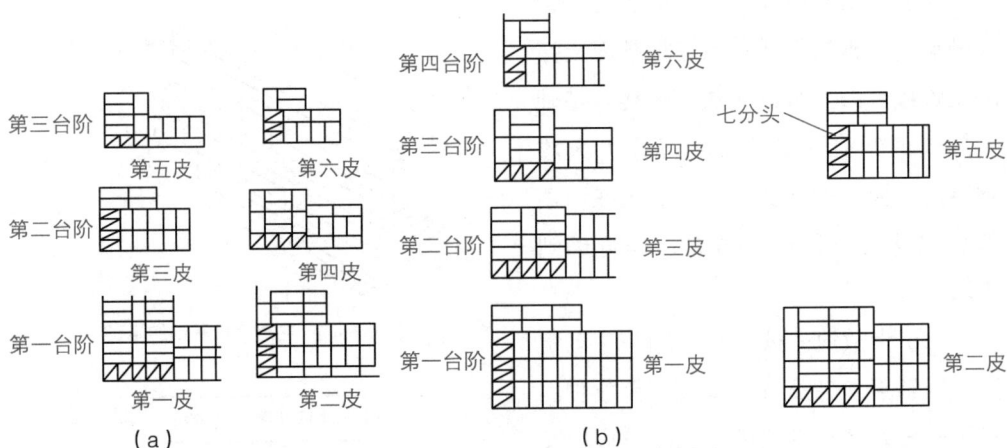

图 2-6 基础大放脚的组砌法
（a）皮三收等高式大放脚；（b）皮四收不等高式大放脚

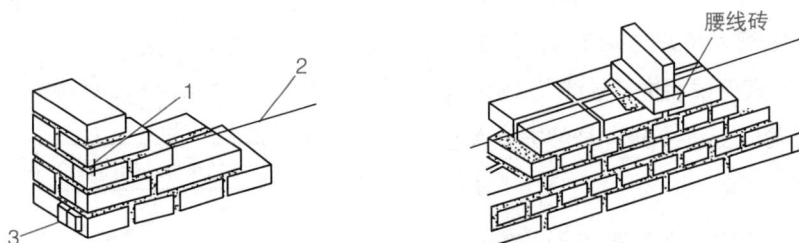

图 2-7 挂线方法示意图
1—别线棍；2—准线；3—简易挂线坠

（8）在砌筑时，要做到上跟线、下跟棱；角砖要平、绷线要紧；上灰要准、铺灰要活；皮数杆要牢固垂直；砂浆饱满，灰缝均匀，横平竖直，上下错缝，内外搭砌，咬槎严密。

（9）砌筑时灰缝砂浆要饱满，水平灰缝厚度宜为 10mm，不应小于 8mm，也不应大于 12mm。每皮砖要挂线，它与皮数杆的偏差值不得超过 110mm[①]。

（10）基础中预留洞口及预埋管道，其位置、标高应准确，避免凿打墙洞；管道上部应预留沉降空隙。基础上铺放地沟盖板的出檐砖应同时砌筑，并应用丁砖砌筑，立缝碰头灰应打严实。

（11）基础砌至防潮层时，须用水平仪找平，并按设计铺设防水砂浆（掺加水泥重量 3% 的防水剂）防潮层。

---

① 结合砌筑施工的技术要点要求融入【德育：规范意识，实事求是】

2.1.2 石砌体基础施工

1．石砌体基础构造

（1）毛石基础。毛石基础是用毛石与水泥砂浆或水泥混合砂浆砌成。所用毛石强度等级一般为 MU20 以上，砂浆宜用水泥砂浆，强度等级应不低于 M5。

毛石基础可作墙下条形基础或柱下独立基础。按其断面形式有矩形、阶梯形和梯形。基础的顶面宽度应比墙厚大 200mm，即每边宽出 100mm，每阶高度一般为 300～400mm 并至少砌两皮毛石。上级阶梯的石块应至少压砌下级阶梯的 1/2，相邻阶梯的毛石应相互错缝搭砌，如图 2-8 所示。

毛石基础必须设置拉结石，毛石基础同皮内每隔 2m 左右设置一块。拉结石长度如基础宽度不大于 400mm，应与基础宽度相等；如基础宽度大于 400mm，可用两块拉结石内外搭接，搭接长度不应小于 150mm 且其中一块拉结石长度不应小于基础宽度的 2/3。

（2）料石基础。砌筑料石基础的第一皮石块应用丁砌层坐浆砌筑，以上各层料石可按一顺一丁进行砌筑。阶梯形料石基础，上级阶梯的料石至少压砌下级阶梯料石的 1/3，如图 2-9 所示。

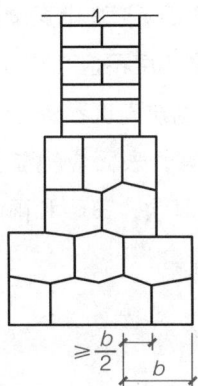

图 2-8　阶梯形毛石基础　　图 2-9　阶梯形料石基础

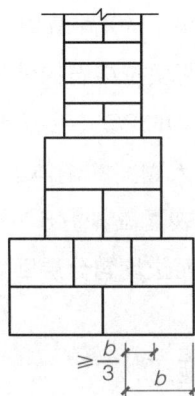

2．毛石基础施工

毛石基础施工工艺流程如图 2-10 所示。

施工要点包括以下几项：

（1）砌筑前应检查基槽（坑）的尺寸、标高、土质，清除杂物，夯平槽（坑）底。

（2）根据设置的龙门板在槽底放出毛石基础底边线，在基础转角处、交接处立上皮数杆。皮数杆上应标明石块规格及灰缝厚度，砌阶梯形基础还应标明每一台阶的高度。

（3）砌筑时，应先砌转角处及交接处，然后砌中间部分。毛石基础的灰缝厚度宜为 20 ~ 30mm，砂浆应饱满。石块间较大空隙应先用砂浆填塞后，再用碎石块嵌实，不得先嵌石块后填砂浆或干塞石块。

（4）基础的组砌形式应内外搭砌，上下错缝，拉结石、丁砌石交错设置；毛石墙拉结石每 0.7m² 墙面不应少于 1 块。

（5）砌筑毛石基础应双面挂线。

（6）基础外墙转角处、纵横墙交接处及基础最上一层，应选用较大的平毛石砌筑。每隔 0.7m 须砌一块拉结石，上下两皮拉结石位置应错开，立面形成

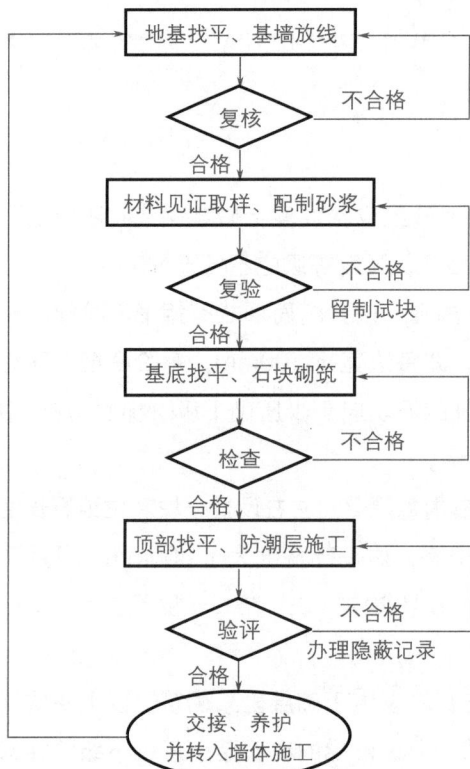

图 2-10 毛石基础施工工艺流程

梅花形。当基础宽度小于 400mm 时，拉结石宽度应与基础宽度相等；当基础宽度超过 400mm 时，可用两块拉结石内外搭砌，搭接长度不应小于 150mm，且其中一块长度不应小于基础宽度的 2/3。毛石基础每天的砌筑高度不应超过 1.2m。

（7）每天应在当天砌完的砌体上铺一层灰浆，表面应粗糙。夏季施工时，对刚砌完的砌体，应用草袋覆盖养护 5 ~ 7d，避免风吹、日晒和雨淋。毛石基础全部砌完后，要及时在基础两边均匀分层回填，分层夯实。

3. 料石基础施工

料石应质地坚实，强度不低于 MU20，岩种应符合设计要求，无风化、裂缝；料石中部厚度不小于 200mm；料石厚度一般不小于 200mm，料石应六面方整、四角齐全、边棱整齐。料石的加工细度应符合设计要求，污垢、水锈使用前应用水冲洗干净。

工艺流程分为以下几步：基础抄平、放线→材料见证取样、配置砂浆→基底找平、石块砌筑。

施工要点有以下几项：

（1）砌料石基础应双面拉准线。第一皮按所放的基础边线砌筑，以上各皮按皮数杆准线砌筑。

（2）水泥砂浆和水泥混合砂浆应具有较好的和易性和保水性，一般稠度以5～7cm为宜。外加剂和有机塑化剂的配料精度应控制在±2%以内，其他配料精度应控制在±5%以内。

（3）料石基础的第一皮应丁砌，在基底坐浆。阶梯形基础，上阶料石基础应至少压砌下阶料石的1/3宽度。料石砌筑时可先砌转角处和交接处，后砌中间部分。有高低台的料石基础，应从低处砌起，并由高台向低台搭接，搭接长度不小于基础高度。

（4）灰缝厚度不宜大于20mm，砌筑时，砂浆铺设厚度应略高于规定灰缝厚度，一般高出厚度为6～8mm，砂浆应饱满[1]。

（5）料石基础转角处和交接处应同时砌起，如不能同时砌起又必须留槎时，应留成斜槎，斜槎长度应不小于斜槎高度。斜槎面上毛石不应找平，继续砌筑时应将斜槎面清理干净。

（6）料石基础每天可砌筑高度为1.2m。

任务 2.2　钢筋混凝土基础施工

2.2.1 钢筋混凝土条形基础

墙下或柱下钢筋混凝土条形基础较为常见，工程中，柱下基础底面形状很多情况是矩形的，因此也称其为柱下独立基础，柱下独立基础只不过是条形基础的一种特殊形式，有时也统一称为条形基础或条式基础，条形基础构造如图2-11、图2-12所示。条形基础的抗弯和抗剪性能良好，可在竖向荷载较大、地基承载力不高的情况下采用，因为高度不受台阶宽高比的限制，故适宜于"宽基浅埋"的场合下使用，其横断面一般呈倒T形。

1．构造要求

（1）地基厚度一般为100mm。

（2）底板受力钢筋的最小直径不宜小于8mm，间距不宜大于200mm。当有垫层时钢筋保护层的厚度不宜小于35mm，无垫层时不宜小于70mm。

---

[1]　结合灰缝厚度要求融入【德育：标准意识】

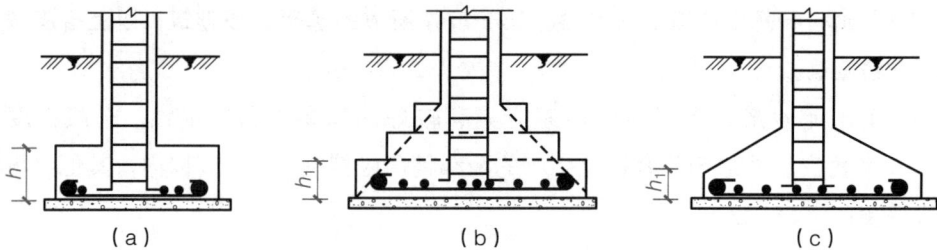

图 2-11　柱下混凝土独立基础
（a）阶梯形（一）；（b）阶梯形（二）；（c）锥形

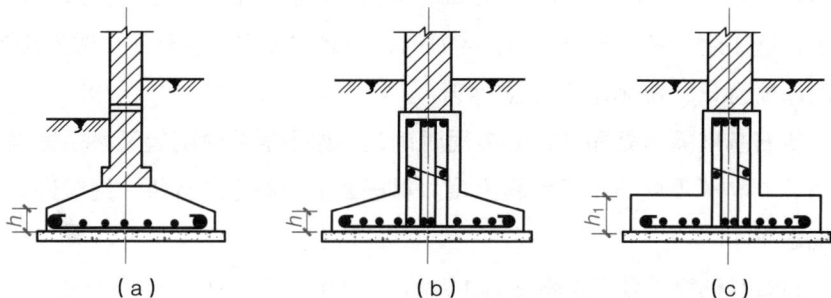

图 2-12　墙下混凝土条形基础
（a）板式；（b）梁板结合式（一）；（c）梁板结合式（二）

（3）插筋的数目与直径应和柱内纵向受力钢筋相同。插筋的锚固及柱的纵向受力钢筋的搭接长度，按国家现行设计规范的规定执行。

2．工艺流程

土方开挖、验槽→混凝土地基施工→恢复基础轴线、边线、校正标高→基础、柱、墙钢筋安装→基础模板及支撑安装→钢筋、模板验收→混凝土浇筑、试块制作→养护、模板拆除。

3．施工要点

（1）混凝土浇筑前应进行验槽，轴线、基坑（槽）尺寸和土质等均应符合设计要求。

（2）基坑（槽）内浮土、积水、淤泥、杂物等均应清除干净。基底局部软弱土层应挖去，用灰土或砂砾回填夯实至与基底相平[①]。

（3）当基槽验收合格后，应立即浇筑混凝土，以保护地基。

（4）钢筋经验收合格后，应立即浇筑混凝土[②]。

---

① 结合槽段施工要求融入【德育：严谨细致】
② 结合钢筋经验收合格后应立即浇筑混凝土融入【德育：注重时效】

（5）质量检查。混凝土的质量检查，主要包括施工过程中的质量检查和养护后的质量检查。

2.2.2 杯口基础

杯口基础常用于装配式钢筋混凝土柱的基础，形式有一般杯口基础、双杯口基础、高杯口基础等。

1．杯口模板

杯口模板可用木模板或钢模板，可做成整体式，也可做成两半形式，中间各加楔形板一块，拆模时，先取出楔形板，然后分别将两半杯口模板取出。为便于拆模，杯口模板外可包钉薄铁皮一层。支模时杯口模板要固定牢固。在杯口模板底部留设排气孔，避免出现空鼓，如图 2-13 所示。

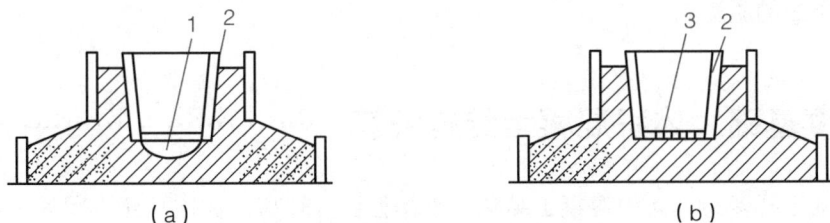

图 2-13 杯口内模板排气孔示意图
（a）底部空鼓；（b）正确作法
1—空鼓；2—杯口模板；3—底板留气孔

2．混凝土浇筑

混凝土要先浇筑至杯底标高，方可安装杯口内模板，以保证杯底标高准确，一般在杯底均留有 50mm 厚的细石混凝土找平层，在浇筑基础混凝土时，要仔细控制标高。

2.2.3 筏形基础

筏形基础可分为钢筋混凝土平板式和钢筋混凝土梁板式两种类型，适用于有地下室或地基承载能力较低而上部荷载较大的基础。筏形基础在外形和构造上如倒置的钢筋混凝土楼盖，分为梁板式和平板式两类，如图 2-14 所示。

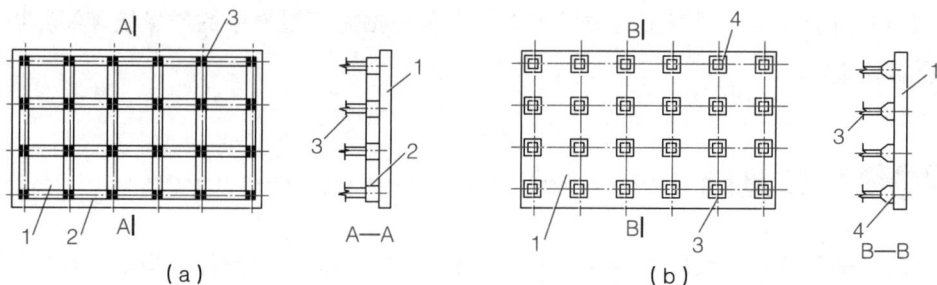

图 2-14 筏形基础
（a）梁板式；（b）平板式
1—底板；2—梁；3—柱；4—支墩

施工要点包括以下几项：

（1）根据地质勘探和水文资料，地下水位较高时，应采用降低水位的措施，使地下水位降低至基底以下不少于 500mm；保证在无水情况下，进行基坑开挖和钢筋混凝土筏体施工[①]。

（2）根据筏体基础结构情况、施工条件等确定施工方案。

（3）加强养护。混凝土筏形基础施工完毕后，表面应加以覆盖和洒水养护，以保证混凝土的质量。

2.2.4 基础大体积混凝土结构浇筑

基础工程多为大体积混凝土结构，整体性要求较高，往往不允许留施工缝，要求一次连续浇筑完成。根据结构特点不同，可分为全面分层、分段分层、斜面分层等浇筑方案，如图 2-15 所示。

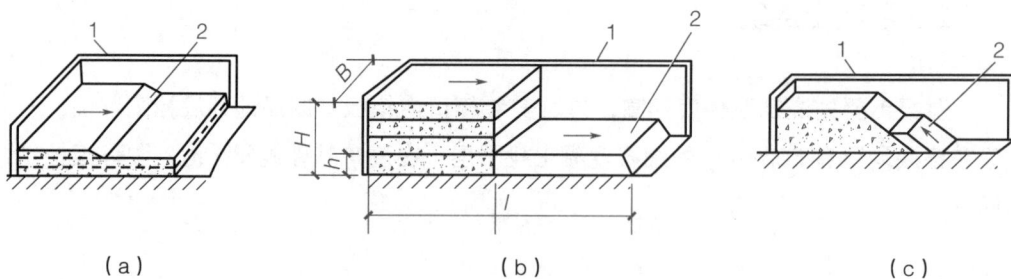

图 2-15 大体积混凝土浇筑方案图
（a）分段分层；（b）全面分层；（c）斜面分层
1—模板；2—新浇筑的混凝土

---

① 结合在基坑开挖和钢筋混凝土筏体施工中进行降水的必要性融入【德育：注重细节】

1．全面分层浇筑方案

当结构平面面积不大时，可将整个结构分为若干层进行浇筑，即第一层全部浇筑完毕后，再浇筑第二层，如此逐层连续浇筑，直到结束。为保证结构的整体性，要求次层混凝土在前层混凝土初凝前浇筑完毕。

2．分段分层浇筑方案

当结构平面面积较大时，全面分层已不适应，这时可采用分段分层浇筑方案。即将结构分为若干段，每段又分为若干层，先浇筑第一段各层，然后浇筑第二段各层，如此逐段逐层连续浇筑，直至结束①。为保证结构的整体性，要求次段混凝土应在前段混凝土初凝前浇筑并与之捣实成整体。

3．斜面分层浇筑方案

当结构的长度超过厚度的 3 倍时，可采用斜面分层的浇筑方案。混凝土从结构一端满足其高度浇筑一定长度，并留设坡度为 1：3 的浇筑斜面，从斜面下端向上浇筑，逐层进行，振动器应与斜面垂直。

任务 2.3　桩基础施工

2.3.1 钢筋混凝土预制桩施工 ⋯⋯⋯⋯⋯⋯⋯⋯⋯

钢筋混凝土预制桩是在预制构件厂或施工现场预制，用沉桩设备在设计位置上将其沉入土中。其特点有坚固耐久，不受地下水或潮湿环境影响，能承受较大荷载，施工机械化程度高、进度快，能适应不同土层施工。目前最常用的预制桩是预应力混凝土管桩。它是一种细长的空心等截面预制混凝土构件，是在工厂经先张预应力、离心成型、高压蒸养等工艺生产而成。管桩按桩身混凝土强度等级的不同分为 PC 桩（C60、C70）和 PHC 桩（C80）；按桩身抗裂弯矩的大小分为 A 型、AB 型和 B 型（A 型最大，B 型最小）；外径有 300mm、400mm、500mm、550mm 和 600mm，壁厚为 65～125mm，常用节长 7～12m，特殊节长 4～5m。

国内首创超长桩施工工艺：双套管双驱动全回转工艺

---

① 结合分段分层浇筑方案融入【德育：认识规律、尊重规律】

钢筋混凝土预制桩施工前，应根据施工图设计要求、桩的类型、成孔过程对土的挤压情况、地质探测和试桩等资料制定施工方案。一般的施工程序如图 2-16 所示。

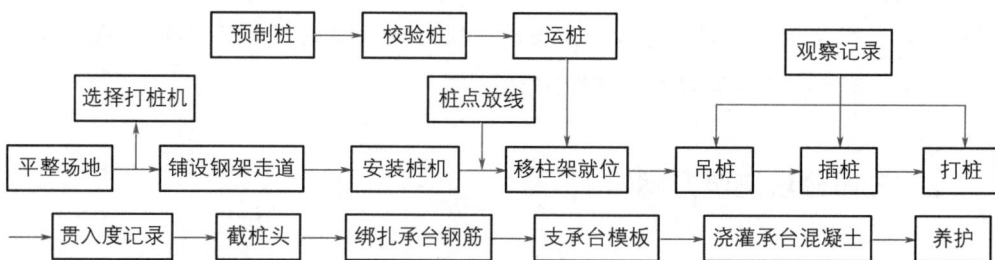

图 2-16 预制桩施工程序

1．打桩前的准备

桩基础工程在施工前，应根据工程规模的大小和复杂程度，编制整个分部工程施工组织设计或施工方案。沉桩前，现场准备工作的内容有处理障碍物、平整场地、抄平放线、铺设水电管网、沉桩机械设备的进场和安装以及桩的供应等。

（1）处理障碍物。打桩前，宜向城市管理、供水、供电、煤气、电信、房管等有关单位提出申请，认真处理高空、地上和地下的障碍物。然后对现场周围（一般为 10m 以内）的建筑物、驳岸、地下管线等做全面检查，必须予以加固或采取隔振措施或拆除，以免打桩中由于振动的影响引起倒塌。

（2）平整场地。打桩场地必须平整、坚实，必要时宜铺设道路，经压路机碾压密实，场地四周应挖排水沟以利排水。

（3）抄平放线（定桩位）。在打桩现场附近设水准点，其位置应不受打桩影响，数量不得少于 2 个，用以抄平场地和检查桩的入土深度。要根据建筑物的轴线控制桩定出桩基础的每个桩位，可用小木桩标记。正式打桩之前，应对桩基的轴线和桩位复查一次。以免因小木桩挪动、丢失而影响施工。桩位放线容许偏差为 20mm。

（4）进行打桩试验。施工前应做不少于 2 根桩的打桩工艺试验，用以了解桩的沉入时间、最终沉入度、持力层的强度、桩的承载力以及施工过程中可能出现的各种问题和反常情况等，以便检验所选的打桩设备和施工工艺，确定是否符合设计要求。

（5）确定打桩顺序。打桩顺序直接影响到桩基础的质量和施工速度，应根据桩的密集程度（桩距大小）、桩的规格、长短、桩的设计标高、工作面布置、工期要求等综合考虑，合理确定打桩顺序[①]。根据桩的密集程度，打桩顺序一般分为逐段打设、自中部向四周打设和由中间向两侧打设三种，如图 2-17 所示。当桩的中心距不大于 4 倍桩的直径或边长时，应由中间向两侧对称施打，如图 2-17（c）所示；或由

---

① 结合确定打桩顺序需考虑的因素融入【德育：做事应全面考虑各方面因素的影响，确定最优方案】

中部向四周施打，如图 2-17（b）所示；当桩的中心距大于 4 倍桩的边长或直径时，可采用由中间向两侧对称施打，或由中间向四周施打两种打法，或逐段单向打设，如图 2-17（a）所示。

　　根据基础的设计标高和桩的规格，宜按先深后浅、先大后小、先长后短的顺序进行打桩。

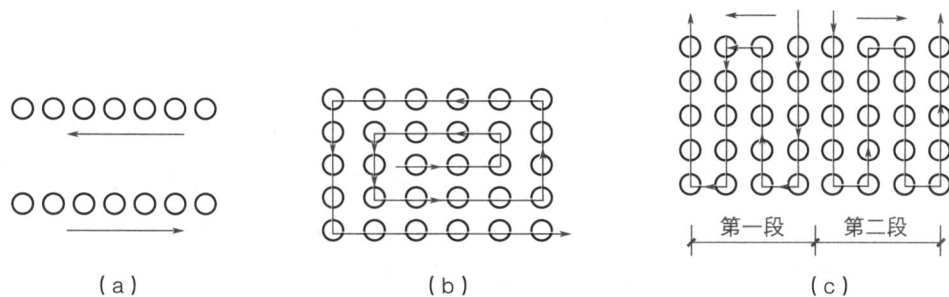

图 2-17　打桩顺序图
（a）逐段打设；（b）由中部向四周打设；（c）由中间向两侧打设

（6）做好桩帽、垫衬和送桩设备机具准备。

2．桩的制作、运输和堆放

（1）桩的制作。较短的桩多在预制厂生产。较长的桩一般在打桩现场附近或打桩现场就地预制。

　　桩分节制作时，单节长度确定应满足桩架的有效高度、制作场地条件、运输与装卸能力的要求，同时应避免桩尖接近硬持力层或桩尖处于硬持力层中接桩，上节桩和下节桩应尽量在同一纵轴线上预制，使上下节钢筋和桩身减少偏差。

　　制桩时，应做好浇筑日期、混凝土强度、外观检查、质量鉴定等记录，以供验收时查用。每根桩上应标明编号、制作日期，如不预埋吊环，则应标明绑扎位置。

（2）桩的运输。钢筋混凝土预制桩达到设计强度 70% 方可起吊，达到设计强度 100% 后方可进行运输。如提前吊运，必须验算合格。桩在起吊和搬运时，吊点应符合设计规定，如无吊环，设计又未作规定时，绑扎点的数量及位置按桩长而定，且应按起吊弯矩最小的原则进行捆绑。钢丝绳与桩之间应加衬垫，以免损坏棱角。起吊时应平稳提升，吊点同时离地，如要长距离运输，可采用平板拖车或轻轨平板车。长桩搬运时，桩下要设置活动支座。经过搬运的桩，还应进行质量复查。

（3）桩的堆放。桩堆放时地面必须平整、坚实，垫木间距应根据吊点确定，各层垫木应位于同一垂直线上，最下层垫木应适当加宽，堆放层数不宜超过 4 层。不同规格的桩应分别堆放。

3．施工方法

混凝土预制桩的沉桩方法有锤击沉桩、静力压桩、振动沉桩等。

（1）锤击沉桩。锤击沉桩也称打入桩，是利用桩锤下落产生的冲击能量将桩沉入土中，锤击沉桩是混凝土预制桩最常用的沉桩方法。该法施工速度快，机械化程度高，适应范围广，但施工时有噪声振动，对于城市中心和夜间施工有所限制。

1）打桩设备及其选择。打桩所用的机具设备主要包括桩锤（作用是对桩施加冲动击力，将桩打入土中）、桩架（作用是支持桩身和桩锤将桩吊到打桩位置，并在打入过程中引导桩的方向，保证桩锤沿着所要求的方向冲击）及动力装置（包括启动桩锤用的动力设施，如卷扬机、锅炉、空气压缩机等）三部分。桩锤是将桩打入土中的主要机具，包括落锤、汽锤（单动汽锤和双动汽锤）、柴油桩锤、振动桩锤等[①]。

桩锤的类型应根据施工现场情况、机具设备条件及工作方式和工作效率等条件来选择。锤重的选择，在做功相同（锤重与落距乘积相等）的情况下，宜选用重锤低击，这样可以使桩锤动量大而冲击回弹能量消耗小。桩锤过重，所需动力设备大，能源消耗大，经济效率不高；桩锤过轻，施打时必定增大落距，使桩身产生回弹，桩不易沉入土中，常常打坏桩头或使混凝土保护层脱落，严重者甚至使桩身断裂。

桩架的选择。桩架是支持桩身和桩锤的设备，在打桩过程中引导桩的方向及维持桩的稳定，并保证桩锤沿着要求方向冲击。桩架一般由底盘、导向杆、起吊设备、撑杆等组成。根据桩的长度、桩锤的高度及施工条件等选择桩架和确定桩架高度。桩架的形式很多，常用的通用桩架有两种基本形式：一种是沿轨道行驶的；另一种是装在履带底盘上的履带式桩架。多功能桩架是由定柱、斜撑、回转工作台、底盘及传动机构组成。多功能桩架的机动性和适应性很强，在水平方向可做360°回转，导架可以伸缩和前后倾斜，底座下装有铁轮，底盘在轨道上行走。这种桩架可适用于各种预制桩及灌注桩施工。履带式桩架以履带式起重机为主机，配备桩架工作装置而组成，如图2-18所示。操作灵活，移动方便，适用于各种预制桩和灌注桩的施工。

动力装置的选择。打桩机械的动力装置是根据所选桩锤而定的。当采用空气锤时，应配备空气压缩机；当选用蒸汽锤时，则要配备蒸汽锅炉和绞盘。

2）打桩工艺

① 吊桩就位。按既定的打桩顺序，先将桩架移动至桩位处并用缆风绳拉牢，然后将桩运至桩架下，利用桩架上的滑轮组，由卷扬机提升桩。当桩提升至直立状态后，即可将桩送入桩架的龙门导管内，同时把桩尖准确地安放到桩位上，并与桩架导管相连接，以保证打桩过程中不发生倾斜或移动。桩插入时垂直偏差不得超过2.5%。桩就位后，为了防止击碎桩顶，在桩锤与桩帽、桩帽与桩之间应放上硬

① 结合打桩设备的选择融入【德育：分辨矛盾主次、统筹兼顾】

项目 2　基础工程

木、粗草纸或麻袋等桩垫作为缓冲层,桩帽与桩顶四周应留5 ~ 10mm 的间隙,如图 2-19 所示。然后进行检查,使桩身、桩帽和桩锤在同一轴线上即可开始打桩。

②打桩。打桩时用"重锤低击"可取得良好效果,这是因为这样桩锤对桩头的冲击小,回弹也小,桩头不易损坏,大部分能量都用于克服桩身与土的摩阻力和桩尖阻力上,桩就能较快地沉入土中。初打时地层软、沉降量较大,宜低锤轻打,随着沉桩加深(1 ~ 2m),速度减慢,再适当增加起锤高度,控制锤击应力。打桩时应观察桩锤回弹情况,如经常回弹较大时则说明锤太轻,不能使桩下沉,应及时更换。至于桩锤的落距以多大为宜,根据实践经验,在一般情况下,单动汽锤以 0.6m 左右为宜,柴油锤不超过 1.5m,落锤不超过 1.0m 为宜。打桩时要随时注意贯入度变化情况,当贯入度骤减,桩锤有较大回弹时,表示桩尖遇到障碍,此时应将桩锤落距减小,加快锤击。如上述情况仍存在,则应停止锤击,查找原因进行处理。在打桩过程中,如突然出现桩锤回弹、贯入度突增、锤击时桩弯曲、倾斜、颤动、桩顶破坏加剧等情况,则表明桩身可能已破坏。打桩最后阶段,沉降太小时,要避免硬打,如难沉下,要检查桩垫、桩帽是否适宜,需要时可更换或补充软垫。

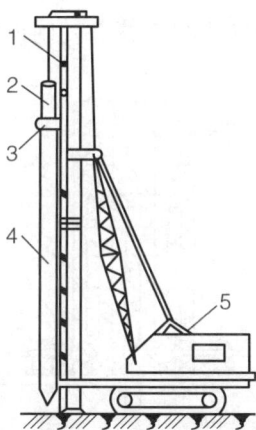

图 2-18　履带式桩架
1—导架;2—桩锤;3—桩帽;4—桩;5—吊车

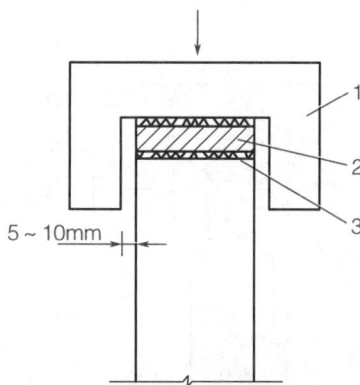

图 2-19　自落锤桩帽构造示意图
1—桩帽;2—硬垫木;3—草纸(弹性衬垫)

③接桩。预制桩施工中,由于受到场地、运输及桩机设备等的限制,而将长桩分为多节进行制作。接桩时要注意新接桩节与原桩节的轴线一致。目前预制桩的接桩工艺主要有硫黄胶泥浆锚法、电焊接桩和法兰螺栓接桩等三种。前一种适用于软弱土层,后两种适用于各类土层。

3)打桩质量要求。保证打桩的质量,应遵循以下原则:端承桩(即桩端达到坚硬土层或岩层),以控制贯入度为主,桩端标高可作参考;摩擦桩(即桩端位于一般土层),以控制桩端设计标高为主,贯入度可作参考;打(压)入桩(预制混凝土方桩、先张法预应力管桩、钢桩)的桩位偏差必须符合规范的规定;打斜桩时,斜桩

077

的倾斜度的容许偏差不得大于倾斜角正切值的 15%。

4）桩头的处理。在打完各种预制桩开挖基坑时，按设计要求的桩顶标高将桩头多余的部分截去①。截桩头时不能破坏桩身，要保证桩身的主筋伸入承台，长度应符合设计要求。当桩顶标高在设计高程以下时，在桩位上挖成喇叭口，凿掉桩头混凝土，剥出主筋并焊接接长至设计要求长度，与承台钢筋绑扎在一起，用桩身同强度等级的混凝土与承台一起浇筑接长桩身，如图 2-20 所示。

5）打桩施工常见问题。在打桩施工过程中会遇见各种各样的问题，例如，桩顶破碎，桩身断裂，桩身位移、扭转、倾斜，桩锤跳跃，桩身严重回弹等。发生这些问题的原因有钢筋混凝土预制桩制作质量、沉桩操作工艺和复杂土层三个方面。施工规范规定，打桩过程中如遇到上述问题，都应立即暂停打桩，施工单位应与勘察、设计单位共同研究，查明原因，提出明确的处理意见，采取相应的技术措施后，方可继续施工。

（2）静力压桩。静力压桩是在软土地基上，利用静力压桩机或液压压桩机提供无振动的静力压力（自重和配重）将预制桩压入土中的一种新工艺，如图 2-21 所示。静力压桩已在我国沿海地区较为广泛采用，与普通的打桩和振动沉桩相比，压桩可以消除噪声和振动的危害，故特别适用于医院和有防震要求部门附近的施工。

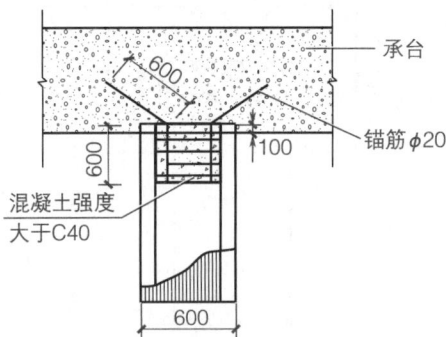

图 2-20　桩头处理（单位：mm）

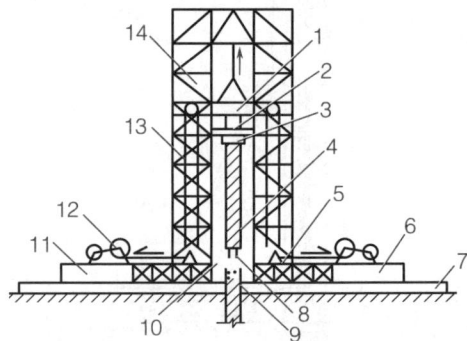

图 2-21　静力压桩机示意图
1—活动压梁；2—油压表；3—桩帽；4—上段桩；5—加重物仓；6—底盘；7—轨道；8—上段接桩锚筋；9—下段接桩锚筋；10—导笼孔；11—操作平台；12—卷扬机；13—加压钢绳滑轮组；14—桩架导向笼

静力压桩机的工作原理：通过安置在压桩机上的卷扬机的牵引，由钢丝绳、滑轮及压梁，将整个桩机的自重力（800 ~ 1500kN）反压在桩顶上，以克服桩身下沉时与土的摩擦力，迫使预制桩下沉。桩架高度 10 ~ 40m，压入桩长度已达 37m，桩断面尺寸 400mm×400mm ~ 500mm×500mm。

---

① 结合桩头处理融入【德育：遇事多思考，积极应对】

WYJ-200 型和 WYJ-400 型压桩机，是液压操纵的先进设备。静压力有 2000kN 和 4000kN 两种，单根预制桩长度可达 20m。压桩施工，一般情况下都采取分段压入，逐段接长的方法。接桩的方法目前有三种：焊接法、法兰接法和浆锚法。

焊接法接桩时，必须对准下节桩并垂直无误后，用点焊将拼接角钢连接固定，再次检查位置正确后则进行焊接，如图 2-22 所示。施焊时，应两人同时对角对称地进行，以防止节点变形不匀而引起桩身歪斜。焊缝要连续饱满。

浆锚法接桩时，首先将上节桩对准下节桩，使 4 根锚筋插入锚筋孔中（直径为锚筋直径的 25 倍），下落压梁并套住桩顶，然后将桩和压梁同时上升约 200mm 以 4 根锚筋不脱离锚筋孔为度，如图 2-23 所示。此时，安设好施工夹箍（施工夹箍由 4 块木板构成，木板内侧为用人造革包裹 40mm 厚的树脂海绵块），将溶化的硫黄胶泥注满锚筋孔内和接头平面上，然后将上节桩和压梁同时下落，当硫黄胶泥冷却并拆除施工夹箍后，即可继续加荷施压。

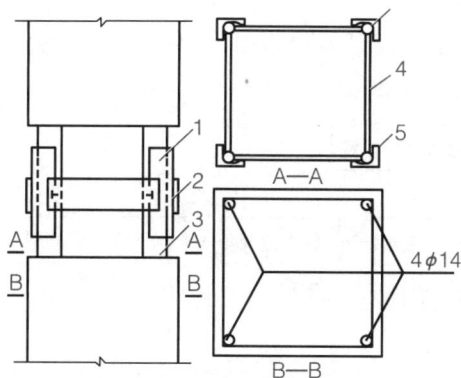

图 2-22 焊接法接桩节点构造
1—角钢与主筋焊接；2—钢板；3—主筋；4—箍筋；5—焊缝

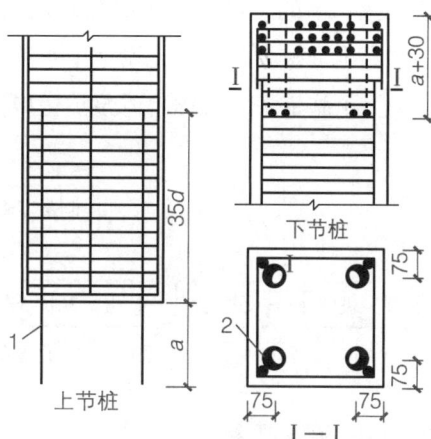

图 2-23 浆锚法接桩节点构造（单位：mm）
1—锚筋；2—锚筋孔

为保证接桩质量，应做到锚筋刷净并调直；锚筋孔内应有完好螺纹，无积水、杂物和油污；接桩时接点的平面和锚筋孔内应灌满胶泥；灌注时间不得超过 2min；灌注后停歇时间应符合有关规定。

（3）其他沉桩方法。水冲沉桩法是锤击沉桩的一种辅助方法，它利用高压水流经过桩侧面或空心管内部的射水管冲击桩尖附近土层，便于锤击。一般是边冲水边打桩，当沉桩至最后 1～2m 时停止冲水，用锤击至规定标高。水冲法适用于砂土和碎石土，有时对于特别长的预制桩，单靠锤击有一定的困难时，也用水冲法辅助沉桩。

振动法沉桩是将桩与振动机连接在一起，利用振动机产生的振动力通过桩身使土体振动，使土体的内摩擦角减小、强度降低而将桩沉入土中。此法在砂土中效率最高。

2.3.2 灌注桩施工 ••• ●

混凝土灌注桩是直接在施工现场桩位上成孔，然后在孔内安装钢筋笼，浇筑混凝土成桩。与预制桩相比，灌注桩具有不受地层变化限制，不需要接桩和截桩，节约钢材、振动小、噪声小等特点，但施工工艺复杂，影响质量的因素多。灌注桩按成孔方法分为以下几种：泥浆护壁成孔灌注桩、干作业钻孔灌注桩、人工挖孔灌注桩、沉管灌注桩等，近年来出现了夯扩桩、管内泵压桩、变径桩等新工艺，特别是变径桩，将信息化技术引进到桩基础中。

1. 泥浆护壁成孔灌注桩

泥浆护壁成孔是利用原土自然造浆或人工造浆浆液进行护壁，通过循环泥浆将被钻头切下的土块携带排出孔外成孔，然后安装绑扎好的钢筋笼，用导管法水下灌注混凝土沉桩。此法对无论地下水高或低的土层都适用，但在岩溶发育地区慎用。

（1）施工工艺流程。泥浆护壁成孔灌注桩施工工艺流程如图 2-24 所示。

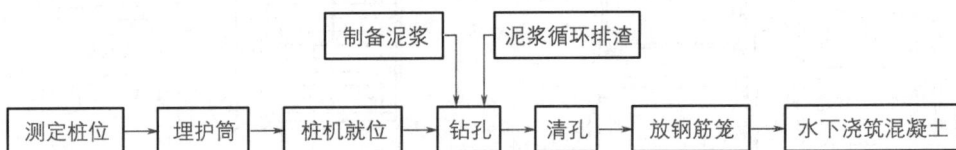

图 2-24 泥浆护壁成孔灌注桩施工工艺流程

（2）施工准备

1）埋设护筒。护筒是用 4 ~ 8mm 厚钢板制成的圆筒，其内径应大于钻头直径 100mm，其上部宜开设 1 个或 2 个溢浆孔。

埋设护筒时，先挖去桩孔处表土，将护筒埋入土中，保证其准确、稳定[①]。护筒中心与桩位中心的偏差不得大于 50mm，护筒与坑壁之间用黏土填实，以防漏水。护筒的埋设深度，在黏土中不宜小于 10m，在砂土中不宜小于 15m。护筒顶面应高于地面 0.4 ~ 0.6m，并应保持孔内泥浆面高出地下水位 1m 以上，在受水位涨落影响时，泥浆面应高出最高水位 15m 以上。

护筒的作用是固定桩孔位置，防止地面水流入，保护孔口，增高桩孔内水压力，防止塌孔和成孔时引导钻头方向。

2）制备泥浆。泥浆在桩孔内吸附在孔壁上，将土壁上孔隙填渗密实，避免孔内壁漏水，保持护筒内水压稳定；泥浆相比密度大，加大孔内水压力，可以稳固土壁、

---

① 结合护筒埋设的位置要求准确融入【德育：规范意识；当代大学生应该主动承担带头作用和榜样作用】

防止塌孔；泥浆有一定黏度，通过循环泥浆可将切削碎的泥石渣屑悬浮后排出，起到携砂、排土的作用。同时，泥浆还可对钻头有冷却和润滑作用。

制备泥浆方法：在黏性土中成孔时可在孔中注入清水，钻机旋转时，切削土屑与水旋拌，用原土造浆，泥浆相对密度值应控制在 1.1 ~ 1.2；在其他土中成孔时，泥浆制备应选用高塑性黏土或膨润土。在砂土和较厚的夹砂层中成孔时，泥浆相对密度值应控制在 1.3 ~ 1.5；施工中应经常测定泥浆相对密度值，并定期测定黏度、含砂率和胶体率等指标。对施工中废弃的泥浆、渣应按环境保护的有关规定处理。

（3）成孔。桩架安装就位后，挖泥浆槽、沉淀池，接通水电，安装水电设备，制备要求相对密度的泥浆。用第一节钻杆（每节钻杆长约 5m，按钻进深度用钢销连接）接好钻机，另一端接上钢丝绳，吊起潜水钻对准埋设的护筒，悬离地面，先空钻然后慢慢钻入土中；注入泥浆，待整个潜水钻入土，观察机架是否垂直平稳，检查钻杆是否平直后，再正常钻进。

泥浆护壁成孔灌注桩成孔方法按成孔机械分类有回转钻机成孔、潜水钻机成孔、冲击钻机成孔、冲抓锥成孔等，其中以钻机成孔应用最多。

1）回转钻机成孔。回转钻机是由动力装置带动钻机回转装置转动，再由其带动带有钻头的钻杆移动，由钻头切削土层。适用于地下水位较高的软、硬土层，如淤泥、黏性土、砂土、软质岩层。

回转钻机钻孔方式根据泥浆循环方式的不同，分为正循环回转钻机成孔和反循环回转钻机成孔。

正循环回转钻机成孔的工艺如图 2-25 所示。空心钻杆内部的泥浆或高压水从钻杆底部喷出，携带钻下的土渣沿孔壁向上流动，土渣被带出，由孔口流入泥浆池。

反循环回转钻机成孔的工艺如图 2-26 所示。泥浆带渣流动的方向与正循环回转

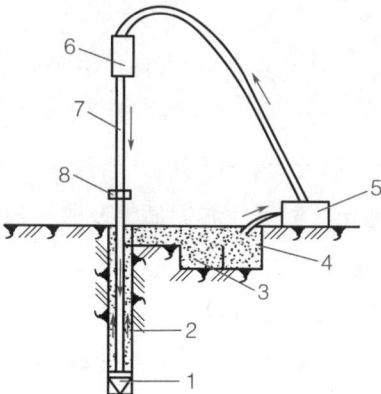

图 2-25 正循环回转钻机成孔工艺原理
1—钻头；2—泥浆循环方向；3—沉淀池；
4—泥浆池；5—泥浆泵；6—水龙头；7—钻杆；
8—钻机回转装置

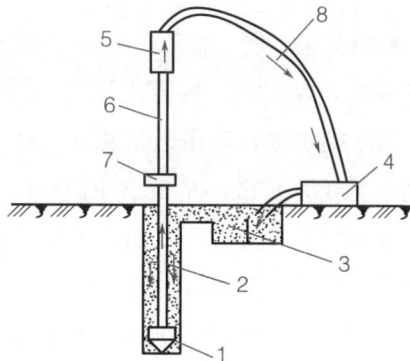

图 2-26 反循环回转钻机成孔工艺原理
1—钻头；2—新泥浆流向；3—沉淀池；
4—砂石泵；5—水龙头；6—钻杆；7—钻机回转装置；
8—混合液流向

钻机成孔的情形相反。反循环工艺的泥浆上流的速度较高，能携带较大的土渣。

2）潜水钻机成孔。潜水钻机成孔示意如图 2-27 所示。潜水钻机是一种将动力、变速机构和钻头连在一起加以密封，潜入水中工作的一种体积小而轻的钻机。这种钻机的钻头有多种形式，以适应不同桩径和不同土层的需要。钻头可带有合金刀齿，靠电动机带动刀齿旋转切削土层或岩层。钻头靠桩架悬吊吊杆定位，钻孔时钻杆不旋转，仅钻头部分放置切削下来的泥渣，泥渣通过泥浆循环排出孔外。

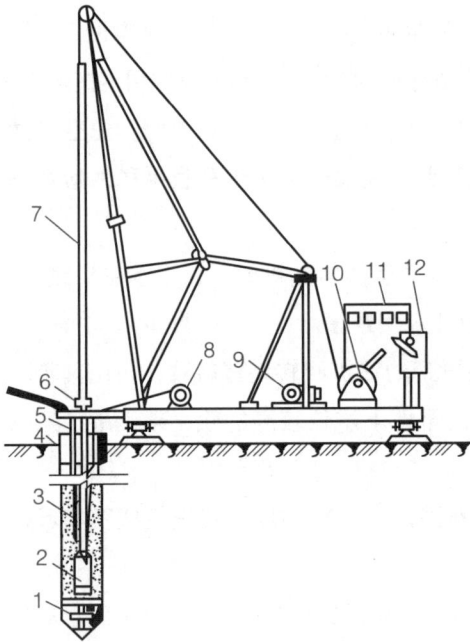

图 2-27 潜水钻机钻孔示意
1—钻头；2—潜水钻机；3—电缆；4—护筒；
5—水管；6—滚轮；7—钻杆；8—电缆盘；
9—5kN 卷扬机；10—10kN 卷扬机；
11—电流、电压表；12—启动开关

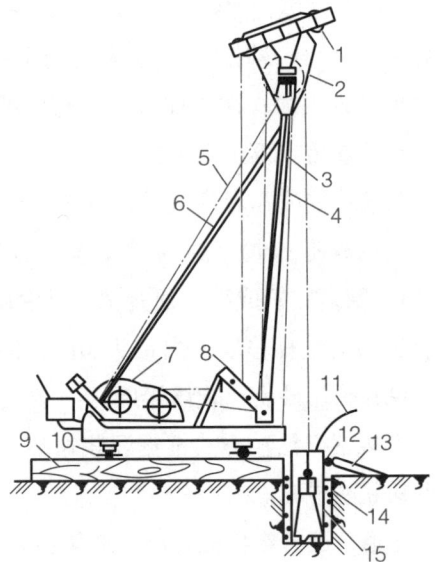

图 2-28 简易冲击钻孔机示意图
1—副滑轮；2—主滑轮；3—主杆；4—前拉索；
5—后拉索；6—斜撑；7—双滚筒卷扬机；8—导向
轮；9—垫木；10—钢管；11—供浆管；12—溢流口；
13—泥浆渡槽；14—护筒回填土；15—钻头

钻机桩架轻便，移动灵活，钻进速度快，噪声小，钻孔直径为 500 ～ 1500mm，钻孔深度可达 50m，甚至更深。

潜水钻机成孔适用于黏性土、淤泥、淤泥质土、砂土等，也可钻入岩层，尤其适用于地下水位较高的土层中成孔。当钻一般黏性土、淤泥、淤泥质土及砂土时，宜用笼式钻头；穿过不厚的砂夹卵石层或在强风化岩上钻进时，可镶焊硬质合金刀头的笼式钻头；遇孤石或旧基础时，应用带硬质合金齿的筒式钻头。

3）冲击钻机成孔。冲击钻机通过机架、卷扬机把带刃的重钻头（冲击锤）提高到一定高度，靠自由下落的冲击力切削破碎岩层或冲击土层成孔，如图 2-28 所示。部分碎渣和泥浆挤压进孔壁，大部分碎渣用掏渣筒掏出。此法设备简单，操作方便，对于有孤石的砂卵石岩、坚质岩、岩层均可成孔。

冲击钻头形式有十字形、工字形、人字形等，一般常用十字形冲击钻头。在钻头锥顶与提升钢丝绳间设有自动转向装置，冲击锤每冲击一次转动一个角度，从而保证桩孔冲成圆孔。

冲孔前应埋设钢护筒，并准备好护壁材料。若表层为淤泥、细砂等软土，则在筒内加入小块片石、砾石和黏土；若表层为砂砾卵石，则投入小颗粒砂砾石和黏土，以便冲击造浆，并使孔壁挤密实。冲击钻机就位后，校正冲锤中心对准护筒中心，在冲程 0.4 ~ 0.8m 范围内应低提密冲，并及时加入石块与泥浆护壁，直至护筒下沉 3 ~ 4m 以后，冲程可以提高到 1.5 ~ 2.0m，转入正常冲击，随时测定并控制泥浆相对密度。

施工中，应经常检查钢丝绳损坏情况，卡机松紧程度和转向装置是否灵活，以免掉钻。如果冲孔发生偏斜，应回填片石（厚 300 ~ 500mm）后重新冲孔。

4）冲抓锥成孔。冲抓锥锥头上有一重铁块和活动抓片，通过机架和卷扬机将冲抓锥提升到一定高度，下落时松开卷筒刹车，抓片张开，锥头便自由下落冲入土中，然后开动卷扬机提升锥头，这时抓片闭合抓土，如图 2-29 所示。冲抓锥整体提升至地面上卸去土渣，依次循环成孔。冲抓锥成孔施工过程、护筒安装要求、泥浆护壁循环等与冲击成孔施工相同。

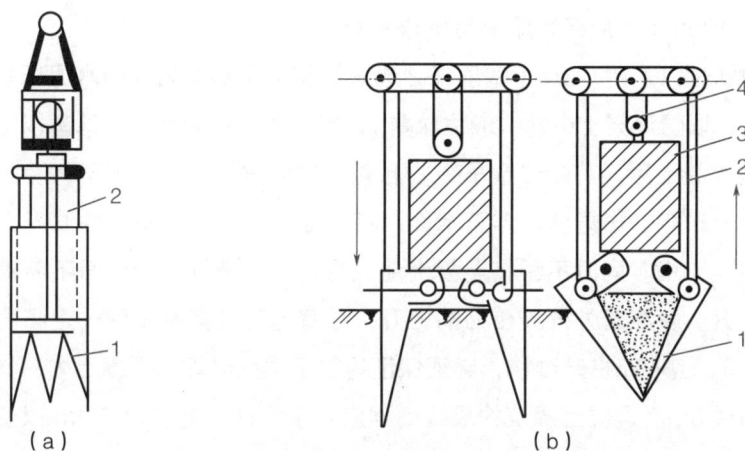

图 2-29 冲抓锥锥头
（a）抓土；（b）提土
1—抓土斗；2—连杆；3—压重；4—滑轮组

冲抓锥成孔直径为 450 ~ 600mm，孔深可达 10m，冲抓高度宜控制在 10 ~ 15m。适用于松软土层（砂土、黏土）中冲孔，但遇到坚硬土层时宜换用冲击钻施工。

（4）清孔。成孔后，必须保证桩孔进入设计持力层深度。当孔达到设计要求后，即进行验孔和清孔[①]。验孔是用探测器检查桩位、直径、深度和孔道情况；清孔即清

[①] 结合成孔达到深度后需要进行验孔和清孔融入【德育：严谨细致】

除孔底沉渣、淤泥浮土，以减少桩基的沉降量，提高承载能力。

泥浆护壁成孔清孔时，对于土质较好不易坍塌的桩孔，可用空气吸泥机清孔，气压为 0.5MPa，使管内形成强大高压气流向上涌，同时不断地补足清水，被搅动的泥渣随气流上涌从喷口排出，直至喷出清水为止。对稳定性较差的孔壁应采用泥浆循环法清孔或抽筒排渣，清孔后的泥浆相对密度应控制在 1.15 ~ 1.25；原土造浆的孔，清孔后泥浆相对密度应控制在 1.1 左右，在清孔时，必须及时补充足够的泥浆，并保持浆面稳定。

（5）水下浇筑混凝土。在灌注桩、地下连续墙等基础工程中，常要直接在水下浇筑混凝土。其方法是利用导管输送混凝土并使之与环境水隔离，依靠管中混凝土的自重，压管口周围的混凝土在已浇筑的混凝土内部流动、扩散，以完成混凝土的浇筑工作，如图 2-30 所示。

在施工时，先将导管放入水中（其下部距离底面约 100mm）用麻绳或铅丝将球塞悬

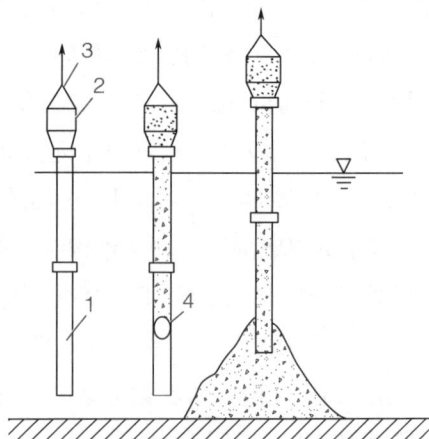

图 2-30　导管法浇筑水下混凝土示意图
1—导管；2—承料漏斗；3—提升机具；
4—球塞

吊在导管内水位以上的 0.2m（塞顶铺 2 或 3 层稍大于导管内径的水泥纸袋，再散铺一些干水泥，以防混凝土中骨料卡住球塞），然后浇入混凝土，当球塞以上导管和承料漏斗装满混凝土后，剪断球塞吊绳，混凝土靠自重推动球塞下落，冲向基底，并向四周扩散。球塞冲出导管，浮至水面，可重复使用。冲入基底的混凝土将管口包住，形成混凝土堆。同时不断将混凝土浇入导管中，管外混凝土面不断被管内的混凝土挤压上升。随着管外混凝土面的上升，导管也逐渐提高（到一定高度，可将导管顶段拆下）。但不能提升过快，必须保证导管下端始终埋入混凝土内；其最大埋置深度不宜超过 5m。混凝土浇筑的最终高程应高于设计标高约 100mm 以便清除强度低的表层混凝土（清除应在混凝土强度达到 2 ~ 2.5MPa 后方可进行）[1]。

导管由每段长度为 15 ~ 25m（脚管为 2 ~ 3m）、管径 200 ~ 300mm、厚 3 ~ 6mm 的钢管用法兰盘加止水胶垫用螺栓连接而成。承料漏斗位于导管顶端，漏斗上方装有振动设备以防混凝土在导管中阻塞。提升机具用来控制导管的提升与下降，常用的提升机具有卷扬机、电动葫芦、起重机等。球塞可用软木、橡胶、泡沫塑料等制成，其直径比导管内径小 15 ~ 20mm。

水下浇筑的混凝土必须具有较大的流动性、黏聚性以及良好的流动性保持能

---

[1]　结合水下混凝土的灌注融入【德育：活到老学到老、主动学习、紧跟时代技术更迭】

力，能依靠其自重和自身的流动能力来实现摊平和密实，有足够的抵抗泌水和离析的能力，以保证混凝土在堆内扩散过程中不离析，且在一定时间内其原有的流动性不降低。因此要求水下浇筑混凝土中水泥用量及砂率宜适当增加，泌水率控制在2% ~ 3% 以内；粗骨料粒径不得大于导管的 1/5 或钢筋间距的 1/4，并不宜超过40mm；坍落度为 150 ~ 180mm。施工开始时采用低坍落度，正常施工则用较大的坍落度，且维持坍落度的时间不得少于 1h，以便混凝土能在较长时间内靠其自身的流动能力实现其密实成型。

每根导管的作用半径一般不大于 3m，所浇混凝土覆盖面积不宜大于 30m^2，当面积过大时，可用多根导管同时浇筑。混凝土浇筑应从最深处开始，相邻导管下口的标高差不应超过导管间距的 1/20 ~ 1/15，并保证混凝土表面均匀上升。

导管法浇筑水下混凝土的关键：一是保证混凝土的供应量应大于导管内混凝土必须保持的高度和开始浇筑时导管埋入混凝土堆内必需的埋置深度所要求的混凝土量；二是严格控制导管提升高度，且只能上下升降，不能左右移动，以避免造成管内返水事故。

2．干作业钻孔灌注桩

干作业钻孔灌注桩是先用钻机在桩位处进行钻孔，然后在桩孔内放入钢筋骨架，再灌注混凝土而成桩。其施工过程如图 2-31 所示。

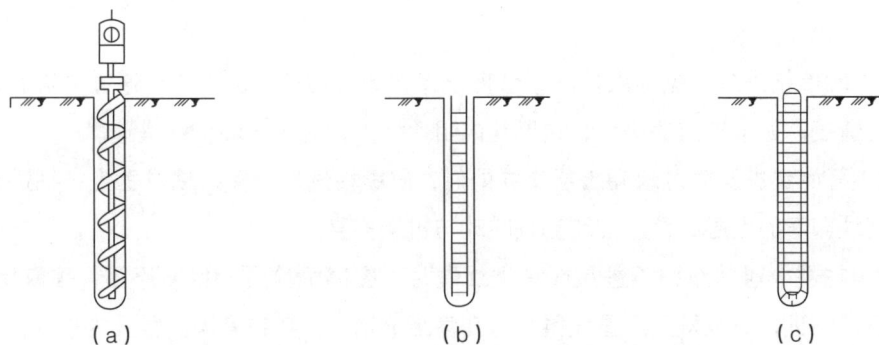

图 2-31 干作业钻孔灌注桩施工过程
（a）钻机进行钻孔；（b）放入钢筋骨架；（c）浇筑混凝土

（1）施工特点。干作业成孔一般采用螺旋钻机钻孔。螺旋钻机根据钻杆形式不同可分为整体式螺旋、装配式长螺旋和短螺旋三种。螺旋钻杆是一种动力旋动钻杆，它是使钻头的螺旋叶旋转削土，土块由钻头旋转上升而带出孔外。螺旋钻头外径分别为 400mm、500mm、600mm，钻孔深度相应为 12m、10m、8m。适用于成孔深度内没有地下水的一般黏土层、砂土及人工填土地基，不适于有地下水的土层和淤泥质土。

（2）施工工艺。干作业钻孔灌注桩的施工步骤分为以下几步：螺旋钻机就位对中→钻进成孔，排土→钻至预定深度，停钻→起钻，测孔深、孔斜、孔径→清理孔底虚土→钻机移位→安放钢筋笼→安放混凝土溜筒→灌筑混凝土成桩→桩头养护。

钻机就位后，钻杆垂直对准桩位中心，开钻时先慢后快，减少钻杆的摇晃，及时纠正钻孔的偏斜或位移[①]。钻孔时，螺旋刀片旋转削土，削下的土沿整个钻杆螺旋叶片上升而涌出孔外，钻杆可逐节接长直至钻到设计要求的深度。在钻孔过程中，若遇到硬物或软岩，应减速慢钻或提起钻头反复钻，穿透后再正常进钻。在砂卵石、卵石或淤泥质土夹层中成孔时，这些土层的土壁不能直立，易造成塌孔，这时，钻孔可钻至塌孔下 1～2m 以内，用低强度等级细石混凝土回填至塌孔 1m 以上；待混凝土初凝后，再钻至设计要求深度。也可用 3：7 夯实灰土回填代替混凝土处理。

钻孔至规定要求深度后，孔底一般都有较厚的虚土，需要进行专门处理。清孔的目的是将孔内的浮土、虚土取出，减少桩的沉降。常用的方法是采用 25～30kg 的重锤对孔底虚土进行夯实，或投入低坍落度素混凝土，再用重锤夯实；或是钻机在原深处空转清土，然后停止旋转，提钻卸土。

钢筋骨架的主筋、箍筋、直径、根数、间距及主筋保护层厚度均应符合设计规定，绑扎牢固，防止变形。用导向钢筋送入孔内，同时防止泥土杂物掉进孔内。钢筋骨架就位后，应立即灌注混凝土，以防塌孔。灌注时，应分层浇筑、分层捣实，每层厚度 50～60mm。

（3）操作要点

1）螺旋钻进应根据地层情况，合理选择和调整钻进参数，并可通过电流表来控制进尺速度，如果电流值增大，说明孔内阻力增大，这时应降低钻进速度。

2）开始钻进及穿过软硬土层交界处时，应缓慢进尺，保持钻具垂直；钻进含有砖头瓦块卵石的土层时，应控制钻杆跳动与机架摇晃。

3）钻进中遇憋车、不进尺或钻进缓慢时，应停机检查，找出原因，采取措施，避免盲目钻进，导致桩孔严重倾斜、垮孔甚至卡钻、折断钻具等恶性孔内事故。

4）遇孔内渗水、垮孔、缩径等异常情况时，立即起钻，采取相应的技术措施；上述情况不严重时，可调整钻进参数，投入适量黏土球，经常上下活动钻具等，保持钻进顺畅。

5）冻土层、硬土层施工，宜采用高转速，小给进量，恒钻压。

6）短螺旋钻进，每回次进尺宜控制在钻头长度的 2/3 左右，砂层、粉土层可控

---

① 结合开钻时先慢后快融入【德育：做事不能急躁】

制在 0.8 ~ 1.2m；黏土、粉质黏土在 0.6m 以下。

　　7）钻至设计深度后，应使钻具在孔内空转数圈清除虚土，然后起钻，盖好孔口盖，防止杂物落入。

3．人工挖孔灌注桩

　　人工挖孔灌注桩是采用人工挖掘方法成孔，然后放置钢筋笼，浇筑混凝土而成的桩基础，也称墩基础。其施工特点：①设备简单；②无噪声、无振动、不污染环境，对施工现场周围原有建筑物的影响小；③施工速度快，可按施工进度要求决定同时开挖桩孔的数量，必要时各桩孔可同时施工；④土层情况明确，可直接观察到地质变化，桩底沉渣能清除干净，施工质量可靠。尤其当高层建筑选用大直径的灌注桩，而施工现场又在狭窄的市区时，采用人工挖孔比机械挖孔具有更大的适应性。但其缺点是人工耗量大，开挖效率低，安全操作条件差等。

　　（1）施工设备。一般可根据孔径、孔深和现场具体情况选用，常用的有电动葫芦、提土桶、潜水泵、鼓风机和输风管、镐、锹、土筐、照明灯、对讲机及电铃等。

　　（2）施工工艺。施工时，为确保挖土成孔施工安全，必须考虑预防孔壁坍塌和流砂发生的措施。因此，施工前应根据水文地质资料，拟定出合理的护壁措施和降排水方案，护壁方法很多，可以采用现浇混凝土护壁、沉井护壁、喷射混凝土护壁等。

　　1）现浇混凝土护壁法施工，即分段开挖、分段浇筑混凝土护壁，既能防止孔壁坍塌，又能起到防水作用。

　　桩孔采取分段开挖，每段高度取决于土壁直立状态的能力，一般 0.5 ~ 1.0m 为一施工段，开挖井孔直径为设计桩径加混凝土护壁厚度。

　　护壁施工段，即支设护壁内模板（工具式活动钢模板）后浇筑混凝土，模板的高度取决于开挖土方施工段的高度，一般为 1m，由 4 ~ 8 块活动钢模板组合而成，支成有锥度的内模。内模支设后，将用角钢和钢板制成的两半圆形合成的操作平台吊放入桩孔内，置于内模板顶部，以放置料具和浇筑混凝土操作之用。浇筑混凝土时要注意振捣密实。

　　当护壁混凝土强度达到 1MPa（常温下约 24h）可拆除模板，开挖下段的土方，再支模浇筑护壁混凝土，如此循环，直至挖到设计要求的深度。

　　当桩孔挖到设计深度，并检查孔底土质是否已达到设计要求后，再在孔底挖成扩大头。待桩孔全部成型后，用潜水泵抽出孔底的积水，然后立即浇筑混凝土。当混凝土浇筑至钢筋笼的底面设计标高时，再吊入钢筋笼就位，并继续浇筑桩身混凝土而形成桩基。

2）当桩径较大，挖掘深度大，地质复杂，土质差（松软弱土层），且地下水位高时，应采用沉井护壁法挖孔施工。

沉井护壁施工是先在桩位上制作钢筋混凝土井筒，井筒下捣制钢筋混凝土刃脚，然后在筒内挖土掏空，井筒靠其自重或附加荷载来克服筒壁与土体之间的摩擦阻力，边挖边沉，使其垂直地下沉到设计要求深度。

（3）施工注意事项

1）成孔质量控制。成孔质量包括垂直度和中心线偏差、孔径、孔形等。

2）防止塌孔。护壁是人工挖孔桩施工中防止塌孔的构造措施，施工中应按照设计要求做好护壁，护壁混凝土强度在达到 1MPa 后方能拆除模板。

3）排水处理。地面水往孔边渗流会造成土的抗剪强度降低，可能造成塌孔，地下水对挖孔有着重要影响。水量大时，先采取降水措施；水量小时可以边排水边挖。将施工段高度减小（如 300 ～ 500mm）或采用钢护筒护壁。

（4）施工安全问题

1）井下人员须配备相应安全的设施设备。提升吊桶的传动机构及地面扒杆必须牢靠，制作、安装应符合施工设计要求。人员不得乘盛土吊桶上下，必须另配钢丝绳及滑轮并有断绳保护装置，或使用安全爬梯上下。

2）注意孔口安全防护。应避免落物伤人，孔内应设半圆形防护板，随挖掘深度逐层下移。吊运物料时，作业人员应在防护板下面工作。

3）每次下井作业前应检查井壁和抽样检测井内空气，当有害气体超过规定时，应进行处理。用鼓风机送风严禁用纯氧进行通风换气。

4）井内照明应采用安全矿灯或 12V 防爆灯具。桩孔较深时，上下联系可通过对讲机等方式，地面不得少于 2 名监护人员。井下人员应轮换作业，连续工作时间不应超过 2h[①]。

5）挖孔完成后，应当天验收，并及时将桩身钢筋笼就位和浇筑混凝土。正在浇筑混凝土的桩孔周围 10m 半径内，其他桩不得有人作业[②]。

4．沉管灌注桩

沉管灌注桩是利用锤击打桩设备或振动沉桩设备，将带有钢筋混凝土的桩尖（或钢板靴）或带有活瓣式桩靴的钢管沉入土中（钢管直径应与桩的设计尺寸一致），造成桩孔，然后放入钢筋骨架并浇筑混凝土，随之拔出套管，利用拔管时的振动将混凝土捣实，便形成所需要的灌注桩。利用锤击沉桩设备沉管、拔管成桩，称为锤

---

① 结合井内照明要求融入【德育：安全意识】
② 结合浇筑混凝土的桩孔周围一定范围的其他桩体不能有人作业融入【德育：安全意识】

击沉管灌注桩，如图 2-32 所示；利用振动器振动沉管、拔管成桩，称为振动沉管灌注桩，如图 2-33 所示。

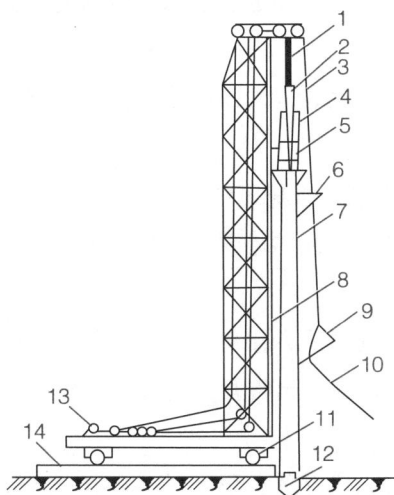

图 2-32　锤击沉管灌注桩
1—桩锤钢丝绳；2—桩管滑轮组；3—吊头钢丝绳；
4—桩锤；5—桩帽；6—混凝土漏斗；7—桩管；
8—桩架；9—混凝土吊斗；10—回绳；11—行驶
用钢管；12—预制桩靴；13—卷扬机；14—枕木

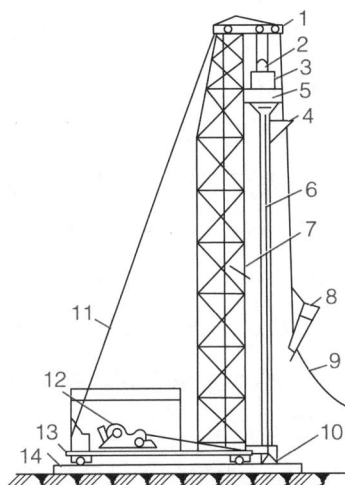

图 2-33　振动沉管灌注桩
1—导向滑轮；2—滑轮组；3—激振器；4—混凝土
漏斗；5—桩帽；6—加压钢丝绳；7—桩管；
8—混凝土吊斗；9—回绳；10—活瓣桩靴；11—缆
风绳；12—卷扬机；13—行驶用钢管；14—枕木

　　在沉管灌注桩施工过程中，对土体有挤密作用和振动影响，施工中应结合现场施工条件，虑成孔的顺序：①间隔一个或两个桩位成孔；②在邻桩混凝土初凝前或终凝后成孔；③一个承台下桩数在 5 根以上者，中间的桩先成孔，外围的桩后成孔。

　　1）为了提高桩的质量和承载能力，沉管灌注桩常采用单打法、复打法、翻插法等施工工艺。单打法（又称一次拔管法）。拔管时，每提升 0.5 ~ 1.0m，振动 5 ~ 10s，然后再拔管 0.5 ~ 1.0m，这样反复进行，直至全部拔出。

　　2）复打法。在同一桩孔内连续进行两次单打，或根据需要进行局部复打。施工时，应保证前后两次沉管轴线重合，并在混凝土初凝之前进行。

　　3）翻插法。钢管每提升 0.5m 再下插 0.3m，这样反复进行，直至拔出。在施工时，注意及时补充套筒内的混凝土，使管内混凝土面保持一定高度并高于地面。

　　（1）锤击沉管灌注桩适宜于一般黏性土、淤泥质土和人工填土地基。锤击沉管灌注桩施工要点如下：

　　1）桩尖与桩管接口处应垫麻（或草绳）垫圈用作缓冲层，可以防止地下水渗入管内。沉管时先用低锤锤击，观察无偏移后，才可正常施打[①]。

　　2）拔管前应先锤击或振动套管，在测得混凝土确已流出套管时方可拔管。

　　3）桩管内混凝土尽量填满，拔管时要均匀，保持连续密锤轻击，并控制拔管速

---

　　① 结合沉管时先用低锤锤击，观察无偏移后才正常施打融入【德育：循序渐进】

度，一般土层以不大于 1m/min 为宜，软弱土层与软硬交界处，应控制在 0.8m/min 以内为宜。

4）在管底未拔到桩顶设计标高前，倒打或轻击不得中断，注意使管内的混凝土保持略高于地面，并保持到全管拔出为止。

5）桩的中心距在 5 倍桩管外径以内或小于 2m 时，均应跳打施工；中间空出的桩需待邻桩混凝土达到设计强度的 50% 以后，方可施打。

（2）振动沉管灌注桩采用激振器或振动冲击沉管。其施工过程分为以下几步：

1）桩机就位。将桩尖活瓣合拢对准桩位中心，利用振动器及桩管自重，把桩尖压入土中。

2）沉管。开动振动箱，桩管即在强迫振动下迅速沉入土中。沉管过程中，应经常探测管内有无水或泥浆，如发现水或泥浆较多，应拔出桩管，用砂回填桩孔后方可重新沉管。

3）上料。桩管沉到设计标高后停止振动，放入钢筋笼，再上料斗将混凝土灌入桩管内，一般应灌满桩管或略高于地面。

4）拔管。开始拔管时，应先启动振动箱 8～10min，并用吊铊测得桩尖活瓣确已张开，混凝土确已从桩管中流出以后，卷扬机方可开始抽拔桩管，边振边拔。拔管速度应控制在 1.5m/min 以内。拔管方法根据承载力不同要求，可分别采用单打法、复打法和翻插法。振动沉管灌注桩宜用于一般黏性土、淤泥质土及人工填土地基、更适用于砂土、稍密及中密的碎石土地基。

（3）夯扩桩。夯扩桩（夯压成型灌注桩）是在普通沉管灌注桩的基础上加以改进，增加一根内夯管，使桩端扩大的一种桩型。内夯管的作用是在夯扩工序时，将外管混凝土夯出管外，并在桩端形成扩大；在施工桩身时利用内管和桩锤的自重将桩身混凝土压实。夯扩桩适用于一般黏性土、淤泥、淤泥质土、黄土、硬黏性土；也可用于有地下水的情况；可在 20 层以下的高层建筑基础中使用。

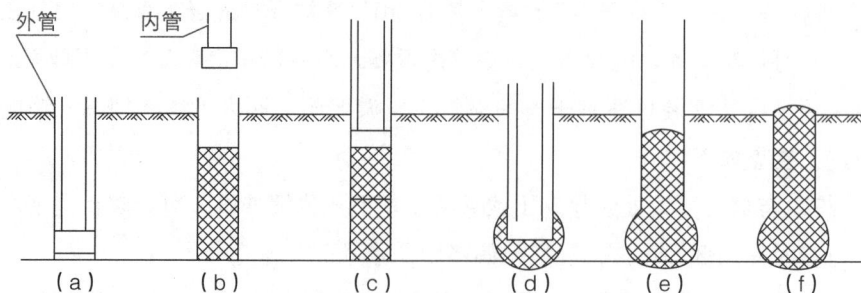

图 2-34 夯扩桩施工
（a）内外管同步夯入土中；（b）提升内夯管，浇筑混凝土；（c）插入内夯管，提升外夯管；（d）夯扩；
（e）浇灌桩身混凝土；（f）成型

锤击沉管夯扩桩成孔部分采用内外双管，外桩管为空心钢管，内桩管的下端封底，两管套装长度相等，一般无桩靴。用桩锤将其打到设计深度后拔出内管，往外管内灌入一定高度的扩底混凝土，重新插入内管并将外管向上拔一定高度，锤击力经内外桩管直接传给混凝土，通过桩管的挤撑作用，将管底的混凝土夯出管外，迫使扩底混凝土向下部和四周基土挤压，形成扩大头（扩大头设计要求，采用一次或二次夯扩），再浇灌桩身混凝土，如图 2-34 所示。

2.3.3 桩基工程质量检查及检测

1. 打（沉）桩的质量控制

（1）桩端（指桩的全截面）位于一般土层时，以控制桩端设计标高为主，贯入度可作参考。

（2）桩端达到坚硬、硬塑的黏性土，中密以上粉土、砂土、碎石类土、风化岩时，以贯入度控制为主，桩端标高可作参考。

（3）当贯入度已达到而桩端标高未达到时，应继续锤击 3 阵，按每阵 10 击的贯入度不大于设计规定的数值加以确认。

（4）振动法沉桩是以振动箱代替桩锤，其质量控制是以 3 次振动（加压），每10min 或 5min，测出每分钟的平均贯入度，以不大于设计规定的数值为合格，而摩擦桩则以沉到设计要求的深度为合格。

2. 打（沉）入桩验收要求

（1）打（沉）入桩的桩位偏差按施工验收规范要求进行控制，桩顶标高的容许偏差为 -50 ~ 100mm 斜桩倾斜度的偏差不得大于倾斜角正切值的 15%（倾斜角系桩的纵向中心线与铅垂线间夹角）。

（2）施工结束后应对承载力进行检查。桩的静载荷试验根数应不少于总桩数的1%，且不少于 3 根，当总桩数少于 50 根时，应不少于 2 根；当施工区域地质条件单一，有足够的实际经验时，可根据实际情况由设计人员酌情而定。

（3）桩身质量应进行检验，对多节打入桩不应少于桩总数的 15%，且每个柱子承台不得少于 1 根。

（4）由工厂生产的预制桩应逐根检查，工厂生产的钢筋笼应抽查总量的 10%，但不少于 10 根。

（5）现场预制成品桩时，应对原材料、钢筋骨架、混凝土强度进行检查；采用工厂生产的成品桩时，进场后应做外观及尺寸检查，并应附相应的合格证、复验报告。

（6）施工中应对桩体垂直度沉桩情况、桩顶完整状况、桩顶质量等进行检查，对电焊接桩、重要工程应做 10% 的焊缝探伤检查。

（7）施工结束后，应对承载力及桩体质量做检验。

（8）钢筋混凝土预制桩的质量检验标准按现行施工验收规范执行。

3．灌注桩质量要求及验收

（1）灌注桩在沉桩后的桩位偏差按施工验收规范要求进行控制，桩顶标高至少要比设计标高高出 0.5m[①]。

（2）灌注桩的沉渣厚度。当以摩擦桩为主时，不得大于 150mm；当以端承桩为主时，不得大于 50mm，套管成孔的灌注桩不得有沉渣。

（3）灌注桩每灌注 50m^3 应有一组试块，小于 50m^3 的桩应每根桩有一组试块。

（4）桩的静载荷载试验根数应不少于总桩数的 1%，且不少于 3 根，当总桩数少于 50 根时应不少于 2 根。

（5）桩身质量应进行检验，检验数不应少于总数的 20%，且每个桩子承台下不得少于 1 根。

（6）对砂子、石子、钢材、水泥等原材料的质量，检验项目、批量和检验方法，应符合国家现行有关标准的规定。

（7）施工中应对成孔、清渣、放置钢筋笼、灌注混凝土等全过程检查；人工挖孔桩尚应复验孔底持力层土（岩）性；嵌岩桩必须有桩端持力层的岩性报告。

（8）施工结束后，应检查混凝土强度，并应进行桩体质量及承载力检验。

（9）混凝土灌注桩的质量检验标准详见施工验收规范要求。

任务 2.4　箱形基础施工

箱形基础是由钢筋混凝土底板、顶板、侧墙及一定数量的内隔墙构成封闭的箱体。它的整体性和刚度都比较好，有调整不均匀沉降的能力，抗震能力较强，可以消除因地基变形而造成的建筑物开裂，也可以减少基底处原有地基的自重应力，降低总沉降量。箱形基础适用于软弱地基上面积较小，平面形状简单，荷载较大或上

---

① 结合灌注桩在沉桩后的桩位偏差按施工验收规范要求进行控制融入【德育：取其精华去其糟粕】

部结构分布不均的高层建筑物，如图 2-35 所示。

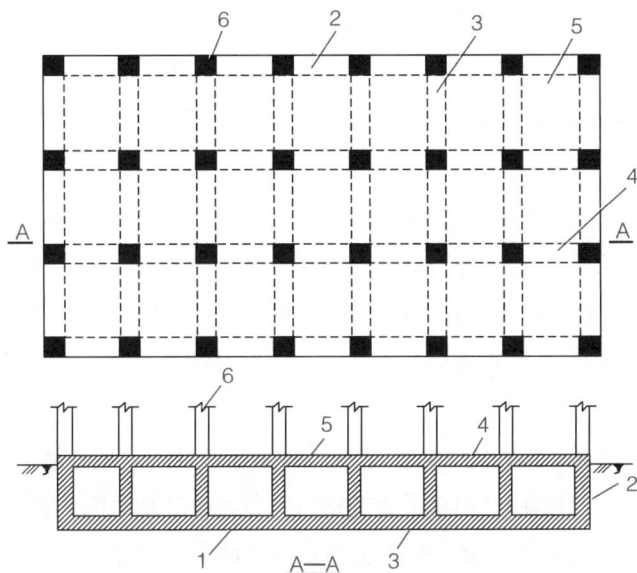

图 2-35　箱形基础
1—底板；2—外墙；3—内横隔墙；4—内纵隔墙；5—顶板；6—柱

基坑开挖如有地下水，应将地下水位降低至设计底板以下 500mm 处。

箱形基础的底板、内外墙和顶板的支模和灌注，可采取内外墙做顶板分次支模灌注方法施工，外墙接缝应设榫接或设止水带。施工缝的处理应符合有关规定。

基础施工完毕，应抓紧基坑四周的回填土工作。停止降水时，应验算箱形基础抗浮稳定性，地下水对基础的浮力，抗浮稳定系数不宜小于 1.1，以防出现基础上浮或倾斜的重大事故。

任务 2.5　安全施工措施

2.5.1 基坑支护

基坑支护常见安全事故有：边坡塌陷或滑塌、高处坠落、机械伤害、挖断电缆漏电伤人、地下管线泄漏、邻近建筑物沉降[1]。

基坑支护安全事故的预防措施有：

---

① 结合基坑支护常见安全事故融入【德育：安全意识】

（1）编制土方开挖和基坑支护的施工方案。对土方工程的风险进行识别、评价，并提出有针对性的对策。开挖深度超过5m（含5m）的深基坑（槽、沟）工程，地质条件、周围环境或地下管线较复杂的基坑（槽、沟）工程，可能影响毗邻建筑物、构筑物的结构、使用安全的基坑（槽、沟）开挖及降水工程，以上三种土方开挖工程的专项施工方案必须经过专家组的论证（评审），符合要求后方可实施。

（2）土方开挖

1）所有施工机械应按规定进场，且经过有关部门组织验收确认合格，并有记录。

2）机械挖土与人工挖土进行配合操作时，人员不得进入挖土机作业半径内；必须进入时，待挖土机作业停止后，人员方可进行坑底清理、边坡找平等作业。

3）挖土作业位置的土质及支护条件，必须满足机械作业的荷载要求，机械应保持水平位置和足够的工作面。

4）挖土机不能超标高挖土，以免造成土体结构破坏。坑底最后留一步土方由人工完成，并且人工挖土清槽应在打垫层之前进行，以减少晾槽时间（减少土侧压力）。

5）按规范和设计要求放坡，不同土层要按土的特性放坡。

（3）排水、降水。开挖时地下水位必须低于开挖面50cm以上，严禁开挖后长期露天暴晒，开挖后的基坑排水措施应跟上。要经常维护排水措施，防止地表水渗入或流入边坡土体。经常检查布置在基坑周边的给、排水管，发现有漏水、破损的要及时修补或更换，降雨时及时疏导地面雨水和积水，防止雨水下渗和冲刷基坑壁。

（4）坑边荷载。开挖出的土方应及时运离基坑边，防止堆载过大造成边坡失稳，一般堆放的土方距坑槽上部边缘不少于12m，土堆高度不超过15m[①]。

（5）上下通道。必须设置基坑施工作业人员的上下专用通道，不准攀爬模板、脚手架以确保安全。人员专用通道应在施工组织设计中确定，其攀登设施可视条件采用梯子或专门搭设，应符合高处作业规范中攀登作业的要求。

（6）基坑支护完成后，要组织验收，保证支护措施到位、可靠，另在开挖过程中应提醒施工单位注意不能碰撞和破坏支护结构，防止支护措施失效。

（7）临边防护。深度超过2m的基坑施工应有邻边防护措施。基坑周边搭设的防护栏杆，其选材、搭设方式及牢固程度都应符合《建筑施工高处作业安全技术规范》JGJ 80—2016的规定。

（8）在基坑开挖和基坑支护过程中，监理人员（安全员）要加强巡视，发现坑壁有滑塌隐患，及时组织现场施工人员撤离，并督促施工单位采取有效措施，排除隐患。

（9）监督施工单位对基坑壁和邻近建筑物、管线等进行变形沉降观测，如发现异常后，应要求施工单位停止挖方，待查明原因采取有效的安全措施后，方准继续

---

① 结合坑边荷载要求融入【德育：规范意识；学会调节自身压力】

施工。

2.5.2 桩基工程

桩基工程常见安全事故包括机械伤害、基坑塌陷、孔内坍塌、中毒、触电、高处坠落。桩基工程安全事故的预防措施有：

（1）编制桩基施工专项安全方案；检查验收进场大型机械设备合格证、性能检测报告，对符合要求的进行签认。

（2）做好桩基工地安全布置，加强桩基施工设备的安全与防护，定期检修施工设备，严格桩基施工安全操作。

（3）桩基施工现场安全布置[①]。

1）进入工地前必须对施工现场进行勘察，弄清场内高压线、地下管道、通信电缆等构筑物；工地应具备"三通一平"的施工条件，施工现场应有排污坑、污水池等设施，做到文明生产。

2）施工现场应设置安全标志，危险部位应设安全警示牌；工地内供电线路应架空或挖沟埋设，电气线路的绝缘状况应符合安全要求；夜间生产要有足够的照明。

（4）加强桩基施工设备的安全与防护。

1）钻架与平台安装要平稳、端正、牢固，零部件要齐全；明齿轮、皮带传动以及裸露的旋转轴头均应配齐防护栏杆或防护罩。

2）基台木轨道铺设要稳固、长度合适；平台板铺设要防滑、牢固；塔梯、工作台、栏杆安装必须牢固可靠；钻架上部要有便于高处作业的工作台；水上钻探台要坚固牢靠，不受水流的影响。

3）钻架架顶与供电高压线的距离符合安全规定或满足安全要求；配电箱要安装漏电保护器等安全设施，箱柜外有防雨措施，电气设备外壳装有保护接地或接零；电气开关要完好无损，熔断器、保险丝等按规定使用，不准超过额定标准或以铜丝、铁丝代替。

4）工地内的危险部位应配齐相应的安全防护设施；并配齐足够的防火设施。

5）起重用钢丝绳及绳卡必须安全可靠。

（5）人工挖孔桩施工。

1）上下井使用的设备安全可靠并配有自动卡紧保险装置，使用前必须检验其安全起吊能力。

2）每日开工前检测井下的有毒有害气体，并应有足够的安全防护措施。开挖深

---

① 结合桩基施工现场安全布置要求融入【德育：安全意识】

度超过 10m 时，应有专门向井下送风的设备。

3）孔口四周必须设置护栏；下班（完工）必须将孔口盖严、盖牢。

4）人工挖孔必须采用混凝土护壁，其首层护壁应根据土质情况做成沿口护圈，护圈混凝土强度达到 5kPa 以后，方可进行下层土方的开挖。必须边挖边打混凝土护壁（挖一节、打一节），严禁一次挖完，然后补打护壁的冒险作业。

5）挖出的土石方应及时运离孔口，不得堆放在孔口四周 1m 内，机动车辆通行不得对井壁的安全造成影响。

6）施工现场的一切电源、电路的安装和拆除必须由持证电工操作；电器必须严格接地、接零和使用漏电保护器。各孔用电必须分闸，严禁一闸多用。孔上电缆必须架空 20m 以上，严禁拖地和埋压土中，孔内电缆、电线必须有防磨损、防潮、防断等保护措施。照明应采用安全矿灯或 12V 以下的安全灯。

（6）石灰桩施工时应采取防止冲孔伤人的有效措施，确保施工人员安全。

武汉建造超级地
下城，打下 1.5
万根桩基

【思政提升】••

本项目主要介绍了砌体工程基础、钢筋混凝土基础、桩基础和箱形基础的施工工艺流程和施工要点。通过本项目的学习，掌握基础工程施工工艺及施工要点，树立安全意识和标准意识，培养脚踏实地、独立思考和严谨细致的工作态度，注重团队协作。

••

【课后习题】

1. 钢筋混凝土基础形式主要有哪几种？分别具有什么特点？
2. 钢筋混凝土预制桩施工工序和施工要点是？
3. 泥浆护壁成孔灌注桩施工工序和施工要点是？
4. 打桩前需要做哪些准备工作？打桩设备应该如何选择？
5. 如何确定打桩顺序？

项目 3　主体结构工程

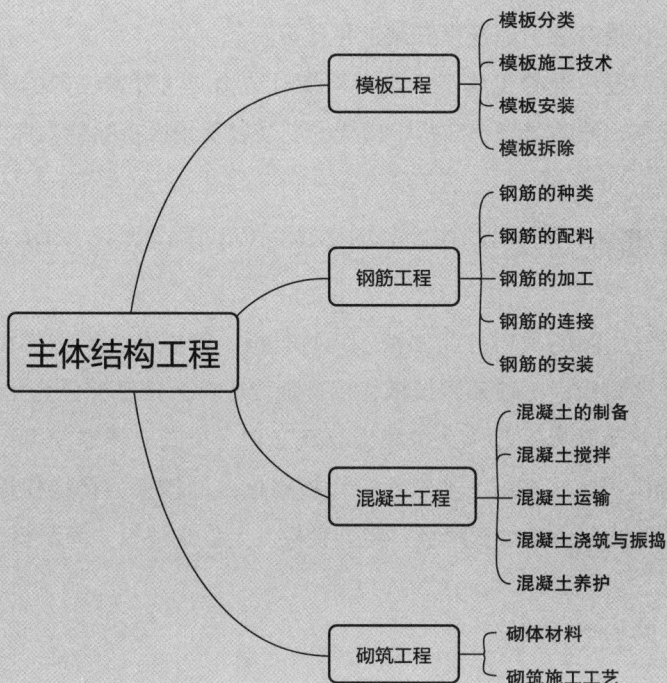

思　维　导　图

主体结构工程

- 模板工程
  - 模板分类
  - 模板施工技术
  - 模板安装
  - 模板拆除
- 钢筋工程
  - 钢筋的种类
  - 钢筋的配料
  - 钢筋的加工
  - 钢筋的连接
  - 钢筋的安装
- 混凝土工程
  - 混凝土的制备
  - 混凝土搅拌
  - 混凝土运输
  - 混凝土浇筑与振捣
  - 混凝土养护
- 砌筑工程
  - 砌体材料
  - 砌筑施工工艺

【学习目标】

1. 认识模板工程的分类、安装和拆除；

2. 了解钢筋材料的分类、加工和连接以及质量检验要求；

3. 熟悉混凝土的配料、搅拌、运输、浇筑与振捣和养护；

4. 熟悉砌筑工程施工工艺。

任务 3.1　模板工程

　　模板工程指新浇混凝土成型的模板以及支承模板的一整套构造体系，其中，接触混凝土并控制预定尺寸、形状、位置的构造部分称为模板，支持和固定模板的杆件、桁架、连接件、金属附件、工作便桥等构成支承体系，对于滑动模板，自升模板① 则增设提升动力以及提升架、平台等。

　　模板工程在混凝土施工中是一种临时结构。通过本任务的学习，了解模板的分类及其特点，熟悉混凝土结构中模板的安装以及模板拆除的顺序。

3.1.1 模板分类 ●

　　模板按所用的材料分为木模板、竹模板、钢模板、钢木模板、钢竹模板、胶合板模板、塑料模板、玻璃钢模板、铝合金模板等；按工艺分为组合式模板、大模板、滑升模板、爬升模板、永久性模板以及飞模、模壳、隧道模等；按结构构件的类型分为基础模板、柱模板、梁模板、楼板模板、墙模板、楼梯模板、壳模板和烟囱模板等；按形式分为整体式模板、定型模板、工具式模板、滑升模板、胎模等。

梁模板施工

1. 胶合板模板

　　胶合板模板及其支架系统一般在加工厂或现场木工棚制成元件，然后在现场拼装。木胶合板的使用特点：板幅大，板面平整；既可减少安装工作量，节省现场人工费用，又可减少混凝土外露；承载能力大，特别是经表面处理后耐磨性好，能多次重复使用；材质轻（厚 18mm 的木胶板，单位面积质量为 50kg），模板的运输、堆放、使用和管理等都较为方便；保温性能好，能防止温度变化过快，冬期施工有助于混凝土的保温；锯截方便，易加工成各种形状的模板；便于按工程的需要弯曲成形，用作曲面模板。尺寸一般为 915mm×1830m 或 1220mm×2440mm；木胶合板通常由 5、7、9、11 层等奇数层单板经热压固化而胶合成形。相邻层的纹理方向相互垂直，通常最外层板的纹理方向和胶合板板面的长向平行，因此，整张胶合板的长向为强方向，短向为弱方向，使用时必须加以注意。

　　胶合板面板的单张板块大，不易变形，表面覆膜后增加了耐磨和重复使用次数。

---

① 结合滑动模板，自升模板的产生历程融入【德育：积极探索、科学精神、物质现代化】

胶合板有木胶合板和竹胶合板，厚度有 12mm、15mm、18mm、20mm 等。但胶合板作为模板也带来重复使用次数不多，造成资源浪费等新的问题。改进型的钢框木（竹）胶合板模板，除具有组合钢模板的一些优点外，还具有质轻、初期投资小，脱模容易等优点。

2．定型组合钢模板

定型组合钢模板是自 20 世纪 70 年代末引入我国的组合钢模板，其一度成为施工现场的主流模板。组合钢模板的刚度差，易变形，现主要应用在工业建筑及多层住宅的构造柱及楼梯等施工中。

定型组合钢模板是一种工具式定型模板，又称小钢模，由钢模板和配件组成，配件包括连接件和支承件。

钢模板可通过各种连接件和支承件组合成多种尺寸、结构和几何形状的模板，以适应各种类型建筑物的梁、柱、板、墙、基础和设备等施工的需要，也可用其拼装成大模板、滑模、隧道模和台模等。

施工时可在现场直接组装，亦可预拼装成大块模板或构件模板用起重机吊运安装。其特点有：组装灵活，通用性强，拆装方便；周转使用次数多，每套钢模可重复使用 50 ~ 100 次，但一次投资费用大；加工精度高，浇筑混凝土的质量好。成型后的混凝土尺寸准确，棱角整齐，表面光滑，可以节省装修用工。

钢模板包括平面模板（P）、阴角模板（E）、阳角模板（Y）和连接角模（J）。钢模板采用模数制设计，宽度模数以 50mm 进级，长度为 150mm 进级，可以适应横竖拼装成以 50mm 进级的任何尺寸的模板。组合钢模板配板设计中，遇有不合 50mm 进级的模数尺寸，空隙部分可用木模填补。

1）平面模板用于基础、墙体、梁、板、柱等各种结构的平面部位，它由面板和肋组成，面板采用 Q235 钢板制成，面板厚 2.3mm 或 2.5mm，肋高 55mm，肋上设有 U 形卡孔和插销孔，利用 U 形卡和 L 形插销等拼装成大块板。板块长度有 450mm、600mm、750mm、900mm、1200mm、1500mm、1800mm。板块宽度有 100mm、150mm、200mm、250mm、300mm、350mm、400mm、450mm、500mm、550mm、600mm。板块代号为 P，如 P3015 表示 300mm×1500mm 的板块。

2）阴角模板用于混凝土构件阴角，如内墙角、水池内角及梁板交接处阴角等。板块代号为 E。

3）阳角模板主要用于混凝土构件阳角。板块代号为 Y。

4）连接角模用于平模板作垂直连接构成阳角。板块代号为 J。

（1）组合钢模板连接件

连接件包括 U 形卡、L 形插销、钩头螺栓、对拉螺栓、紧固螺栓、扣件等。应用最广的是 U 形卡。

1）U 形卡：模板的主要连接件，用于相邻模板的拼装。其安装间距一般不大于 300mm，即每隔一孔卡插一个，安装方向一顺一倒相互错开。钢模板边框孔距150mm，端孔距端部 75mm。

2）L 形插销：插入两块模板纵向连接处的插销孔内，以增强模板纵向接头处的刚度。

3）钩头螺栓：连接模板与支撑系统的连接件。

4）对拉螺栓：又称穿墙螺栓，用于连接墙壁两侧模板，保持墙壁厚度，承受混凝土侧压力及水平荷载，使模板不致变形。

5）紧固螺栓：用于内、外钢楞之间的连接件。

6）扣件：扣件用于钢楞之间或钢楞与模板之间的扣紧，按钢楞的不同形状，分别采用蝶形扣件和"3"形扣件。

（2）组合钢模板的支承件

支承件包括柱箍、钢楞、支柱、卡具、斜撑、钢桁架等。

（3）组合钢模板的装配原则

1）保证构件的形状尺寸及相互位置的正确；

2）使模板具有足够的强度、刚度和稳定性；

3）配置的模板应优先选用通用、大块模板；

4）应使支撑件布置简单，受力合理；

5）模板长向拼接宜采用错开布置，以增加模板的整体稳定性；

6）模板的支承系统应根据模板的荷载和部件的刚度进行布置；

7）对钢模板，尽量采用横排和竖排，尽量不用横排兼竖排的方式。

3. 竹胶合板模板

竹胶合板模板是继木模板、钢模板之后的第三代模板。用竹胶合板作为模板，是当代建筑业的趋势。竹胶合板以其优越的力学性能、极高的性价比，正取代木、钢模板在建筑模板中的地位。

（1）主要特点[①]

1）竹胶合板模板强度高、韧性好，板的静曲强度相当于木材强度的 8 ~ 10 倍，

---

① 结合模板特点融入【德育：科学应变、辩证思维、实践】

为木胶合板强度的 4 ～ 5 倍，可减少模板支撑的数量。

2）竹胶合板模板幅面宽、拼缝少，支模、拆模速度快。

3）板面平整光滑，对混凝土的吸附力仅为钢模板的八分之一，容易脱模。脱模后，混凝土表面平整光滑，可取消抹灰作业，缩短装修作业工期。

4）耐水性好，水煮 6h 不开胶，水煮、冰冻后仍保持较高的强度。其表面吸水率接近钢模板，用竹胶合板模板浇捣混凝土，提高了混凝土的保水性。在混凝土养护过程中，遇水不变形，便于维护保养。

5）竹胶合板模板防腐、防虫蛀。

6）竹胶合板模板导热系数为 0.14 ～ 0.16W/m·K，远小于钢模板的导热系数，有利于冬期施工保温。

7）竹胶合板模板使用周转次数高，经济效益明显，板可双面倒用，无边框竹胶合板模板使用次数可达 30 次。

（2）适用范围

竹胶合板模板非常适用于水平模板、剪力墙、垂直墙板、高架桥、立交桥、大坝、隧道和梁柱模板等。

3.1.2 模板施工技术

1．早拆模板

早拆模板是利用混凝土楼板的支承跨度小于 2m 时，混凝土达设计强度的 50% 即可拆模的原理，在钢支撑顶端插入早拆模板的升降柱头，其顶托板始终顶住混凝土楼板，托梁与模板块搁置在插板上方的短挑梁上。混凝土达拆模强度后，敲击插板，插板下滑，托梁与模板块下降，但顶托板仍支撑楼板。

2．爬模

爬模是竖向混凝土结构施工的一种高效支模方式。其优点为不占用塔式起重机等垂直运输机械，利用爬模自带的提升系统，交替固定和提升，完成模板的翻转使用和混凝土墙体的分段浇筑。内外套架交替固定于塔身，外套架带模板爬升。

在超高层建筑主体结构施工中，其混凝土核心筒体结构也通常可采用爬模施工。模板的翻转使用和提升利用临时钢平台系统，钢平台的提升采用多台蜗轮和蜗杆组合的提升机（也称升板机）。

3. 台模

台模也称飞模，是施工高层平板结构混凝土楼板的一种高效模板体系。一般在地面组装成台模单元，用塔吊等机械将台模单元分别吊运安装到位。拆模时，分单元整体降落台模，从楼层外边缘移运飞出，转运至上一楼层安装位置。

4. 滑模

滑模是一种特殊的模板体系，它主要应用于混凝土高烟囱、高塔、筒仓、冷却塔等构筑物施工。

5. 塑料模壳

塑料模壳作为模板，主要应用在密肋钢筋混凝土楼盖的施工中，模板采用增强的聚丙烯塑料制作，其周转使用次数达 60 次。模壳的主要规格为 1200mm × 1200mm、1500mm × 1500mm。

3.1.3 混凝土结构中模板安装 ••••••••••••••••••••••••••••••••••• ●

1. 基础模板

（1）基础的特点是高度不大而体积较大，基础模板一般利用地基或基槽（坑）进行支撑。

（2）安装时，要保证上下模板不发生相对位移，如为杯形基础，则还要在其中放入杯口模板。

2. 柱模板

柱模板可以用木模板安装，也可以用钢模板安装。

（1）柱的模板在安装前在基础（楼地面）上用墨线弹出柱的中线及边线，柱脚抄平。

（2）对通排柱模板，应先装两端柱模板，校正固定，拉通线校正中间各柱模板。

（3）依据边线安装模板。安装后的模板要保证垂直，并由地面起每隔 2m 留一道施工口，以便混凝土浇捣。柱底部留设清理孔。

（4）柱模板应加柱箍，用四根小方木相互搭接钉牢，或用工具式柱箍，柱箍间距按设计计算确定。

（5）模板四周搭设钢管架子，结合斜撑，将模板固定牢固，以防在混凝土侧压力的作用下发生移位。

3．梁模板

梁模板由底模板和侧模板组成。

（1）梁跨度大于等于 4m 时，底板应起拱，起拱高度由设计确定，如设计无规定，取全跨度的 1/1 000 ~ 3/1 000。

（2）支柱（琵琶撑）之间应设拉杆，离地面 500mm 一道，以上每隔 2m 左右设一道。支柱下垫设楔子和通长垫板，垫板下土应拍平夯实，楔子待支撑校正标高后钉牢。

（3）当梁底离地面过高（一般 6m 以上）时，宜搭设排架支模。

（4）梁较高时，可先装一侧模板，待钢筋绑扎安装结束后，再封另一侧模板。

（5）上下层模板的支柱，一般应安装在一条竖向的中心线上。

4．楼板模板

楼板模板主要承受垂直荷载，多用定型钢模板或胶合板，先搭设模板支架。

楼板模板用钢楞及支架支撑，为了减少支架用量、扩大板下施工空间，宜用伸缩式桁架支撑。

5．墙模板

墙模板由两片模板组成，每片模板由若干块平面模板组成。这些平面模板可横拼也可竖拼，外面用横竖钢楞加固，并用斜撑保持稳定，用对拉螺栓（或称钢拉杆）以抵抗混凝土的侧压力和保持两片模板之间的间距（墙厚）。

3.14 模板拆除

1．拆除模板时的混凝土强度

现浇结构的模板及其支架拆除时的混凝土强度应符合设计要求，当设计无具体要求时，应满足下列要求：在混凝土强度能保证其表面及棱角不因拆除模板而受损坏后，侧模方可拆除；在混凝土强度符合表 3-1 的规定后，底模方可拆除。

底模拆模时所需混凝土强度   表 3-1

结构类型	结构跨度 /m	按设计的混凝土立方体抗压强度标准值的百分率 /%
板	≤ 2	≥ 50
	> 2，≤ 8	≥ 75
	> 8	≥ 100
梁、拱、壳	> 8	≥ 75
悬臂构件	—	≥ 100

已拆除模板及其支架的结构，在混凝土强度符合设计的混凝土强度等级的要求后，方可承受全部使用荷载；当施工荷载所产生的效应比使用荷载的效应更为不利时，必须经过核算，加设临时支撑。

2．拆模顺序

拆模应按一定的顺序进行。一般应遵循先支后拆、后支先拆、先非承重部位、后承重部位以及自上而下的原则。重大复杂模板的拆除，事前应编制拆除方案。

（1）柱模

单块组拼的应先拆除钢楞、柱箍和对拉螺栓等连接件、支撑件，再由上而下逐步拆除；预组拼的则应先拆除两个对角的卡件，并做临时支撑后，再拆除另两个对角的卡件，待吊钩挂好，拆除临时支撑，方能脱模起吊。

（2）墙模

单块组拼的在拆除对拉螺栓、大小钢楞和连接件后，自上而下逐步水平拆除；预组拼的应在挂好吊钩，检查所有连接件都拆除后，方能拆除临时支撑，脱模起吊。

（3）梁、楼板模板

应先拆梁侧模，再拆楼板底模，最后拆除梁底模。拆除跨度较大的梁下支柱时，应先从跨中开始分别拆向两端。多层楼板模板支柱的拆除，应按下列要求进行：上层楼板正在浇筑混凝土时，下一层楼板的模板支柱不得拆除，再下一层楼板模板的支柱，仅可拆除一部分；跨度 4m 及 4m 以下的梁下均应保留支柱，其间距不得大于 3m。

3．拆模注意事项

（1）拆模时，操作人员应站在安全处，以免发生安全事故 [①]。

（2）拆模时，尽量不要用力过猛、过急，严禁用大锤和撬棍硬砸、硬撬，以避

---

① 结合拆模注意事项融入【德育：安全意识】

免混凝土表面或模板受到损坏。

（3）拆下的模板及配件，严禁抛扔，要有人接应传递，按指定地点堆放；做到及时清理、维修和涂刷好隔离剂，以备待用。在拆除模板过程中，如发现混凝土有影响结构安全的质量问题，应暂停拆除，经过处理后，方可继续拆除。

安全施工，警钟长鸣——模板工程施工安全事故

任务 3.2 钢筋工程

钢筋工程是以钢筋为中心的加工制作和安装过程，包括使用工具及机械，对钢筋进行除锈、调直、连接、切断、成型、安装钢筋骨架的一系列步骤。

钢筋工是建筑业中的主要工种之一，施工条件多为露天、高处作业，不安全因素较多，现场作业人员组成比较复杂，流动性大，存在安全意识淡薄、自我防护能力差等问题；施工作业过程中，违章指挥、冒险作业等不遵章守纪现象较多，从而容易发生安全事故，造成人员伤亡和财产损失。对新入场钢筋工必须进行安全教育培训，进行安全生产思想、安全知识、安全技能教育，特种作业人员持证上岗。

3.2.1 钢筋的种类

钢筋由于品种、规格、型号的不同和在构件中所起的作用不同，在施工中常常有不同的叫法。对一个钢筋工来说，只有熟悉钢筋的分类，才能比较清楚地了解钢筋的性能和在构件中所起的作用，在钢筋加工和安装过程中不致发生差错。

钢筋的分类方法很多，主要有以下几种：

1．按钢筋在构件中的作用分类

（1）受力筋：是指构件中根据计算确定的主要钢筋，包括受拉筋、弯起筋、受压筋等。

（2）构造钢筋：是指构件中根据构造要求设置的钢筋，包括分布筋、箍筋、架立筋、横筋、腰筋等。

2．按钢筋的外形分类

（1）光圆钢筋：Ⅰ级钢筋均轧制为光面圆形截面，钢筋表面光滑无纹路，主要用于分布筋、箍筋等。直径 6～10mm 的供应形式一般做成盘圆，直径 12mm 以上为直条。

（2）带肋钢筋：有螺旋形、人字形和月牙形三种，一般Ⅱ、Ⅲ级钢筋轧制成人字形，Ⅳ级钢筋轧制成螺旋形及月牙形。钢筋表面刻有不同的纹路，增强了钢筋与混凝土的粘结力，主要用于墩柱、梁等构件中的受力筋。带肋钢筋的出厂长度有9m、12m两种规格。

（3）钢丝：分冷拔低碳钢丝和碳素高强钢丝两种，直径均在5mm以下。

（4）钢绞线：有3股和7股两种，常用于预应力钢筋混凝土构件中。

3．按钢筋的强度分类

在钢筋混凝土结构中常用的是热轧钢筋，热轧钢筋按强度可分为四级：

HPB300（Ⅰ级钢），其屈服强度标准值为300MPa（2011年开始代替HPB235）；

HRB400（Ⅲ级钢），其屈服强度标准值为400MPa；

RRB400（Ⅳ级钢），其屈服强度标准值为400MPa。

4．按直径大小分类

钢丝（直径3～5mm）、细钢筋（直径6～10mm）、粗钢筋（直径大于22mm）。

钢筋进场时，应按国家现行钢筋混凝土用钢标准的规定抽取试件做屈服强度、抗拉强度、伸长率、弯曲性能和重量偏差检验，检验结果应符合相关标准的规定。

🈺🈺 钢筋的配料 ··●

钢筋配料是根据构件配筋图，先绘出各种形状和规格的单根钢筋并加以编号，然后分别计算钢筋下料长度和根数，填写配料单，申请加工。在计算钢筋下料长度时，有几个值需要注意。钢筋因弯曲或弯钩会使其长度变化，在配料中不能直接根据图纸中尺寸下料；必须了解对混凝土保护层、钢筋弯曲、弯钩等的规定，再根据图中尺寸计算其下料长度。各种钢筋下料长度计算式如下[①]：

直钢筋下料长度 = 构件长度 – 保护层厚度 + 弯钩增加长度

弯起钢筋下料长度 = 直段长度 + 斜段长度 – 弯曲调整值 + 弯钩增加长度

---

① 结合钢筋下料长度计算融入【德育：认真仔细、规范意识、做事有标准】

箍筋下料长度 = 箍筋周长 + 箍筋调整值

上述钢筋需要搭接的话，还应增加钢筋搭接长度。

1．混凝土保护层厚度

根据《混凝土结构设计规范》GB/T 50010—2010 的规定，设计使用年限 50 年的混凝土结构，对混凝土保护层最小厚度见表 3-2。

混凝土保护层的最小厚度 c（单位：mm）　　　表 3-2

环境等级	板、墙、壳	梁、柱
一	15	20
二 a	20	25
二 b	25	35
三 a	30	40
三 b	40	50

注：1．混凝土强度等级不大于 C25 时，表中保护层厚度数值应增加 5mm；
　　2．钢筋混凝土基础应设置混凝土垫层，其纵向受力钢筋的混凝土保护层厚度应从垫层顶面算起，且不小于 40mm。

2．弯曲调整值

钢筋弯曲后的特点：一是在弯曲处内皮收缩、外皮延伸、轴线长度不变；二是在弯曲处形成圆弧。钢筋的量度方法是沿直线量外包尺寸（图 3-1）；因此，弯起钢筋的量度尺寸大于下料尺寸，两者之间的差值称为弯曲调整值。弯曲调整值，根据理论推算并结合实践经验，详见表 3-3。

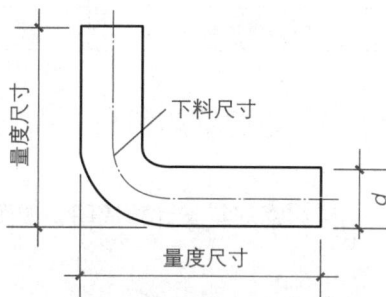

图 3-1　钢筋弯曲时的量度方法

钢筋弯曲调整值　　　表 3-3

钢筋弯曲角度	30°	45°	60°	90°	135°
钢筋弯曲调整值	0.35d	0.5d	0.85d	2d	2.5d

注：d 为钢筋直径。

3．弯钩增加长度

钢筋的弯钩形式有三种：半圆弯钩、直弯钩及斜弯钩（图 3-2）。半圆弯钩是最常用的一种弯钩。直弯钩只用在柱钢筋的下部、箍筋和附加钢筋中。斜弯钩只用在直径较小的钢筋中。

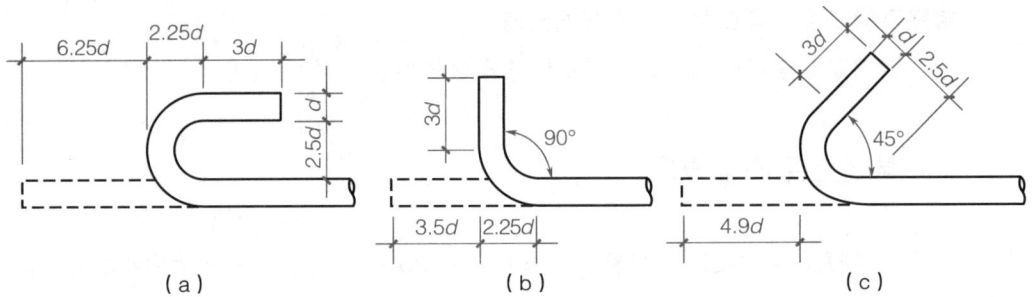

图 3-2　钢筋弯钩计算简图
（a）半圆弯钩；（b）直弯钩；（c）斜弯钩

光圆钢筋的弯钩增加长度，按图 3-2 所示的简图（弯心直径为 2.5d、平直部分为 3d）计算：对半圆弯钩为 6.25d，对直弯钩为 3.5d，对斜弯钩为 4.9d。

在生产实践中，由于实际弯心直径与理论弯心直径有时不一致，钢筋粗细和机具条件不同等而影响平直部分的长短（手工弯钩时平直部分可适当加长，机械弯钩时可适当缩短），因此在实际配料计算时，对弯钩增加长度常根据具体条件，采用经验数据，见表 3-4。

半圆弯钩增加长度参考表（用机械弯）　　　　表 3-4

钢筋直径 /mm	≤ 6	8 ~ 10	12 ~ 18	20 ~ 28	32 ~ 36
一个弯钩长度 /mm	40	6d	5.5d	5d	4.5d

4．弯起钢筋斜长

弯起钢筋斜长计算简图，如图 3-3 所示。弯起钢筋斜长系数见表 3-5。

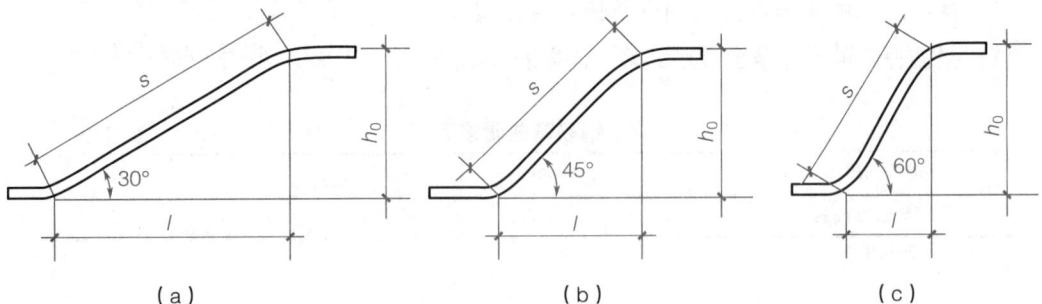

图 3-3　弯起钢筋斜长计算简图
（a）弯起角度 30°；（b）弯起角度 45°；（c）弯起角度 60°

弯起钢筋斜长系数　　　　表 3-5

弯起角度	$\alpha = 30°$	$\alpha = 45°$	$\alpha = 60°$
斜边长度 s	2h_0	1.41h_0	1.15h_0

续表

底边长度 l	$1.732h_0$	h_0	$0.575h_0$
增加长度 $s-l$	$0.268h_0$	$0.41h_0$	$0.575h_0$

注：h_0 为弯起高度。

5. 箍筋调整值

（1）等截面构件箍筋调整值，即为弯钩增加长度和弯曲调整值两项之差或和，根据箍筋量外包尺寸或内皮尺寸确定，见图 3-4 与表 3-6。

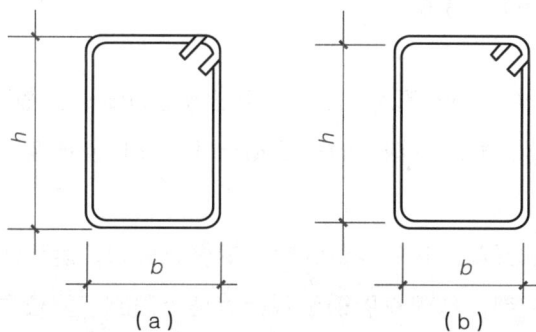

图 3-4 箍筋量度方法
（a）量外包尺寸；（b）量内皮尺寸

箍筋调整值   表 3-6

箍筋量度方法	箍筋直径 /mm			
	4 ~ 5	6	8	10 ~ 12
量外包尺寸	40	50	60	70
量内皮尺寸	80	100	120	150 ~ 170

（2）变截面构件箍筋长度计算

根据比例原理，每根箍筋的长短差数 Δ，可按下式计算：

$$\Delta = \frac{l_c - l_d}{n-1}$$

式中　l_c——箍筋的最大高度；

　　　l_d——箍筋的最小高度；

　　　n——箍筋个数，等于 $s/a + 1$；s 为最长箍筋和最短箍筋之间的总距离；

　　　a 为箍筋间距。

6. 搭接长度

对于纵向受拉钢筋，其抗震搭接应满足最小搭接长度，按表 3-7 取值：

纵向受力钢筋的最小搭接长度　　　　表 3-7

钢筋类型		混凝土强度等级								
		C20	C25	C30	C35	C40	C45	C50	C55	≥ C60
光圆钢筋	300 级	49d	41d	37d	35d	31d	29d	29d	—	—
带肋钢筋	400 级	55d	49d	43d	39d	37d	35d	33d	31d	31d
	500 级	67d	59d	53d	47d	43d	41d	39d	39d	37d

注：两根直径不同钢筋的搭接长度，以较细钢筋的直径计算。

7．配料计算的注意事项

（1）在设计图纸中，钢筋配置的细节问题没有注明时，一般可按构造要求处理。

（2）配料计算时，要考虑钢筋的形状和尺寸在满足设计要求的前提下要有利于加工安装。

（3）配料时，还要考虑施工需要的附加钢筋。例如，后张法预应力构件预留孔道定位用的钢筋井字架，基础双层钢筋网中保证上层钢筋网位置用的钢筋撑脚，墙板双层钢筋网中固定钢筋间距用的钢筋撑铁，柱钢筋骨架增加四面斜筋撑等。

梁钢筋配筋

【例 3-1】某建筑物一层共有 10 根编号为 L1 的梁，如图 3-5 所示。试计算各钢筋下料长度并绘制钢筋配料单。钢筋保护层厚度取 25mm。

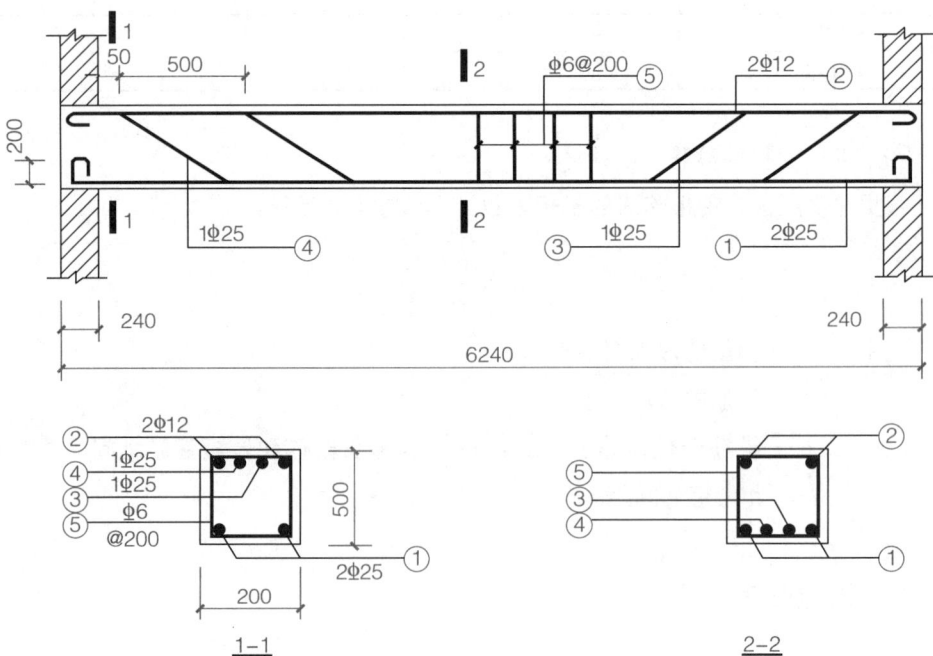

图 3-5　某建筑梁示意图

1）计算钢筋下料长度

① 号钢筋下料长度

（6240+2×200−2×25）−2×2×25+2×6.25×25=6802（mm）

② 号钢筋下料长度

6240−2×25+2×6.25×12=6340（mm）

③ 号弯起钢筋下料长度

上直段钢筋长度 240+50+500−25=765（mm）

斜段钢筋长度（500−2×25）×1.414=636（mm）

中间直段长度 6240−2×（240+50+500+450）=3760（mm）

下料长度（765+636）×2+3760−4×0.5×25+2×6.25×25=6824（mm）

④ 号钢筋下料长度计算为 6824mm

⑤ 号箍筋下料长度

宽度 200−2×25=150（mm）

高度 500−2×25=450（mm）

下料长度为（150+450）×2+50=1250（mm）

箍筋数量计算 [（6240−2×25）÷200]+1=32（根）

2）填写钢筋配料单（表3-8）

钢筋配料单　　　　　　　　　　　　　　　　　　　　表 3-8

构件名称	钢筋编号	简图	钢号	直径/mm	下料长度/mm	单根根数	合计根数	质量/kg
L1 梁（共10根）	（1）	200　　6190	φ	25	6802	2	20	523.80
	（2）	6190	φ	12	6340	2	20	112.60
	（3）	765　619　3784	φ	25	6824	1	10	262.30
	（4）	265　619　4784	φ	25	6824	1	10	262.30
	（5）	150　450	φ	6	1250	32	320	88.38
	合计	φ6：88.38kg；φ12：112.60kg；φ25：1048.40kg						

3.2.3 钢筋的加工 ●

钢筋加工前应将表面清理干净。表面有颗粒状、片状老锈或有损伤的钢筋不得使用。钢筋加工宜在常温状态下进行，加工过程中不应加热钢筋。

1. 钢筋的调直

钢筋宜采用机械设备进行调直，也可采用冷拉方法调直。当采用机械设备调直时，调直设备不应具有延伸功能。当采用冷拉方法调直时，HPB300 光圆钢筋的冷拉率不宜大于 4%；HRB400、HRB500、HRBF335、HRBF400、HRBF500 及 RRB400 带肋钢筋的冷拉率不宜大于 1%。钢筋调直过程中不应损伤带肋钢筋的横肋。调直后的钢筋应平直，不应有局部弯折。

2. 钢筋的弯曲

钢筋弯折应一次完成，不得反复弯折。受力钢筋的弯折应符合下列规定：

（1）光圆钢筋末端做 180° 弯钩时，弯钩的弯后平直部分长度不应小于钢筋直径的 3 倍；

（2）光圆钢筋的弯弧内直径不应小于钢筋直径的 2.5 倍；

（3）335MPa 级、400MPa 级带肋钢筋的弯弧内直径不应小于钢筋直径的 5 倍；

（4）直径为 28mm 以下的 500MPa 级带肋钢筋的弯弧内直径不应小于钢筋直径的 6 倍，直径为 28mm 及以上的 500MPa 级带肋钢筋的弯弧内直径不应小于钢筋直径的 7 倍；

（5）框架结构的顶层端节点，对梁上部纵向钢筋、柱外侧纵向钢筋在节点角部弯折处，当钢筋直径为 28mm 以下时，弯弧内直径不宜小于钢筋直径的 12 倍，钢筋直径为 28mm 及以上时，弯弧内直径不宜小于钢筋直径的 16 倍；

（6）箍筋弯折处的弯弧内直径尚不应小于纵向受力钢筋直径；

（7）除焊接封闭箍筋外，箍筋、拉筋的末端应按设计要求做弯钩且不应小于 90°，弯折后平直部分长度不应小于箍筋直径的 5 倍；对有抗震设防及设计有专门要求的结构构件，箍筋弯钩的弯折角度不应小于 135°，弯折后平直部分长度不应小于箍筋直径的 10 倍和 75mm 的较大值。

3.2.4 钢筋的连接 ●

钢筋的接头宜设置在受力较小处，同一纵向受力钢筋不宜设置两个或两个以上的接头。接头末端至钢筋弯起点的距离不应小于钢筋公称直径的 10 倍。钢筋连接方法有：绑扎连接、焊接连接和机械连接。

1．绑扎连接

绑扎连接需要较长的搭接长度，浪费钢筋，且连接不可靠，宜限制使用。

（1）接头设置要求

采用绑扎连接其基本要求为：同一构件中相邻纵向受力钢筋的绑扎搭接接头宜相互错开。绑扎搭接接头中钢筋的横向净距不应小于钢筋直径，且不应小于 25mm。

接头钢筋绑扎搭接接头连接区段的长度为 $1.3l_l$（l_l 为搭接长度），凡纵向受力钢筋绑扎搭接接头中点位于该连接区段长度内的搭接接头均应属于同一连接区段。同一连接区段内，纵向受力钢筋接头面积百分率为该区段内有接头的纵向受力钢筋截面面积与全部纵向受力钢筋截面面积的比值（图 3-6）。

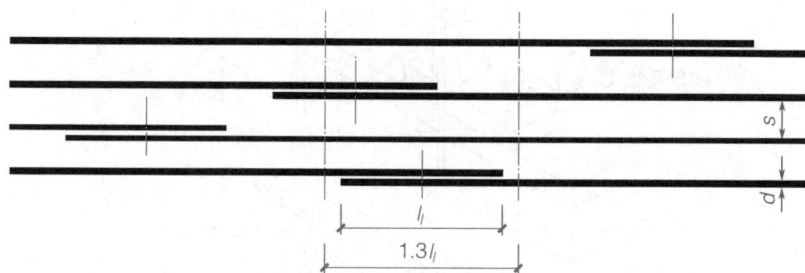

图 3-6　钢筋绑扎搭接接头连接区段及接头面积百分率

同一连接区段内，纵向受拉钢筋绑扎搭接接头面积百分率应符合下列规定：

1）梁、板类构件不宜超过 25%，基础筏板不宜超过 50%；

2）柱类构件，不宜超过 50%；

3）当工程中确有必要增大接头面积百分率时，对梁类构件，不应大于 50%；对其他构件，可根据实际情况适当放宽。

（2）钢筋绑扎应符合下列规定：

1）钢筋的绑扎搭接接头应在接头中心和两端用铁丝扎牢；

2）墙、柱、梁钢筋骨架中各垂直面钢筋网交叉点应全部扎牢，板上部钢筋网的交叉点应全部扎牢，底部钢筋网除边缘部分外可间隔交错扎牢；

3）梁、柱的箍筋弯钩及焊接封闭箍筋的对焊点应沿纵向受力钢筋方向错开设置，构件同一表面，焊接封闭箍筋的对焊接头面积百分率不宜超过 50%；

4）填充墙构造柱纵向钢筋宜与框架梁钢筋共同绑扎；

5）梁及柱中箍筋、墙中水平分布钢筋及暗柱箍筋、板中钢筋距构件边缘的距离宜为 50mm。

2．焊接连接

钢筋焊接方法较多，成本较低，质量可靠，且能节约钢材、改善结构受力性能、提高工效。常用的钢筋焊接方法有：闪光对焊、电弧焊、电渣压力焊、电阻点焊、气压焊、埋弧压力焊等。

（1）闪光对焊

钢筋闪光对焊是利用钢筋对焊机，将两根钢筋安放成对接形式，压紧于两电极之间，通过低电压强电流，把电能转化为热能，使钢筋加热到一定温度后，即施以轴向压力顶锻，产生强烈火花飞溅，形成闪光，使两根钢筋焊合在一起（图3-7）。

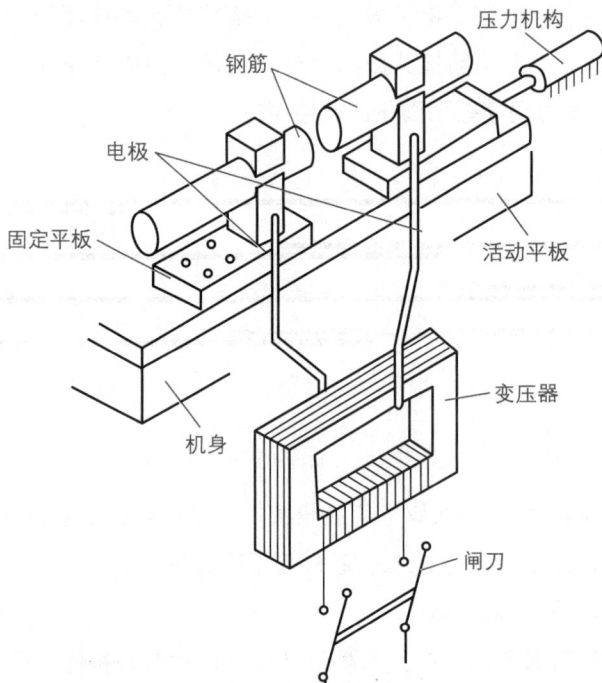

图3-7　闪光对焊

闪光对焊可应用于各种钢筋的连接、预应力钢筋与螺丝端杆的焊接，热轧钢筋的焊接宜优先用闪光对焊。闪光对焊按工艺种类可分为：连续闪光焊、预热闪光焊、闪光-预热-闪光焊和焊后通电热处理等，根据钢筋品种、直径、焊机功率、施焊部位等因素选用。

1）连续闪光焊。当钢筋直径小于25mm、钢筋级别较低、对焊机容量在80～160kV·A的情况下，可采用连续闪光焊。连续闪光焊的施工过程，包括连续闪光和轴向顶锻。

2）预热闪光焊。对于大于25mm的钢筋，且端面较平整时，可采用预热闪光焊。此法是在连续闪光焊之前，增加一个预热过程，以扩大焊接端部热影响区。预热闪光焊适用于焊接直径为 16 ~ 32mm 的 HRB400 级钢筋，直径为 12 ~ 28mm 的 RRB400 级钢筋。

3）闪光 – 预热 – 闪光焊。是在预热闪光焊前，再增加一次闪光过程，使钢筋端部预热均匀。对于 RRB400 级钢筋，因碳、锰、硅的含量较高，加上合金元素钛、钒的存在，故对氧化淬火和过热比较敏感，其焊接性能较差，关键在于掌握适当的焊接温度，温度过高或过低都会影响接头的质量。

4）通电热处理。RRB400 级钢筋对焊时，应采用预热闪光焊或闪光 – 预热 – 闪光焊工艺。当接头拉伸试验结果发生脆性断裂，或弯曲试验不能达到规范要求时，应在对焊机上进行焊后通电处理，以改善接头金属组织和塑性。通电热处理的方法是：待接头冷却至常温，将两电极钳口调至最大间距，重新夹住钢筋，采用最低的变压器级次，进行脉冲式通电加热，每次脉冲循环，应包括通电时间和间歇时间，一般为 3s；当加热至 750 ~ 850℃，钢筋表面呈桔红色时停止通电，随后在环境温度下自然冷却。

（2）电弧焊

钢筋电弧焊是钢筋接长、接头、骨架焊接、钢筋与钢板焊接等常用的方法。其工作原理是：以焊条作为一极，钢筋为另一极，利用送出的低电压强电流，使焊条与焊件之间产生高温电弧，将焊条与焊件金属熔化，凝固后形成一条焊缝。

钢筋电弧焊接头形式主要有帮条焊、搭接焊、坡口焊和熔槽帮条焊等。

1）帮条焊。帮条焊接头适用于直径 10 ~ 40mm 的 HPB300 ~ HRB400 级钢筋。焊接时，用两根一定长度的帮条，将受力主筋夹在中间，并采用两端焊点定位，然后用双面焊形成焊缝；当不能进行双面焊时，也可采用单面焊（图 3-8）。

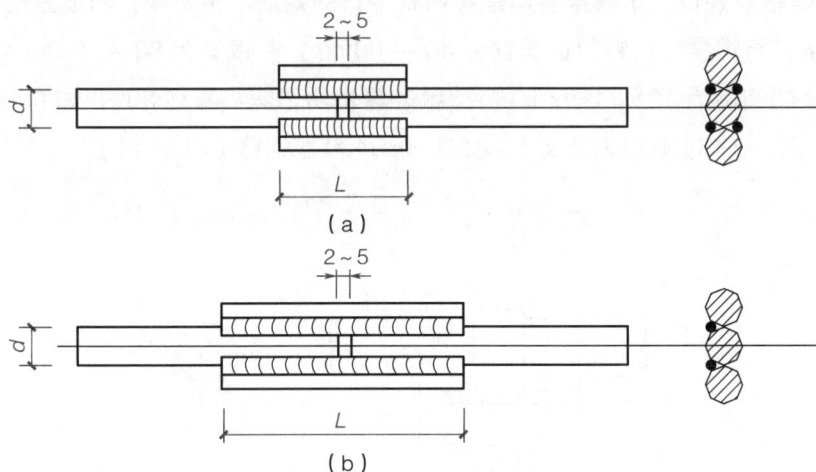

图 3-8 帮条焊
（a）双面焊；（b）单面焊

2）搭接焊。搭接焊所适用范围与帮条焊相同。焊接时，先将主钢筋的端部按搭接长度预弯，使被焊钢筋与其在同一轴线上，并采用两端点焊定位，然后用双面焊焊在一起，当双面施焊有困难时，也可采用单面焊（图3-9）。

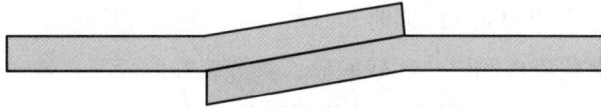

图 3-9 搭接焊

3）坡口焊。坡口焊有平焊和立焊两种接头形式。坡口平焊时，V 形坡口角度宜为 55°～65°；坡口立焊时，V 形坡口角度宜为 40°～55°，其中下钢筋宜为 0°～10°，上钢筋宜为 35°～45°。坡口焊适用于焊接直径 18～40mm 的热轧 HPB300～HRB400 级钢筋及直径 18～25mm 的余热处理 RRB400 级钢筋（图3-10）。

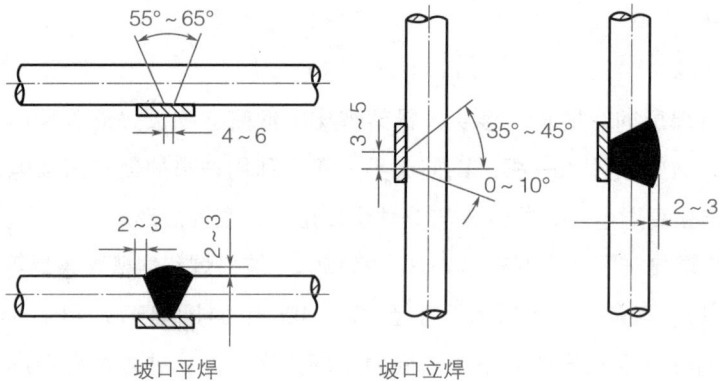

坡口平焊　　坡口立焊

图 3-10 坡口焊

4）熔槽帮条焊。熔槽帮条焊是将两根平口的钢筋水平对接，用适宜规格的角钢做帮条进行焊接。角钢的边长宜为 40～60mm，长度宜为 80～100mm。两根钢筋端面的间隙为 10～16mm。熔槽帮条焊适用于焊接直径 20～40mm 的热轧 HPB300 级、HRB400 级钢筋及余热处理 RRB400 级钢筋（图3-11）。

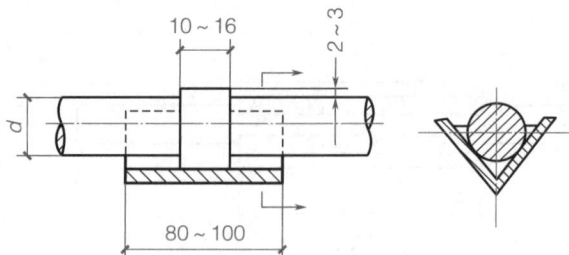

图 3-11 熔槽帮条焊

电弧焊的质量检验，主要包括外观检查和拉伸试验。

（3）电渣压力焊

钢筋电渣压力焊是将钢筋安放成竖向对接形式，利用电流通过渣池产生的电阻，在焊剂层下形成电弧过程和电渣过程，产生电弧热和电阻热，将钢筋端部熔化，然后加压使两根钢筋焊合在一起。适用于焊接直径 14 ~ 40mm 的热轧 HPB300 级钢筋。这种方法操作简单、工作条件好、工效高、成本低，比绑扎连接和帮条搭接焊节约钢筋 30%，可提高工效 6 ~ 10 倍。适用于现浇钢筋混凝土结构中竖向或斜向倾斜度在 4 : 1 以内钢筋的连接（图 3-12）。

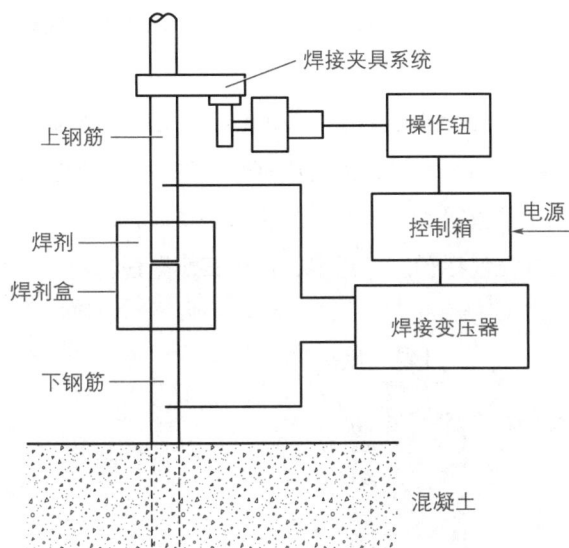

图 3-12　电渣压力焊

1）焊接设备与焊剂。电渣压力焊的设备为钢筋电渣压力焊机，主要包括焊接电源、焊接机头、焊接夹具、控制箱和焊剂盒等。电渣压力焊所用焊剂，一般采用 HJ431 型焊药。焊剂在使用前必须在 250℃温度下烘烤 2h，以保证焊剂容易熔化，形成渣池。

2）焊接参数。钢筋电渣压力焊的焊接参数，主要包括焊接电流、焊接电压和焊接通电时间，这三个焊接参数应符合规范有关规定。

3）焊接工艺。钢筋电渣压力焊的焊接工艺过程，主要包括：端部除锈、固定钢筋、通电引弧、快速施压、焊后清理等工序，具体工艺如下：钢筋调直后，对两根钢筋端部 120mm 范围内，认真地除锈和清除杂质。在焊接机头上的上、下夹具分别夹紧上、下钢筋，钢筋应保持在同一轴线上，一经夹紧不得晃动。采用直接引弧法或铁丝圈引弧法引弧。直接引弧法是通电后迅速将上钢筋提起，使两端头之间的距离为 2 ~ 4mm 引弧；铁丝圈引弧法是将铁丝圈放在上下钢筋端头之间，电流通过铁丝圈与上下钢筋端面的接触点形成短路引弧。引燃电弧后，应先进行电弧过程，然后加快上钢筋的下送速度，使钢筋端面与液态渣池接触，转变为电渣过程，最后在断电的同时，迅速下压上钢筋挤出熔化金属和熔渣。接头焊完毕，应停歇后，方可回收焊剂和卸下焊接夹具，并敲掉渣壳；四周焊包应均匀，凸出钢筋表面的高度应大于或等于 4mm。

电渣压力焊的质量检验，包括外观检查和拉伸试验。

4）电阻点焊

钢筋电阻点焊是将两根钢筋安放成交叉叠接形式，压紧于两极之间，利用电阻熔化钢材金属，加压形成焊点的一种压焊方法。混凝土结构中的钢筋焊接骨架和钢筋焊接网，宜采用电阻点焊制作（图 3-13）。电阻点焊生产效率高，节约材料，故应用广泛。

在焊接骨架中，当较小钢筋直径 ≤ 10mm 时，大、小钢筋直径之比不宜大于 3；当较小钢筋直径为 12 ~ 14mm 时，大、小钢筋直径之比不宜大于 2（较小钢筋指焊接骨架、焊接网两根不同直径钢筋焊点中直径较小的钢筋）。

电阻点焊的工艺过程包括预压、通电、锻压三个阶段。

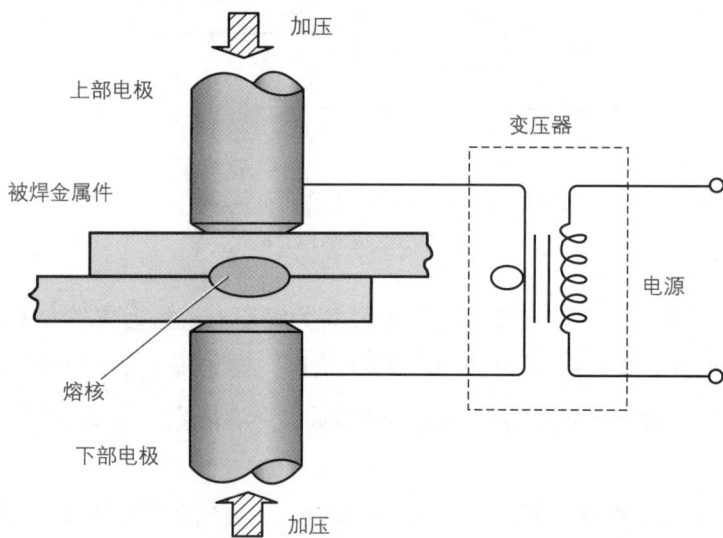

图 3-13　电阻点焊

5）气压焊

钢筋气压焊是利用氧乙炔火焰或其他火焰对两钢筋对接处加热，使其达到塑性状态或熔化状态，并施加一定压力使两根钢筋焊合。它可用于钢筋垂直位置、水平位置或倾斜位置的对接焊接，适用于焊接直径 14 ~ 40mm 的热轧 HPB300 ~ HRB400 级钢筋。

焊接设备主要包括氧、乙炔供气装置、加热器、加压器及焊接夹具等气压焊施压时，应根据钢筋直径和焊接设备等具体条件，选用适宜的加压方式，目前有等压法、二次加压法和三次加压法，常用的是三次加压法。

钢筋气压焊接头的质量检验，分为外观检查、拉伸试验和弯曲试验。

3．机械连接

钢筋机械连接是指通过连接件的机械咬合作用或钢筋端面的承压作用，将一根钢筋中的力传递至另一根钢筋的连接方法。这类连接方法具有以下优点：无明火作业，设备简单，节约能源，不受气候条件影响，可全天候施工，连接可靠，技术易于掌握。主要有钢筋套筒挤压连接、钢筋锥螺纹套筒连接和钢筋镦粗直螺纹套筒连接。

（1）钢筋套筒挤压连接

带肋钢筋套筒挤压连接是将两根待接钢筋插入钢套筒，用挤压连接设备沿径向挤压钢套筒，使之产生塑性变形，依靠变形后的钢套筒与被连接钢筋纵、横肋产生的机械咬合成为整体的钢筋连接方法（图 3-14）。

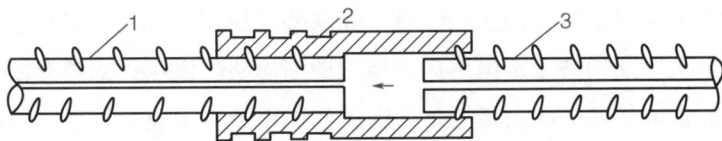

图 3-14 钢筋套筒挤压连接
1—已挤压的钢筋；2—钢套筒；3—未挤压的钢筋

这种接头质量稳定性好，可与母材等强，但操作工人工作强度大，有时液压油污染钢筋，综合成本较高。钢套筒的材料宜选用强度适中、延性好的优质钢材，钢套筒的尺寸与材料应与一定的挤压工艺配套，必须经生产厂型式检验认定。施工单位采用经过型式检验认定的套筒及挤压工艺进行施工，不要求对套筒原材料进行力学性能检验。钢筋挤压设备由压接钳、超高压泵站及超高压胶管等组成。设备以超高压泵站为动力源，体积小，重量轻，操作方便，工作可靠，可连接密集布置的钢筋，但净距必须大于 60mm。

钢套筒进场，必须有原材料试验单与套筒出厂合格证，并由该技术提供单位提交有效的型式检验报告。

钢筋套筒挤压连接开始前及施工过程中，应对每批进场钢筋进行挤压连接工艺检验。工艺检验应符合下列要求：

1）每种规格钢筋的接头试件不应少于 3 个；

2）接头试件的钢筋母材应进行抗拉强度试验；

3）3个接头试件强度均应符合现行行业标准中相应等级的强度要求，对于 A 级接头，试件抗拉强度尚应大于等于 0.9 倍钢筋母材的实际抗拉强度（计算实际抗拉强度时，应采用钢筋的实际横截面面积）。

钢筋套筒挤压接头现场检验，一般只进行接头外观检查和单向拉伸试验。

（2）钢筋锥螺纹套筒连接

钢筋锥螺纹套筒连接是将两根待接钢筋端头用套丝机做出锥形外丝，然后用带锥形内丝的套筒将钢筋两端拧紧的钢筋连接方法（图 3-15）。

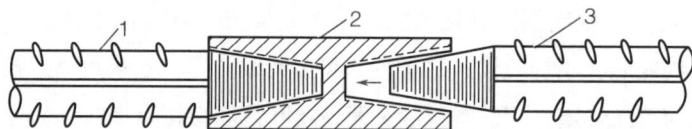

图 3-15　钢筋锥螺纹套筒连接
1—已连接的钢筋；2—锥螺纹套筒；3—待连接的钢筋

这种接头质量稳定性一般，施工速度快，综合成本较低。近年来，在普通型锥螺纹接头的基础上，增加钢筋端头预压或镦粗工序，开发出 GK 型钢筋等强锥螺纹接头，可与母材等强。

该连接方式用到以下几种施工机具：钢筋预压机用于加工 GK 型等强锥螺纹接头；钢筋镦粗机可采用液压冷锻压床，用于钢筋端头的镦粗；钢筋套丝机用于加工钢筋连接端的锥形螺纹。扭力扳手是保证钢筋连接质量的测力扳手；量规包括牙形规、卡规和锥螺纹塞规。牙形规是用来检查钢筋连接端的锥螺纹牙形加工质量的量规。卡规是用来检查钢筋连接端的锥螺纹小端直径的量规。锥螺纹塞规是用来检查锥螺纹连接套筒加工质量的量规。

（3）钢筋镦粗直螺纹套筒连接

钢筋镦粗直螺纹套筒连接是先将钢筋端头镦粗，再切削成直螺纹，然后用带直螺纹的套筒将钢筋两端拧紧的钢筋连接方法（图 3-16）。

镦粗直螺纹钢筋接头的特点：钢筋端部经冷镦后不仅直径增大，使套丝后丝扣底部横截面积不小于钢筋原截面积，而且由于冷镦后钢材强度的提高，致使接头部位有很高的强度，断裂均发生在母材，达到 SA 级接头性能的要求。这种接头的螺纹精度高，接头质量稳定性好，操作简便，连接速度快，价格适中。

该方法用到钢筋液压冷镦机、钢筋直螺纹套丝机、扭力扳手、量规（通规、止规）等。

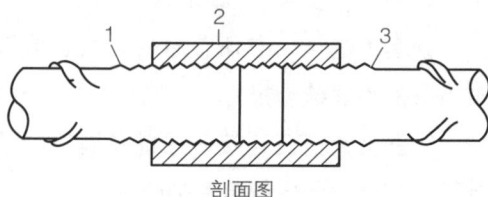

剖面图

图 3-16　钢筋直螺纹套筒连接
1—已连接的钢筋；2—直螺纹套筒；3—正在拧入的钢筋

3.2.5 钢筋的安装

1. 准备工作

（1）核对成品钢筋的钢号、直径、形状、尺寸和数量等是否与料单料牌相符。如有错漏，应纠正增补。

（2）准备绑扎用的铁丝、绑扎工具（如钢筋钩、带扳口的小撬棍），绑扎架等。

钢筋绑扎用的铁丝，可采用 20 ~ 22 号铁丝，其中 22 号铁丝只用于绑扎直径 12mm 以下的钢筋。因铁丝是成盘供应的，故习惯上是按每盘铁丝周长的几分之一来切断。

（3）准备控制混凝土保护层用的水泥砂浆垫块或塑料卡（图 3-17）。水泥砂浆垫块的厚度，应等于保护层厚度。当保护层厚度等于或小于 20mm 时，垫块的平面尺寸应为 30mm×30mm，大于 20mm 时，垫块的平面尺寸应为 50mm×50mm。当在垂直方向使用垫块时，可在垫块中埋入 20 号铁丝。塑料卡分为塑料垫块和塑料环圈，塑料垫块用于水平构件（如梁、板），在两个方向均有凹槽，以便适应两种保护层厚度。塑料环圈用于垂直构件（如柱、墙），使用时钢筋从卡嘴进入卡腔；由于塑料环圈有弹性，可使卡腔的大小能适应钢筋直径的变化。

梁钢筋安装

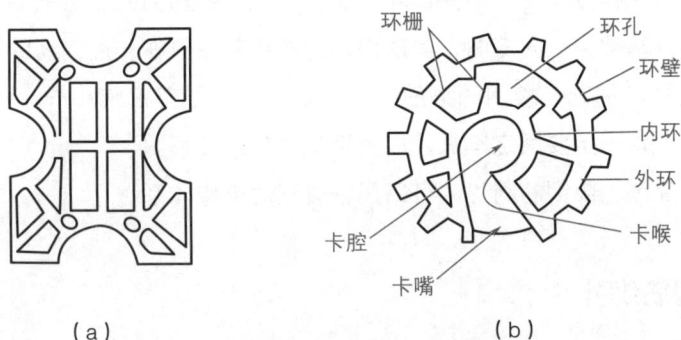

图 3-17　控制混凝土保护层用的塑料卡
（a）塑料垫块；（b）塑料环圈

（4）画出钢筋位置线。平板或墙板的钢筋，在模板上画线；柱的箍筋，在两根对角线主筋上画点；梁的箍筋，则在架立筋上画点；基础的钢筋，在两向各取一根钢筋划点或在垫层上划线。钢筋接头的位置，应根据来料规格，结合有关接头位置、数量的规定，使其错开，在模板上划线。

（5）绑扎形式复杂的结构部位时，应先研究逐根钢筋穿插就位的顺序，并与模板工讨论支模和绑扎钢筋的先后次序，以减少绑扎困难。

2．基础钢筋绑扎

（1）钢筋网的绑扎。四周两行钢筋交叉点应每点扎牢，中间部分交叉点可相隔交错扎牢，但必须保证受力钢筋不位移。双向主筋的钢筋网，则须将全部钢筋相交点扎牢。绑扎时应注意相邻绑扎点的铁丝扣要成八字形，以免网片歪斜变形。

（2）基础底板采用双层钢筋网时，在上层钢筋网下面应设置钢筋撑脚或混凝土撑脚，以保证钢筋位置正确（图 3-18）。钢筋撑脚的形式与尺寸如图 3-18 所示，每隔 1m 放置一个。其直径选用：当板厚 $h \leqslant 30cm$ 时为 $8 \sim 10mm$；当板厚 $h = 30 \sim 50cm$ 时为 $12 \sim 14mm$；当板厚 $h > 50cm$ 时为 $16 \sim 18mm$。

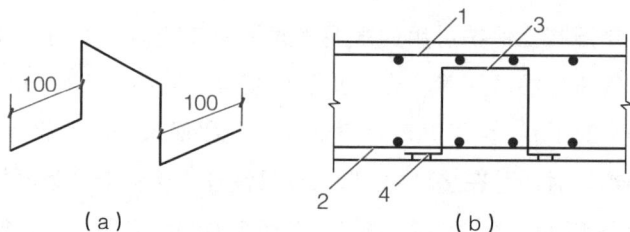

图 3-18　钢筋撑脚
（a）钢筋撑脚；（b）撑脚位置
1—上层钢筋网；2—下层钢筋网；3—撑脚；4—水泥垫块

（3）钢筋的弯钩应朝上，不要倒向一边；但双层钢筋网的上层钢筋弯钩应朝下。

（4）独立柱基础为双向弯曲，其底面短边的钢筋应放在长边钢筋的上面。

（5）现浇柱与基础连接用的插筋，其箍筋应比柱的箍筋缩小一个柱筋直径，以便连接。插筋位置一定要固定牢靠，以免造成柱轴线偏移。

（6）对厚片筏上部钢筋网片，可采用钢管临时支撑体系。

3．柱钢筋绑扎

（1）柱中的竖向钢筋搭接时，角部钢筋的弯钩应与模板成 45°（多边形柱为模板内角的平分角，圆形柱应与模板切线垂直），中间钢筋的弯钩应与模板成 90°。如果用插入式振捣器浇筑小型截面柱时，弯钩与模板的角度不得小于 15°。

（2）箍筋的接头（弯钩叠合处）应交错布置在四角纵向钢筋上；箍筋转角与纵向钢筋交叉点均应扎牢（箍筋平直部分与纵向钢筋交叉点可间隔扎牢），绑扎箍筋时绑扣相互间应成八字形。

（3）下层柱的钢筋露出楼面部分，宜用工具式柱箍将其收进一个柱筋直径，以利上层柱的钢筋搭接。当柱截面有变化时，其下层柱钢筋的露出部分，必须在绑扎梁的钢筋之前，先行收缩准确。

（4）框架梁、牛腿及柱帽等钢筋，应放在柱的纵向钢筋内侧。

（5）柱钢筋的绑扎，应在模板安装前进行。

4．墙钢筋绑扎

（1）墙（包括水塔壁、烟囱筒身、池壁等）的垂直钢筋每段长度不宜超过 4m（钢筋直径 ≤ 12mm）或 6m（直径 > 12mm），水平钢筋每段长度不宜超过 8m，以利绑扎。

（2）墙的钢筋网绑扎同基础，钢筋的弯钩应朝向混凝土内。

（3）采用双层钢筋网时，在两层钢筋间应设置撑铁，以固定钢筋间距。撑铁可用直径 6 ~ 10mm 的钢筋制成，长度等于两层网片的净距，间距约为 1m，相互错开排列（图 3-19）。

（4）墙的钢筋，可在基础钢筋绑扎之后浇筑混凝土前插入基础内。

（5）墙钢筋的绑扎，也应在模板安装前进行。

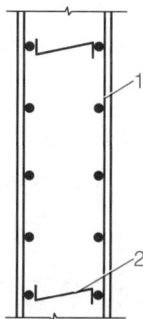

图 3-19　墙钢筋的撑铁
1—钢筋网；2—撑铁

5．梁板钢筋绑扎

（1）纵向受力钢筋采用双层排列时，两排钢筋之间应垫以直径 ≥ 25mm 的短钢筋，以保持其设计距离。

（2）箍筋的接头（弯钩叠合处）应交错布置在两根架立钢筋上，其余同柱。

（3）板的钢筋网绑扎与基础相同，但应注意板上部的负筋，要防止被踩下；特别是雨篷、挑檐、阳台等悬臂板，要严格控制负筋位置，以免拆模后断裂。

（4）板、次梁与主梁交叉处，板的钢筋在上，次梁的钢筋居中，主梁的钢筋在下（图 3-20）；当有圈梁或垫梁时，主梁的钢筋在上（图 3-21）。

（5）框架节点处钢筋穿插十分稠密时，应特别注意梁顶面主筋间的净距要不低于 30mm，以利浇筑混凝土。

（6）梁钢筋的绑扎与模板安装之间的配合关系：1）梁的高度较小时，梁的钢筋架空在梁顶上绑扎，然后再落位；2）梁的高度较大（ ≥ 1.0m）时，梁的钢筋宜在梁底模上绑扎，其两侧模或一侧模后装。

（7）梁板钢筋绑扎时应防止水电管线将钢筋抬起或压下。

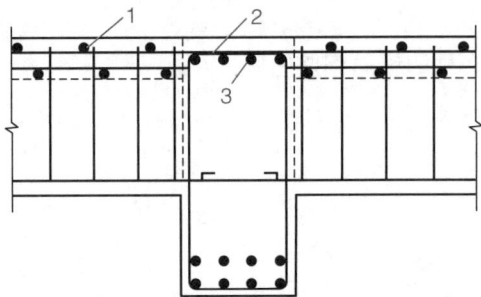

图 3-20　板、次梁与主梁交叉处钢筋
1—板的钢筋；2—次梁钢筋；3—主梁钢筋

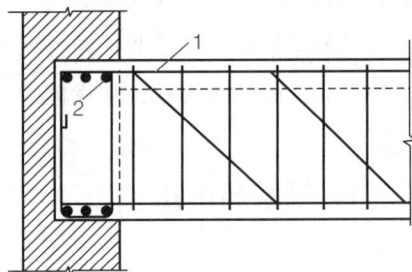

图 3-21　主梁与垫梁交叉处钢筋
1—主梁钢筋；2—垫梁钢筋

6．钢筋安装质量检验

钢筋安装完成之后，在浇筑混凝土之前，应进行钢筋隐蔽工程验收，其内容包括：

（1）纵向受力钢筋的品种、规格、数量、位置等；

（2）钢筋连接方式、接头位置、接头数量、接头面积百分率等；

（3）箍筋、横向钢筋的品种、规格、数量、间距等；

（4）预埋件的规格、数量、位置等。

钢筋隐蔽工程验收前，应提供钢筋出厂合格证与检验报告及进场复验报告，钢筋焊接接头和机械连接接头力学性能试验报告。钢筋安装允许偏差和检验方法见表 3-9。

钢筋安装允许偏差和检验方法　　　　　　　　　　表 3-9

项目		允许偏差 /mm	检验方法
绑扎钢筋网	长、宽	±10	尺量
	网眼尺寸	±20	尺量连续三档，取最大偏差值
绑扎钢筋骨架	长	±10	尺量
	宽、高	±5	尺量
纵向受力钢筋	锚固长度	−20	尺量
	间距	±10	尺量两端、中间各一点，取最大偏差值
	排距	±5	
纵向受力钢筋、箍筋的混凝土保护层厚度	基础	±10	尺量
	柱、梁	±5	尺量
	板、墙、壳	±3	尺量
绑扎箍筋、横向钢筋间距		±20	尺量连续三档，取最大偏差值
钢筋弯起点位置		20	尺量，沿纵、横两个方向量测，并取其中偏差的较大值
预埋件	中心线位置	5	尺量
	水平高差	+3，0	塞尺量测

任务 3.3 混凝土工程

混凝土结构工程在建筑施工中占主导地位,它对工程的人力、物力消耗和工期均有很大的影响。混凝土工程包括混凝土的制备、运输、浇筑、振捣、养护等施工过程。

3.3.1 混凝土的制备

混凝土的配合比是在实验室根据混凝土的配制强度经过试配和调整而确定的,称为实验室配合比。实验室配合比所用的粗、细集料都是不含水分的。而施工现场的粗、细集料都有一定的含水率,且含水率的大小随温度等条件不断变化。为保证混凝土的质量,施工中应按粗、细集料的实际含水率对原配合比进行调整。混凝土施工配合比是指根据施工现场集料含水情况,对以干燥集料为基准的"设计配合比"进行修正后得出的配合比[①]。

假定工地上测出砂的含水率为 $a\%$,石子的含水率为 $b\%$,则施工配合比为:

胶凝材料 (m'_b): $m'_b = m_b$ (3-1)

粗集料 (m'_g): $m'_g = m_g(1+b\%)$ (3-2)

细集料 (m'_s): $m'_s = m_s(1+a\%)$ (3-3)

水 (m'_w): $m'_w = m_w + m_g b\% - m_s a\%$ (3-4)

施工配料是确定每拌一次所需的各种原材料数量,它根据施工配合比和搅拌机的出料容量计算。

施工配合比确定以后,就需对材料进行称量,称量是否准确将直接影响混凝土的强度。为严格控制混凝土的配合比,搅拌混凝土时应根据计算出的各组成材料的一次投料量,采用质量准确投料。其质量偏差不得超过以下规定:胶凝材料、外掺混合材料为 ±2%;粗、细集料为 ±3%;水、外加剂溶液为 ±2%。

3.3.2 混凝土搅拌

混凝土搅拌过程就是将水、胶凝材料和粗细集料进行均匀拌和及混合的过程,通过搅拌,使材料达到塑化、强化的作用。

[①] 结合混凝土配合比融入【德育:职业规范意识、严谨细致作风】

1．搅拌方法

混凝土搅拌方法有人工搅拌和机械搅拌两种。

（1）人工搅拌

人工搅拌一般采用"三干三湿"法，即先将水泥加入砂中干拌两遍，再加入石子翻拌一遍，搅拌均匀后，边缓慢加水，边反复湿拌三遍，以达到石子与水泥浆无分离现象为准。同等条件下，人工搅拌要比机械搅拌多耗 10%～15% 的水泥，且拌和质量不稳定，只有在混凝土用量不大，而又缺乏机械设备时采用。

（2）机械搅拌

目前普遍使用的搅拌机根据其搅拌机理，可分为自落式搅拌机和强制式搅拌机两大类。

1）自落式搅拌机。自落式搅拌机的搅拌鼓筒内壁装有叶片，随着鼓筒的转动，叶片不断将混凝土拌合料提高，然后利用物料的重力自由下落，达到均匀拌和的目的。自落式搅拌机筒体和叶片磨损较小，易于清理，但搅拌力小、动力消耗大、效率低，主要用于搅拌低流动性混凝土。

2）强制式搅拌机。强制式搅拌机是利用搅拌筒内运动着的叶片强迫物料朝着各个方向运动，由于各物料颗粒的运动方向、速度各不相同，相互之间产生剪切滑移而相互穿插、扩散，从而在很短的时间内，使物料拌和均匀，其搅拌机理被称为剪切搅拌机理。

强制式搅拌机具有搅拌质量好、速度快、生产效率高及操作简便、安全等优点，但机件磨损严重，适用于搅拌干硬性或低流动性混凝土和轻集料混凝土。

2．搅拌制度

为了获得均匀、优质的混凝土拌合物，除合理选择搅拌机的型号外，还必须正确地确定搅拌制度，包括搅拌时间、进料容量及投料顺序。

（1）搅拌时间

搅拌时间是指从全部材料投入搅拌筒中起，到开始卸料为止所经历的时间。它与搅拌质量密切相关：搅拌时间过短，混凝土不均匀，强度及和易性将下降；搅拌时间过长，不但降低搅拌的生产效率，同时会使不坚硬的粗集料在大容量搅拌机中因脱角、破碎等而影响混凝土的质量。对于加气混凝土，也会因搅拌时间过长而使所含气泡减少。混凝土搅拌的最短时间[①] 见表 3-10。

---

① 结合混凝土搅拌时间控制融入【德育：国家标准、行业标准、细致严谨】

混凝土搅拌的最短时间（单位：s）　　　　　表 3-10

序号	混凝土坍落度 / mm	搅拌机机型	搅拌机出料量 /L		
			250	250 ~ 500	>500
1	40	强制式	60	90	120
	> 40 且 < 100	强制式	60	60	90
2	≥ 100	强制式	60	60	60

注：本表摘自《混凝土质量控制标准》GB 50164—2011。

（2）进料容量

进料容量是搅拌前各种材料的体积累积起来的容量，又称为干料容量。进料容量为出料容量的 1.4 ~ 1.8 倍（通常取 1.5 倍）。如进料容量超过规定容量的 10% 以上，就会使材料在搅拌筒内无充分的空间进行掺和，影响混凝土拌合物的均匀性；反之，则不能充分发挥搅拌机的效能。

（3）投料顺序①

在确定混凝土各种原材料的投料顺序时，应考虑如何保证混凝土的搅拌质量，减少机械磨损和水泥飞扬，减少混凝土的粘罐现象，降低能耗和提高劳动生产率等。目前采用的投料顺序有一次投料法、二次投料法。

1）一次投料法。这是目前广泛使用的一种方法，也就是砂、石、水泥依次进入料斗后再和水一起进入搅拌筒被搅拌。这种方法工艺简单、操作方便。当采用自落式搅拌时，常用的加料顺序是先倒石子，再加水泥，最后加砂。这种投料顺序的优点是水泥位于砂石之间，进入拌筒时可减少水泥飞扬，同时砂和水泥先进入拌筒形成砂浆，可缩短包裹石子的时间，也避免了水向石子表面聚集产生的不良影响，可提高搅拌质量。

2）二次投料法。二次投料法又可分为预拌水泥砂浆法和预拌水泥净浆法。

预拌水泥砂浆法是指先将水泥、砂和水投入搅拌筒搅拌 1 ~ 1.5min 后，加入石子再搅拌 1 ~ 1.5min。

预拌水泥净浆法是先将水和水泥投入搅拌筒搅拌 1/2 搅拌时间，再加入砂石搅拌到规定时间。

由于预拌水泥砂浆或水泥净浆对水泥有一种活化作用，因而搅拌质量明显高于一次投料法。若水泥用量不变，混凝土强度可提高 15% 左右，或在混凝土强度相同的情况下，可减少水泥用量的 15% ~ 20%。

当采用强制式搅拌机搅拌轻集料混凝土时，若轻集料在搅拌前已经预湿，则合理的加料顺序应是：先加粗、细集料和水泥搅拌 30s，再加水继续搅拌到规定时间；

---

① 结合投料顺序融入【德育：比较意识、科学精神】

若在搅拌前轻集料未经预湿，则合理的加料顺序是：先加粗、细集料和总用水量的 1/2 搅拌 60s 后，再加水泥和剩余 1/2 总用水量搅拌到规定时间。

3.3.3 混凝土运输 ······················●

混凝土运输过程中应保持其均匀性，避免产生分层离析现象，混凝土运至浇筑地点，应符合浇筑时所规定的坍落度；运输工作应保证混凝土浇筑工作连续进行；运送混凝土的容器应严密，其内壁应平整、光洁，不吸水，不漏浆，黏附的混凝土残渣应经常清除。

1. 运输时间

混凝土从搅拌机中卸出到浇筑完毕的延续时间不宜超过表 3-11 的规定，对掺用外加剂或采用快硬水泥拌制的混凝土，其延续时间应按试验确定。对于轻集料混凝土，其延续时间应适当缩短。

混凝土从搅拌机中卸出到浇筑完毕的延续时间（单位：min）　　表 3-11

混凝土生产地点	气温	
	不高于 25℃	高于 25℃
预拌混凝土搅拌站	150	120
施工现场	120	90
混凝土制品厂	90	60

2. 运输工具

混凝土的运输可分为地面水平运输、垂直运输和楼面水平运输三种方式。

（1）地面水平运输。当采用商品混凝土或运距较远时，最好采用混凝土搅拌运输车。此类车在运输过程中搅拌筒可缓慢转动进行拌和，防止混凝土的离析。当距离过远时，可装入干料在到达浇筑现场前 15 ~ 20min 放入搅拌水，能边行走边进行搅拌。

如现场搅拌混凝土，可采用载重 1t 左右、容量为 400L 的小型机动翻斗车或手推车运输。运距较远、运量又较大时，可采用皮带运输机或窄轨翻斗车。

（2）垂直运输。可采用塔式起重机、混凝土泵、快速提升斗和井架。

（3）楼面水平运输。多采用双轮手推车，塔式起重机亦可兼顾楼面水平运输，如用混凝土泵,则可采用布料杆布料。

3．搅拌运输车

混凝土搅拌运输车是一种用于长距离运送混凝土的高效能机械。它是将运送混凝土的搅拌筒安装在汽车底盘上,将混凝土搅拌站生产的混凝土拌合物装入搅拌筒内,直接运至施工现场的大型混凝土运输工具。

采用混凝土搅拌运输车应符合下列规定:

(1)混凝土必须能在最短的时间内均匀、无离析地排出,出料干净、方便,能满足施工的要求。当与混凝土泵联合运送时,其排料速度应相匹配[①]。

(2)从搅拌运输车运卸的混凝土中分别取 1/4 和 3/4 处试样进行坍落度试验,两个试样的坍落度值之差不得超过 30mm。

(3)混凝土搅拌运输车在运送混凝土时搅动转速通常为 2 ~ 4r/min;整个运送过程中拌筒的总转数应控制在 300r 以内。

(4)若采用干料由搅拌运输车途中加水自行搅拌,搅拌速度一般应为 6 ~ 18r/min;搅拌转数自混合料加水投入搅拌筒起直至搅拌结束,应控制在 70 ~ 100r/min。

(5)混凝土搅拌运输车因途中失水,到工地需加水调整混凝土的坍落度时,搅拌筒应以 6 ~ 8r/min 搅拌速度搅拌,并另外转动至少 30r/min。

4．泵送混凝土

(1)泵送混凝土的应用范围

混凝土泵是通过输送管将混凝土送到浇筑地点的一种工具。其适用于以下工程:

1)大体积混凝土工程,包括大型基础、满堂基础、设备基础、机场跑道、水工建筑等。

2)连续性强和浇筑效率要求高的混凝土工程,包括高层建筑、储罐、塔形构筑物、整体性强的结构等。

混凝土输送管道一般是用钢管制成的。管径通常有 100mm、125mm、150mm三种,标准管管长 3m,配套管有 1m 和 2m 两种,另配有 90°、45°、30°、15°等不同角度的弯管,以供管道转折处使用。

输送管的管径主要根据混凝土集料的最大粒径以及管道的输送距离、输送高度和其他工程条件决定。

---

① 结合混凝土与混凝土泵联合运送融入【德育:科学应变、团队协作】

（2）泵送混凝土应符合的规定

采用泵送混凝土应符合下列规定：

1）混凝土泵与输送管连通后，应按所用混凝土泵使用说明书的规定进行全面检查，符合要求后方能开机进行空运转。

2）混凝土泵启动后，应先泵送适量水以湿润混凝土泵的料斗、活塞及输送管内壁等直接与混凝土接触的部位。

3）确认混凝土泵和输送管中无异物后，应采取下列任意一种方法润滑混凝土泵和输送管内壁。

① 泵送水泥砂浆。②泵送 1：2 水泥砂浆。③泵送与混凝土内除粗集料外的其他成分相同配合比的水泥砂浆。

4）开始泵送时，混凝土泵应处于慢速、匀速并随时可反泵的状态。泵送速度应先慢后快，逐步加速。待各系统运转顺利后，方可以正常速度进行泵送。

5）混凝土泵送应连续进行。如必须中断，其中断时间不得超过混凝土从搅拌至浇筑完毕所允许的延续时间。

6）泵送混凝土时，活塞应保持最大行程运转。

7）泵送完毕时，应将混凝土泵和输送管清洗干净。

3.3.4 混凝土浇筑与振捣

浇筑混凝土前，必须对模板及其支架、钢筋和预埋件进行检查，并做好记录。符合设计要求后，清理模板内的杂物及钢筋上的油污，堵严缝隙和孔洞，方能浇筑混凝土[①]。

1．混凝土的浇筑

（1）混凝土自高处倾落的自由高度不应超过 2m。

（2）在浇筑竖向结构混凝土前，应先在底部填以 50 ~ 100mm 厚与混凝土内砂浆成分相同的水泥砂浆，浇筑时不得发生离析现象，当浇筑高度超过 3m 时，应采用串筒、溜管或振动溜管使混凝土下落。

（3）混凝土浇筑层的厚度应符合表 3-12 的规定。

---

① 结合混凝土浇筑技术融入【德育：大国工匠、工匠精神、行行出状元、干一行爱一行、职业认同】

混凝土浇筑层的厚度（单位：mm）　　　表 3-12

捣实混凝土的方法		浇筑层的厚度
插入式振捣		振捣器作用部分长度的 1.25 倍
表面振动		200
人工捣固	在基础、无筋混凝土或配筋稀疏的结构中	250
	在梁、墙板、柱结构中	200
	在配筋密集的结构中	150
轻集料混凝土振捣式振动	插入式振捣	300
	表面振动（振动时需加载）	200

（4）钢筋混凝土框架结构中，梁、板、柱等构件是沿垂直方向重复出现的，所以一般按结构层次来分层施工。平面上如果面积较大，还应考虑分段进行，以便混凝土、钢筋、模板等工序能相互配合、流水施工。

（5）在每一施工层中，应先浇筑柱或墙。在每一施工段中的柱或墙应该连续浇筑到顶，每一排的柱子自外向内按对称顺序进行，防止自一端向另一端推进，致使柱子模板逐渐受推倾斜。柱子浇筑完后，应停歇 1 ~ 2h，使混凝土获得初步沉实，待有了一定强度后，再浇筑梁板混凝土。梁和板应同时浇筑混凝土，只有当梁高在 1m 以上时，为了施工方便，才可以单独先行浇筑。

梁混凝土施工

（6）浇筑混凝土应连续进行。当必须间歇时，其间歇时间宜缩短，并应在前层混凝土凝结前，将次层混凝土浇筑完毕。一般情况下，混凝土运输、浇筑及间歇的全部时间不得超过表 3-13 的规定，当超过时应留置施工缝。在浇筑与柱和墙连成整体的梁和板时，应在柱和墙浇筑完后停歇 1 ~ 1.5h，再继续浇筑，梁和板宜同时浇筑混凝土，拱和高度大于 1m 的梁等结构，可单独浇筑混凝土。在混凝土浇筑过程中，应经常观察模板、支架、钢筋、预理件和预留孔洞的情况，当发现有变形、移位时，应及时采取措施进行处理。

混凝土运输、浇筑和间歇的允许时间（单位：min）　　　表 3-13

混凝土强度等级	气温	
	不高于 25℃	高于 25℃
不高于 C30	210	180
高于 C30	180	150

2．施工缝的留置

由于施工技术和施工组织上的原因，不能连续将结构整体浇筑完成，并且间歇的时间预计将超出表 3-13 规定的时间时，应预先选定适当的部位设置施工缝。施工缝的位置应设置在结构受剪力较小且便于施工的部位。

（1）施工缝的留设位置

施工缝一般宜留在结构受力（剪力）较小且便于施工的部位①。柱子的施工缝宜留在基础与柱子交界处的水平面上，或梁的下面，或吊车梁牛腿的下面、吊车梁的上面、无梁楼盖柱帽的下面。高度大于 1m 的钢筋混凝土梁的水平施工缝，应留在楼板底面下 20～30mm 处，当板下有梁托时，留在梁托下部；单向平板的施工缝，可留在平行于短边的任何位置处；对于有主次梁的楼板结构，宜顺着次梁方向浇筑，施工缝应留在次梁跨度的中间 1/3 范围内。

（2）施工缝的处理

施工缝浇筑混凝土前，应除去施工缝表面的水泥薄膜、松动石子和软弱的混凝土层，并要充分湿润和冲洗干净，不得有积水。

浇筑时，施工缝处宜先铺水泥浆（水泥：水 =1：0.4），或铺与混凝土成分相同的水泥砂浆一层，厚度为 30～50mm，以保证接缝的质量。

3．混凝土的振捣

（1）每一振点的振捣延续时间，应使混凝土表面呈现浮浆且不再沉落。

（2）当采用插入式振动器时，捣实普通混凝土的移动间距，不宜大于振捣器作用半径的 1.5 倍，如图 3-22 所示。捣实轻集料混凝土的移动间距，不宜大于其作用半径；振捣器与模板的距离，不应大于其作用半径的 0.5 倍，并应避免碰撞钢筋、模板、预埋件等；振捣器插入下层混凝土内的深度不应小于 50mm。一般每点振捣时间为 20～30s，使用高频振动器时，最短不应少于 10s，应使混凝土表面水平

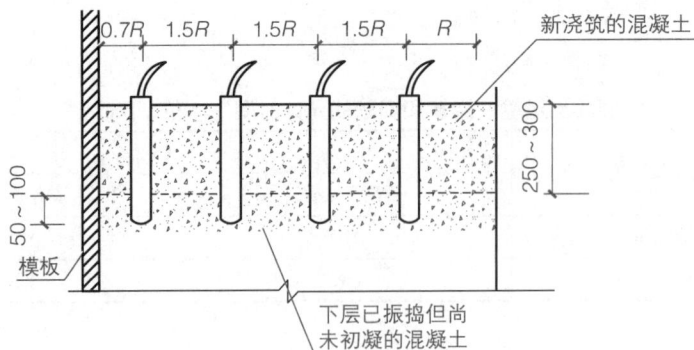

图 3-22　插入式振动器的插入深度

R—振捣器作用半径

---

① 结合施工缝留设位置融入【德育：善假于物、小人物大能量】

且不再显著下沉，不再出现气泡，表面泛出灰浆为准。振动器插点要均匀排列，可采用"行列式"或"交错式"，以图 3-23 的次序移动，不应混用，以免造成混乱而发生漏振。

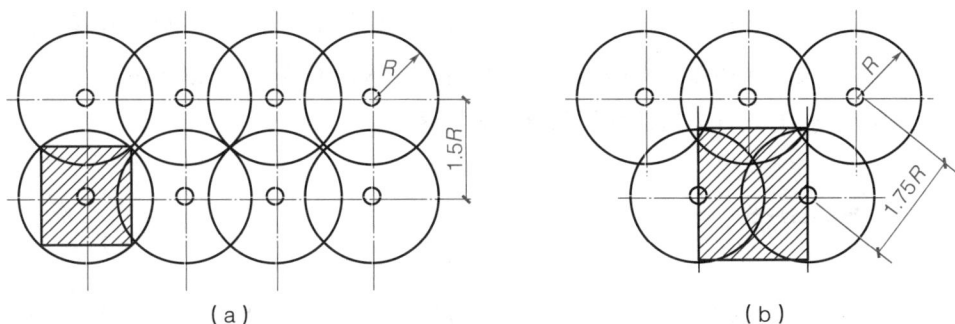

图 3-23　振捣点的布置
（a）行列式；（b）交错式
R—振捣器作用半径

（3）采用表面振动器时，在每一位置上应连续振动一定时间，正常情况下为 25 ~ 40s，但以混凝土面均匀出现浆液为准，移动时应成排依次振动前进，前后位置、排与排间应相互搭接 30 ~ 50mm，防止漏振。振动倾斜混凝土表面时，应由低处逐渐向高处移动，以保证混凝土振实。表面振动器的有效作用深度，在无筋及单筋平板中为 200mm，在双筋平板中约为 120mm。

（4）采用外部振动器时，振动时间和有效作用随结构形状、模板坚固程度、混凝土坍落度及振动器功率大小等各项因素而定。一般每隔 1 ~ 1.5m 的距离设置一个振动器。当混凝土呈水平面且不再出现气泡时，可停止振动。必要时应通过试验确定振动时间。待混凝土入模后方可开动振动器，混凝土浇筑高度要高于振动器安装部位。当钢筋较密和构件断面较深较窄时，亦可采取边浇筑边振动的方法。

外部振动器的振动作用深度在 250mm 左右，如构件尺寸较厚，需在构件两侧安设振动器同时进行振捣。

3.3.5 混凝土养护 ....●

混凝土浇筑捣实后，逐渐凝固硬化，这个过程主要由水泥的水化作用来实现，而水化作用必须在适当的温度和湿度条件下才能完成。因此，为了保证混凝土有适宜的硬化条件，使其强度不断增长，必须对混凝土进行养护[①]。

---

① 结合混凝土养护要求融入【德育：术业有专攻、精益求精】

混凝土浇筑后，如气候炎热、空气干燥，不及时进行养护，混凝土中的水分蒸发过快，易出现脱水现象，使已形成凝胶体的水泥颗粒不能充分水化，不能转化为稳定的结晶，缺乏足够的黏结力，从而会使混凝土表面出现片状或粉状剥落，影响混凝土的强度。此外，在混凝土尚未具备足够的强度时，水分过早地蒸发，还会产生较大的变形，出现干缩裂缝，影响混凝土的整体性和耐久性。因此，混凝土养护绝不是一件可有可无的事，而是一个重要的环节，应严格按照规定要求进行。

混凝土养护方法分为自然养护和蒸汽养护两种。

1．自然养护

自然养护是指利用平均气温高于5℃的自然条件，用保水材料或草帘等对混凝土加以覆盖后适当浇水，使混凝土在一定的时间内在湿润状态下硬化。

（1）开始养护时间

当最高气温低于25℃时，混凝土浇筑完毕后应在12h以内开始养护；最高气温高于25℃时，应在6h以内开始养护。

（2）养护天数

浇水养护时间的长短视水泥品种而定，硅酸盐水泥、普通硅酸盐水泥和矿渣硅酸盐水泥拌制的混凝土，不得少于7d；火山灰质硅酸盐水泥和粉煤灰硅酸盐水泥拌制的混凝土或有抗渗性要求的混凝土，不得少于14d。混凝土必须养护至其强度达到1.2MPa以后，方可在其上踩踏和安装模板及支架。

（3）浇水次数

浇水次数的标准是应使混凝土保持适当的湿润状态。养护初期，水泥的水化反应较快，需水也较多，所以要特别注意在浇筑以后前几天的养护工作。此外，在气温高、湿度低时，也应增加洒水的次数。

（4）喷洒塑料薄膜养护

将过氯乙烯树脂塑料溶液用喷枪洒在混凝土表面，溶液挥发后在混凝土表面形成一层塑料薄膜，使混凝土与空气隔绝，阻止水分的蒸发，以保证水化作用的正常进行。所选薄膜在养护完成后能自行老化脱落。在构件表面设塑料薄膜来养护混凝土，适用于不易洒水养护的高耸构筑物和大面积混凝土结构。

2．蒸汽养护

蒸汽养护就是将构件放置在有饱和蒸汽或蒸汽-空气混合物的养护室内，在较高的温度和相对湿度的环境中进行养护，以加速混凝土的硬化，使混凝土在较短的时间内达到规定的强度标准值。蒸汽养护过程分为静停、升温、恒温、降温四个阶段。

现浇混凝土工程
质量验收

（1）静停阶段

混凝土构件成型后在室温下停放养护，时间为 2 ～ 6h，以防止构件表面产生裂缝和疏松现象。

（2）升温阶段

升温阶段是构件的吸热阶段。升温速度不宜过快，以免构件表面和内部产生过大温差而出现裂纹。对于薄壁构件（如多肋楼板、多孔楼板等），每小时不得超过25℃；其他构件不得超过 20℃；用干硬性混凝土制作的构件，不得超过 40℃。

（3）恒温阶段

恒温阶段是升温后温度保持不变的阶段。此时强度增长最快，这个阶段应保持90% ～ 100% 的相对湿度；最高温度不得高于 95℃，时间为 3 ～ 5h。

（4）降温阶段

降温阶段是构件散热阶段。降温速度不宜过快，每小时不得超过 10℃，出池后，构件表面与外界温差不得大于 20℃。

任务 3.4　砌筑工程

砌体工程施工技术是传统施工工艺的一种，多用于施工砌体结构以及填充墙[①]。

砌体工程施工与其他分项工程相比，具有显著的优缺点。优点主要表现为就地取材、耐火性、稳定性较好，节约水泥和钢材，施工不需要模板和重型设备。缺点主要表现为自重大、劳动强度高、生产效率低，难以适应现代建筑工程的发展要求。因此，改进砌体工程施工工艺、改良墙体材料是目前墙体材料改革的重点。

3.4.1 砌体材料

在砌体工程施工过程中，首先进行的工作是砌体材料进场检验，除检查其合格证、产品质量检验报告和外观质量外，还应进行抽样复检，检验合格后方可使用[②]。

砌体材料主要由块体和砂浆组成。

---

① 结合砌筑的发展史融入【德育：紧跟技术更新迭代步伐、创新意识、科学精神】
② 结合砌体材料的入场检验融入【德育：有的放矢、科学精神、认真仔细】

1．块体

常用的砌筑块体主要有砖、砌块。

（1）砖

砌体工程中所用的砖主要有烧结普通砖、烧结多孔砖、烧结空心砖、蒸压灰砂空心砖等，相关技术参数见表3-14。

常用砖技术参数汇总表   表3-14

名称	主规格	强度等级
烧结普通砖	240mm×115mm×53mm	MU30、MU25、MU20、MU15、MU10
烧结多孔砖	P 型：240mm×115mm×90mm M 型：190mm×190mm×90mm	MU30、MU25、MU20、MU15、MU10
烧结空心砖	KMI 型：190mm×190mm×90mm KP1 型：240mm×115mm×90mm KP2 型：390mm×190mm×190mm	MU2.0、MU3.0、MU5.0
蒸压灰砂空心砖	NF 型：240mm×115mm×53mm 1.5NF 型：240mm×115mm×90mm 2NF 型：240mm×115mm×115mm 3NF 型：240mm×115mm×175mm	MU25、MU20、MU15、MU10、MU7.5

（2）砌块

块体主规格的高度大于 115mm 且小于 380mm 的砌块，包括普通混凝土小型空心砌块、轻集料混凝土小型空心砌块、蒸压加气混凝土砌块等，简称砌块。相关技术参数见表3-15。

常用砌块技术参数汇总表   表3-15

名称	主规格	强度等级
普通混凝土小型空心砌块	390mm×190mm×190mm	MU20、MU15、MU10、MU7.5、MU5.0
轻集料混凝土小型空心砌块	390mm×190mm×190mm	MU5.0、MU7.5、MU10.0
蒸压加气混凝土砌块	600mm×300mm×300mm 600mm×300mm×250mm 600mm×300mm×150mm	A1.0、A2.0、A2.5、A3.5、A5.0、A7.5、A10

2．砂浆

（1）砂浆的作用及其分类

砂浆是由胶凝材料、水和砂按适当比例拌和而成的。砂浆在建筑工程中是一项用量大、用途广的建筑材料，它主要用于砌筑砖结构（如基础、墙体等），也用于建筑物内外表面（墙面、地面、天棚等）的抹面。

当砂浆结硬后，可以均匀地传递荷载，保证砌体的整体性，由于砂浆填满了砖石间的缝隙，对房屋起到保温的作用。

水泥砂浆是由水泥和砂子按一定比例混合搅拌而成的，它可以配置强度较高的砂浆。水泥砂浆一般应用于基础、长期受水浸泡的地下室和承受较大外力的砌体。

混合砂浆一般由水泥、石灰膏、砂子拌和而成。一般用于地面以上的砌体。混合砂浆由于加入了石灰膏，改善了砂浆的和易性，操作起来比较方便，有利于砌体密实度和工效的提高。

在水泥砂浆中加入 3% ~ 5% 的防水剂制成防水砂浆。防水砂浆应用于需要防水的砌体（如地下室墙、砖砌水池、化粪池等），也广泛用于房屋的防潮层。

建筑工程一般使用水泥砂浆，也有用白灰砂浆。其主要特点是砂必须采用细砂或特细砂，以利于勾缝。

聚合物砂浆是一种掺入一定量高分子聚合物的砂浆，一般用于有特殊要求的砌筑物。

（2）砂浆的技术要求

1）流动性。流动性是指砂浆稀稠程度，与砂浆的加水量、水泥用量、石灰膏用量、砂的颗粒大小和形状、砂的孔隙率以及砂浆搅拌的时间等有关。

2）保水性。砂浆的保水性是指砂浆从搅拌机出料后到使用在砌体上，砂浆中的水和胶结料以及集料之间分离的快慢程度。分离快的保水性差，分离慢的保水性好。保水性与砂浆的组分配合、砂的粗细程度和密实度等有关。

3）强度。强度是砂浆的主要指标，其数值与砌体的强度有直接关系。砂浆强度是由砂浆试块的强度测定的。

水泥基预拌砌筑砂浆强度等级分为 M5、M7.5、M10、M15、M20、M25、M30；水泥混合砂浆的强度等级可分为 M5、M7.5、M10、M15。

（3）砌筑砂浆的材料

砌筑砂浆主要由水泥、塑化材料和砂等材料组成。

1）水泥

常用的水泥有硅酸盐水泥、普通硅酸盐水泥（简称普通水泥）、矿渣硅酸盐水泥（简称矿渣水泥）、火山灰质硅酸盐水泥（简称火山灰质水泥）、粉煤灰硅酸盐水泥（简称粉煤灰水泥）。此外，还有特殊功能的水泥，如高强、快硬、耐酸、耐热、耐膨胀等不同性质的水泥以及装饰用的白水泥等。

水泥强度等级按规定龄期的抗压强度和抗折强度来划分，以 28d 龄期抗压强度为主要依据。根据水泥强度等级，水泥分为 32.5、32.5R、42.5、42.5R、52.5、52.5R、62.5、62.5R 等几种。

水泥具有与水结合而硬化的特点，它不但能在空气中硬化，还能在水中硬化，并继续增长强度，因此，水泥属于水硬性胶结材料。水泥经过初凝、终凝，随后产生明显强度，并逐渐发展成坚硬的水泥石，这个过程称为水泥的硬化。

水泥必须妥善保管，不得淋雨受潮，储存时间一般不宜超过 3 个月。超过 3 个月的水泥（快硬硅酸盐水泥为 1 个月），必须重新取样送检，待确定强度后再使用。

2）塑化材料

① 石灰膏：生石灰经过熟化，用孔洞不大于 3mm×3mm 的网滤渣后，储存在石灰池内，沉淀 14d 以上；磨细生石灰粉，其熟化时间不少于 1d，经充分熟化后即成为可用的石灰膏。严禁使用脱水硬化的石灰膏。

② 电石膏：电石原属工业废料，水化后形成青灰色乳浆，经过泌水和去渣后就可使用，其作用同石灰膏。电石应进行 20min 加热至 700℃检验，无乙炔气味时方可使用。

③ 粉煤灰：粉煤灰是电厂排出的废料。在砌筑砂浆中掺入一定量的粉煤灰，可以增加砂浆的和易性。粉煤灰有一定的活性，因此能节约水泥，但塑化性不如石灰膏和电石膏。

④ 外加剂：外加剂在砌筑砂浆中起改善砂浆性能的作用，一般有塑化剂、抗冻剂、早强剂、防水剂等。

（4）砌筑砂浆的材料用量

砌筑砂浆中的水泥和石灰膏、电石膏等材料的用量可按表 3-16 选用。

砌筑砂浆的材料用量 表 3-16

砂浆种类	材料用量 /m³
水泥砂浆	200
水泥混合砂浆	350
预拌砌筑砂浆	200

注：1. 水泥砂浆中的材料用量是指水泥用量。
2. 水泥混合砂浆中的材料用量是指水泥和石灰膏、电石膏的材料用量。
3. 预拌砌筑砂浆中的材料用量是指胶凝材料用量，包括水泥和替代水泥的粉煤灰等活性矿物掺和料。

（5）影响砂浆强度的因素

1）配合比：配合比是指砂浆中各种原料的比例组合，一般由实验室提供，配合比应严格计量，要求每种材料均经过磅秤称量才能进入搅拌机。

2）原材料、原材料的各种技术性能必须经过实验室检验测定，不合格的材料不得使用。

3）搅拌时间：砂浆必须经过充分的搅拌，使水泥、石灰膏、砂等成为一个均匀的混合体。特别是水泥，如果搅拌不均匀，会明显影响砂浆的强度。

（6）砌筑砂浆的拌制

砌筑砂浆的拌制应按下述要求进行：

1）原材料必须符合要求，而且具备完整的测试数据和书面材料。

2）砂浆一般采用机械搅拌，如果采用人工搅拌，宜将石灰膏先化成石灰浆，水泥和砂均匀混合后，加入石灰浆中，最后加水调整稠度，翻拌 3 或 4 遍，直至色泽均匀，稠度一致，没有"疙瘩"为合格。

3）砂浆的配合比由实验室提供。

4）砌筑砂浆拌制以后，应及时送到作业点，要做到随拌随用。一般应在 2h 之内用完，气温低于 10℃时延长至 3h，但气温达到冬期施工条件时，应按冬期施工的有关规定执行。

3．砌筑用石材

（1）分类

1）毛石：由人工采用撬凿法和爆破法开采出来的不规格石块。一般要求在一个方向有较平整的面，中部厚度不小于 150mm，每块毛石质量为 20 ～ 30kg。在砌筑过程中一般用于基础、挡土墙、护坡、堤坝和墙体。

2）粗料石：亦称块石，形状比毛石整齐，具有近乎规则的六个面，是经过粗加工而得的成品。在砌筑工程中用于基础、房屋勒脚和毛石砌体的转角部位，或单独砌筑墙体。

3）细料石：经过选择后，再经人工打凿和琢磨而成的成品。因其加工细度的不同，可分为一细、二细等。由于细料石已经加工，形状方正，尺寸规则，因此可用于砌筑较高级房屋的台阶勒脚、墙体等，也可用作高级房屋饰面的镶贴。

（2）技术性能

部分石材的技术性能见表 3–17。

部分石材的技术性能　　　　　　　　　　　　表 3-17

石材名称	密度（kg/m³）	抗压强度（N/mm²）
花岗岩	2500 ～ 2700	120 ～ 250
石灰岩	1800 ～ 2600	22 ～ 140
砂岩	2400 ～ 2600	47 ～ 140

3.4.2 砌筑施工工艺 ●

1．砖砌体施工

砌砖施工通常包括找平、放线、摆砖样、立皮数杆、盘角、挂线、砌筑、刮缝、清理等工序。

（1）找平、放线

砌砖墙前，应在基础防潮层或楼层上定出各层的设计标高，并用 M7.5 的水泥砂浆或 C15 的细石混凝土找平，使各段墙体的底部标高均在同一水平标高上，以有利于墙体交界处的搭接施工和确保施工质量。外墙找平时，应采用分层逐渐找平的方法，确保上下两层外墙之间不出现明显的接缝。

根据龙门板上给定的定位轴线或基础外侧的定位轴线桩，将墙体轴线、墙体宽度线、门窗洞口线等引测至基础顶面或楼板上，并弹出墨线。二楼以上各层的轴线可用经纬仪或垂球（线坠）引测。

（2）摆砖样

摆砖是在放线的基础顶面或楼板上，按选定的组砌形式进行干砖试摆，应做到灰缝均匀、门窗洞口两侧的墙面对称，并尽量使门窗洞口之间或与墙垛之间的各段墙长为 1/4 砖长的整数倍，以便减少砍砖、节约材料、提高工效和施工质量。摆砖用的第一皮撂底砖的组砌一般采用"横丁纵顺"，即横墙均摆丁砖，纵墙均摆顺砖，并可按下式计算丁砖层排砖数 n 和顺砖层排砖数 N，窗口宽度为 B（mm）的窗下墙排砖数为：

$$N=（B-10）÷125 \qquad N=（B-135）÷250 \qquad (3-5)$$

两洞口间净长或至墙垛长为 L 的排砖数为：

$$N=（B+10）÷125 \qquad N=（L-365）÷250 \qquad (3-6)$$

计算时取整数，并根据余数的大小确定是加半砖、七分头砖，还是减半砖并加七分头砖。如果还出现多于或少于 30mm 以内的情况，可用减小或增加竖缝宽度的方法加以调整，灰缝宽度为 8 ~ 12mm 是允许的。也可以采用同时水平移动各层门窗洞口的位置，使之满足砖模数的方法，但最大水平移动距离不得大于 60mm，而且承重窗间墙的长度不应减少。

每一段墙体的排砖块数和竖缝宽度确定后，就可以从转角处或纵横墙交界处向两边排放砖，排完砖并经检查调整无误后，即可依据摆好的砖样和墙身宽度线，从转角处或交接处依次砌筑第一皮撂底砖。

常用的砌体组砌形式有全顺、两平一侧、全丁、一顺一丁、梅花丁和三顺一丁，如图 3-24 所示。

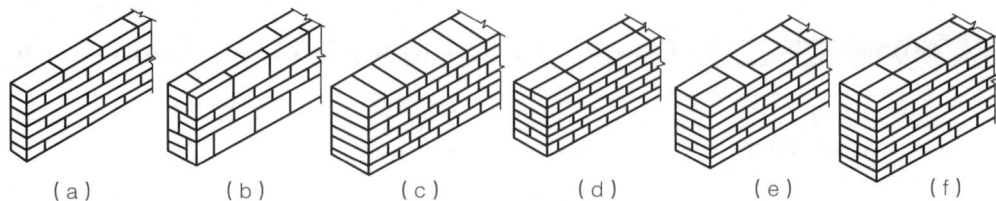

图 3-24 常用的砌体的组砌形式
（a）全顺；（b）两平一侧；（c）全丁；（d）一顺一丁；（e）梅花丁；（f）三顺一丁

（3）立皮数杆

皮数杆是指在其上画有每皮砖厚、灰缝厚以及门窗洞口的下口、窗台、过梁、圈梁、楼板、大梁、预埋件等标高位置的一种木制标杆，它是砌墙过程中控制砌体竖向尺寸和各种构配件设置标高的主要依据。

皮数杆一般设置在墙体操作面的另一侧，立于建筑物的四个大角处、内外墙交界处、楼梯间及洞口较多的地方，并从两个方向设

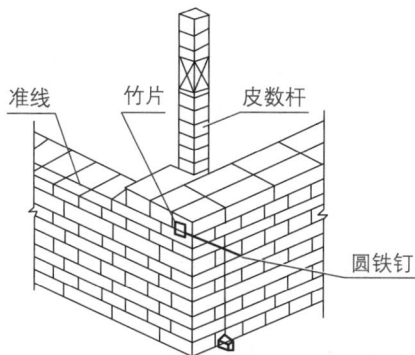

图 3-25　皮数杆设置示意图

置斜撑或用锚钉加以固定，以确保垂直和牢固，如图 3-25 所示。皮数杆的间距为 10 ~ 15m，间距超过时，中间应增设皮数杆。支设皮数杆时，要统一进行找平，使皮数杆上的各种构件标高与设计要求一致。每次开始砌砖前，均应检查皮数杆的垂直度和牢固性，以防有误。

（4）盘角

盘角又称立头角，是指墙体正式砌砖前，在墙体的转角处由高级瓦工先砌起，并始终高于周围墙面 4 ~ 6 皮砖，作为整片墙体控制垂直度和标高的依据。盘角的质量直接影响墙体施工质量，因此必须严格按皮数杆标高控制每一皮墙面高度和灰缝厚度，做到墙角方正、墙面顺直、方位准确、每皮砖的顶面近似水平，并要"三皮一靠、五皮一吊"，确保盘角质量。

（5）挂线

挂线是指以盘角的墙体为依据，在两个盘角中间的墙外侧挂通线。挂线应用尼龙线或棉线绳拴砖坠拉紧，使线绳水平、无下垂。墙身过长时，在中间除设置皮数杆外，还应砌一块"腰线砖"或再加一个细铁丝揽线棍，用以固定挂通的准线，使之不下垂和内外移动。盘角处的通线是靠墙角的灰缝卡挂的，为避免通线陷入水平灰缝内，应采用不超过 1mm 厚的小别棍（用小竹片或包装用薄钢片）别在盘角处墙面与通线之间。

（6）砌筑

砌筑砖墙通常采用"三一"法或挤浆法，并要求砖外侧的上楞线与准线平行、水平且离准线 1mm，不得冲（顶）线，砖外侧的下楞线与已砌好的下皮砖外侧的上楞线平行并在同一垂直面上，俗称"上跟线、下靠楞"；同时，还要做到砖平位正、挤揉适度、灰缝均匀、砂浆饱满。

（7）刮缝、清理

清水墙砌完一段高度后，要及时进行刮缝和清扫墙面，以利于墙面勾缝和整洁、干净。刮砖缝可采用 1mm 厚的钢板制作的凸形刮板，刮板突出部分的长度为

10 ~ 12mm，宽为 8mm。清水外墙面一般采用加浆勾缝，用 1 ∶ 1.5 的细砂水泥砂浆勾成凹进墙面 4 ~ 5mm 的凹缝或平缝；清水内墙面一般采用原浆勾缝，所以不用刮板刮缝，而是随砌随用钢溜子勾缝。下班前，应将施工操作面的落地灰和杂物清理干净。

2．框架填充墙施工

（1）基本规定

1）填充墙采用烧结多孔砖、烧结空心砖进行砌筑时，应提前 2d 浇水湿润。采用蒸压加气混凝土砌块砌筑时，应向砌筑面浇适量的水。

2）墙体的灰缝应横平竖直、厚薄均匀，并应填满砂浆，竖缝不得出现透明缝、瞎缝。

3）多孔砖应采用一顺一丁或梅花丁的组砌形式。多孔砖的孔洞应垂直面受压，砌筑前应先进行试摆。

（2）填充墙拉结筋的设置

框架柱和梁施工完后，应按设计砌筑内外墙体，墙体应与框架柱进行锚固，锚固拉结筋的规格、数量、间距、长度应符合设计要求。当设计无规定时，一般应在框架柱施工时预埋锚筋，锚筋的设置规定如下：沿柱高每 500mm 配置 $\phi6$ 钢筋伸入墙内长度，一二级框架宜沿墙全长设置，三四级框架不应小于墙长的 1/5，且不应小于 700mm，锚筋的位置必须准确。砌体施工时，将锚筋凿出并拉直砌在砌体的水平砌缝中，确保墙体与框架柱的连接。有的锚筋由于在框架柱内伸出的位置不准，施工中把锚筋打弯甚至扭转，使之伸入墙身内，从而失去了锚筋的作用，会使墙身与框架间出现裂缝。因此，当锚筋的位置不准时，将锚筋拉直用 C20 细石混凝土浇筑至与砌体模数吻合，一般厚度为 20 ~ 500mm。实际工程中，为了解决预埋锚筋位置容易错位的问题，框架柱施工时，在规定留设锚筋位置处预留铁件或沿柱高设置 $\phi6$ 预埋钢筋，进行砌体施工前，按设计要求的锚筋间距将其凿出与锚筋焊接。当填充墙长度大于 5m 时，墙顶部与梁应有拉结措施；墙高度超过 4m 时，应在墙高中部设置与柱连接的通长的钢筋混凝土水平墙梁。

（3）其他规定

1）采用轻集料混凝土小型空心砌块或蒸压加气混凝土砌块施工时，墙底部应先砌烧结普通砖或多孔砖，或现浇混凝土坎台等，其高度不宜小于 200mm。

2）卫生间、浴室等潮湿房间，在砌体的底部应现浇宽度不小于 120mm、高度不小于 100mm 的混凝土导墙，待达到一定强度后再在上面砌筑墙体。

3）门窗洞口的侧壁应用烧结普通砖镶框砌筑，并与砌块相互咬合。填充墙砌至接近梁底、板底时，应留一定的空隙，待填充墙砌筑完毕并应至少间隔 7d 后，采用烧结普通砖侧砌，并用砂浆填塞密实，以提高砌块砌体与框架间的拉结。

4）若设计为空心石膏板隔墙时，应先在柱和框架梁与地坪间加木框，木框与梁柱可用膨胀螺栓等连接，然后在木框内加设木筋，木筋的间距视空心石膏板的宽度而定。当空心石膏板的刚度及强度满足要求时，可直接安装。

3．石砌体施工

（1）料石砌块

料石基础砌体的第一皮应用丁砌层坐浆砌筑，料石砌体亦应上下错缝搭砌，砌体厚度不小于两块料石宽度时，如同皮内全部采用顺砌，每砌两皮后，应砌一皮丁砌层；如同皮内采用丁顺组砌，丁砌石应交错设置，其中距不应大于 2m。

料石砌体灰浆的厚度根据石料的种类确定：细石料砌体不宜大于 5mm；半细石料砌体不宜大于 10mm；粗石料和毛石料砌体不宜大于 20mm。料石砌体砌筑时，应放置平稳。砂浆铺设厚度应略高于规定的灰缝厚度。砂浆的饱满度应大于 80%。料石砌体转角处及交界处也应同时砌筑，必须留设临时间断时，应砌成踏步槎。

用料石和毛石或砖的组合墙中，料石砌体和毛石砌体或砖砌体应同时砌筑，并每隔 2 或 3 皮料石层用丁砌层与毛石砌体或砖砌体拉结砌合。丁砌料石的长度宜与组合墙厚度相同。

（2）毛石砌块

砌筑毛石基础的第一皮石块应坐浆，并将石块的大面向下。毛石基础的转角处与交界处应用较大的平毛石砌筑。

毛石基础的扩大部分如做成阶梯形，上级阶梯的石块应至少压砌下级阶梯石块的 1/2，相邻阶梯的毛石应相互错缝搭砌。

毛石基础必须设置拉结石。拉结石应均匀分布，且在毛石基础同皮内每隔 2m 左右设置一块。拉结石的长度：如基础宽度小于或等于 400mm，应与基础宽度相等；如基础宽度大于 400mm，可用两块拉结石内外搭接，搭接长度不应小于 150mm，且其中一块拉结石的长度不应小于基础宽度的 2/3。

4．砌筑工程施工应注意的事项

（1）不得在下列墙体或部位设置脚手架：

1）120mm 厚墙体；

2）过梁上与过梁成 60°的三角形范围及过梁净跨度 1/2 的高度范围内；

3）宽度小于 1m 的窗间墙；

4）砌体门窗洞口两侧 200mm 和转角处 450mm 范围内；

5）梁或梁垫下及其左右 500mm 范围内。

（2）施工脚手眼补砌时，灰缝应填满砂浆，不得用干砖塞砌。

（3）设计要求的洞口、管道、沟槽应于砌筑时准确留出或预埋，未经设计同意，不得打凿墙体或在墙体上开凿水平沟槽，宽度超过 300mm 洞口上部，应设置过梁（≤ 700mm 的洞口可设置钢筋砖过梁）。

（4）砂浆用砂不得含有有害杂质，含泥量要满足：水泥砂浆和强度等级不小于 M5 的水泥混合砂浆，不应超过 5%。

（5）砂浆现场拌制时，各组分材料采用质量计量。

（6）砂浆采用机械搅拌时，自投料完算起水泥砂浆和水泥混合砂浆不得少于 2min。

（7）同一检验批、同一类型、强度等级的砂浆试块不少于 3 组。每一楼层为一取样单位，砌体超过 250m³，以每 250m³ 为一取样单位，其余为一取样单位，冬期施工时要加一组同条件试块，测试检验 28d 强度。

（8）过梁底部模板在灰缝砂浆强度不低于设计强度 50% 时方可拆除。

（9）砖的抽检数量：每一生产厂家的砖到现场后，按粉煤灰砖 10 万块为一检验批，外观检查的砖样的抽检数量为 200 块，非烧结砖的取样数量为 30 块。

（10）砖砌体水平灰缝的砂浆饱满度不得小于 80%。抽检数量：每一检验批抽检不应少于 5 处。检验方法：用百格网检查砖地面与砂浆的粘结痕迹面积，每处检测 3 块砖，取平均值。

（11）砖砌体的灰缝应横平竖直，厚薄均匀，水平灰缝厚度宜为 10mm，但不应小于 8mm，也不应大于 12mm。

（12）蒸压加气混凝土砌块砌筑前应提前 2d 浇水湿润。

（13）墙底部应砌筑高度不小于 200mm 的坎台；砌筑至接近梁底或板底时应留置一定的空隙，待填充墙砌筑完并应至少间隔 7d 后，再将其补砌挤紧。

（14）当室外平均气温连续 5d 稳定低于 5℃时（当日最低气温低于 0℃时），砌体工程应采取冬期施工措施。

1）气温低于或等于 0℃条件下砌筑时，可不浇水但必须增加砂浆稠度；

2）当采用掺盐砂浆法施工时，宜将砂浆强度等级按常温施工的强度等级提高一级。

【思政提升】

本项目主要介绍了主体结构施工技术。通过本项目的学习，了解主体结构施工技术，牢固树立标准意识与规范意识，做事条理分明、实事求是，主动学习、紧跟时代技术更迭。

学习模范——
浙江建设工匠
付世淋

【课后习题】

1. 混凝土为什么需要养护？

2. 砌筑砂浆的拌制有哪些要求？

3. 试述砖砌体的砌筑工艺？

4. （单选题）《混凝土结构工程施工规范》GB 50666-2011：受力光圆钢筋末端应做 180°弯钩，弯钩的弯后平直部分长度不应小于钢筋直径的（　　）倍，作受压钢筋使用时，光圆钢筋末端可不做弯钩。

A. 3　　　　　　　　B. 5　　　　　　　　C. 10　　　　　　　　D. 12

5. （单选题）《混凝土结构工程施工规范》GB 50666-2011：框架结构的顶层端节点，对梁上部纵向钢筋、柱外侧纵向钢筋在节点角部弯折处，当钢筋直径为 28mm 以下时，弯弧内直径不宜小于钢筋直径的（　　）倍，钢筋直径为 28mm 及以上时，弯弧内直径不宜小于钢筋直径的 16 倍。

A. 6　　　　　　　　B. 10　　　　　　　　C. 12　　　　　　　　D. 16

6. （单选题）《混凝土结构工程施工规范》GB 50666-2011：钢筋的接头宜设置在受力较小处。同一纵向受力钢筋不宜设置两个或两个以上的接头。接头末端至钢筋弯起点的距离不应小于钢筋公称直径的（　　）倍。

A. 6　　　　　　　　B. 8　　　　　　　　C. 10　　　　　　　　D. 12

7. （单选题）《混凝土结构工程施工规范》GB 50666-2011：机械连接接头的混凝土保护层厚度宜符合现行国家标准《混凝土结构设计规范》GB/T 50010 中受力钢筋最小保护层厚度的规定，且不得小于（　　）mm；接头之间的横向净距不宜小于（　　）mm。

A. 10、25　　　　　　B. 15、20　　　　　　C. 15、25　　　　　　D. 20、15

8. （单选题）《混凝土结构工程施工规范》GB 50666-2011：构件交接处的钢筋位置应符合设计要求。当设计无要求时，框架节点处梁纵向受力钢筋宜置于柱纵向钢筋（　　）侧；次梁钢筋宜放在主梁钢筋（　　）侧；剪力墙中水平分布钢筋宜放在（　　）部，并在墙边弯折锚固。

A. 内、外、外　　　B. 内、内、内　　　C. 外、外、外　　　D. 内、内、外

9. （多选题）《混凝土结构工程施工规范》GB 50666-2011：除焊接封闭箍筋外，箍

筋、拉筋的末端应按设计要求做弯钩。当设计无具体要求时，应符合下列规定：
（　　）

A. 箍筋弯折处的弯弧内直径不应小于纵向受力钢筋直径的 2.5 倍

B. 对一般结构构件，箍筋弯钩的弯折角度不应小于 90°，弯折后平直部分长度不应小于箍筋直径的 5 倍；对有抗震设防及设计有专门要求的结构构件，箍筋弯钩的弯折角度不应小于 135°，弯折后平直部分长度不应小于箍筋直径的 10 倍和 75mm 的较大值

C. 圆柱箍筋的搭接长度不应小于钢筋的锚固长度，两末端均应做 135° 弯钩，弯折后平直部分长度对一般结构构件不应小于箍筋直径的 5 倍，对有抗震设防要求的结构构件不应小于箍筋直径的 10 倍

D. 拉筋两端弯钩的弯折角度均不应小于 135°，弯折后平直部分长度不应小于拉筋直径的 10 倍

10.（多选题）《混凝土结构工程施工规范》GB 50666-2011：在梁、柱类构件的纵向受力钢筋搭接长度范围内，应按设计要求配置箍筋。当设计无具体要求时，应符合下列规定：（　　）

A. 箍筋直径不应小于搭接钢筋较大直径的 0.25 倍

B. 受拉搭接区段，箍筋间距不应大于搭接钢筋较小直径的 5 倍，且不应大于 100mm

C. 受压搭接区段，箍筋间距不应大于搭接钢筋较小直径的 10 倍，且不应大于 200mm

D. 受压搭接区段，箍筋间距不应大于搭接钢筋较小直径的 10 倍，且不应大于 100mm

E. 当柱中纵向受力钢筋直径大于 25mm 时，应在搭接接头两个端面外 100mm 范围内各设置两个箍筋，其间距宜为 50mm

11.（多选题）《混凝土结构工程施工规范》GB 50666-2011：钢筋绑扎的细部构造应符合下列规定：（　　）

A. 钢筋的绑扎搭接接头应在接头中心和两端用铁丝扎牢

B. 墙、柱、梁钢筋骨架中各垂直面钢筋网交叉点应全部扎牢；板上部钢筋网的交叉点应全部扎牢，底部钢筋网除边缘部分外可间隔交错扎牢

C. 梁、柱的箍筋弯钩及焊接封闭箍筋的对焊点应沿纵向受力钢筋方向错开设置。构件同一表面，焊接封闭箍筋的对焊接头面积百分率不宜超过 50%

D. 填充墙构造柱纵向钢筋宜与框架梁钢筋共同绑扎

E. 梁及柱中箍筋、墙中水平分布钢筋及暗柱箍筋、板中钢筋距构件边缘的距离宜为 50mm

项目 4 装配式建筑工程

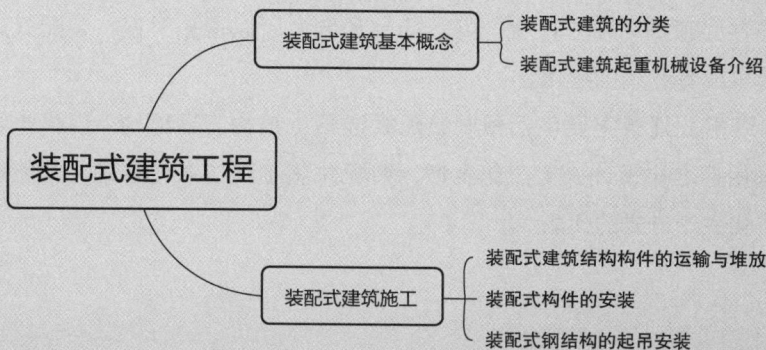

思 维 导 图

装配式建筑工程

装配式建筑基本概念
— 装配式建筑的分类
— 装配式建筑起重机械设备介绍

装配式建筑施工
— 装配式建筑结构构件的运输与堆放
— 装配式构件的安装
— 装配式钢结构的起吊安装

【学习目标】..

1. 知识目标

了解装配式建筑应用范围，掌握装配式建筑施工图的一般规定；熟知常用图例；了解装配式建筑工程发展现状。

2. 思政目标

学习国家有关施工标准，牢固树立标准意识与规范意识，做事细致全面、实事求是。

....

任务 4.1　装配式建筑基本概念

　　装配式建筑是以构件工厂预制化生产，现场装配式安装为模式，以标准化设计、工厂化生产、装配化施工，一体化装修和信息化管理为特征，整合从研发设计、生产制造、现场装配等各个业务领域，实现建筑产品节能、环保、全周期价值最大化的可持续发展的新型建筑生产方式。要实现建筑各构件的现场组装，前提条件是这些构件必须提前在工厂生产好，简称预制。所以很多时候，装配式建筑又被称作预制建筑或者建筑工业化。

　　装配式建筑主要包括预制装配式混凝土结构、钢结构、现代木结构建筑等，因为采用标准化设计、工厂化生产、装配化施工、信息化管理、智能化应用，是现代工业化生产方式的代表。

任务 4.2　装配式建筑的分类

4.2.1 按结构体系分类 ●

　　按结构体系分类，装配式混凝土结构体系可分为：装配式框架体系、装配式剪力墙体系、装配式框架 – 剪力墙体系、外墙挂板体系等。

1．外墙挂板体系

　　外墙挂板体系包括的预制部件有外墙、叠合楼板、阳台、楼梯、叠合梁等，体系特点是竖向受力结构采用现浇，外墙挂板不参与受力，预制比例一般为10%～50%，施工难度较低，成本较低，常配合大钢模施工，适用于保障房、商品房、办公建筑等高层、超高层建筑。

2．装配式框架体系

　　装配式框架体系预制部件包括柱、叠合梁、外墙、叠合楼板、阳台、楼梯等，体系特点是工业化程度高，预制比例可达80%，内部空间自由度好，室内梁柱外露，施工难度较高，成本较高，适用于 50m 以下公寓、办公楼、酒店、学校、工业厂房建筑。

3．装配式剪力墙体系

装配式剪力墙体系预制部件包括剪力墙、叠合楼板、楼梯、户隔墙等，体系特点是工业化程度高，房间空间完整，无梁柱外露，施工难度高，成本较高、可选择局部或全部预制，空间灵活度一般，适用于高层、超高层的商品房、保障房。

4．装配式框架 - 剪力墙体系

装配式框架剪力墙体系预制部件包括柱（柱模板）、剪力墙、叠合楼板、阳台、楼梯、户隔墙等，体系特点是工业化程度高，施工难度高，成本较高，室内柱外露，内部空间自由度较好，适用于高层、超高层的商品房、保障房等。

4.2.2 按结构材料分类 ●

从结构材料分类，装配式建筑大体可以分为：装配式混凝土结构（PC）、装配式钢结构、装配式木结构。

1．装配式混凝土结构

装配式混凝土结构建筑是指以工厂化生产的混凝土预制构件为主，通过现场装配的方式设计建造的混凝土结构类房屋建筑。构件的装配方法一般有现场后浇叠合层混凝土、钢筋锚固后浇混凝土连接等，钢筋连接可采用套筒灌浆连接、焊接、机械连接及预留孔洞搭接连接等做法。装配式混凝土建筑是建筑工业化最重要的方式，它具有提高质量、缩短工期、节约能源、减少消耗、清洁生产等许多优点。

装配式混凝土建筑的预制构件主要有：预制外墙、预制梁、预制柱、预制剪力墙、预制楼板、预制楼梯、预制露台等。按照预制构件的预制部位不同可以分为全预制装配式混凝土结构体系和预制装配整体式混凝土结构体系。

2．装配式钢结构

装配式钢结构建筑适宜构件的工厂化生产，可以将设计、生产、施工、安装一体化。具有自重轻、基础造价低、安装容易、施工快、施工污染环境少、抗震性能好、可回收利用、经济环保等特点，适用于软弱地基。

常见的装配式钢结构体系有：钢框架结构体系、钢框架 – 支撑结构体系、钢框架 – 延性墙板结构体系、交错桁架结构体系、门式刚架结构体系、低层冷弯薄壁型钢结构体系、分层装配式结构体系、钢管束结构体系、其他新型结构体系。

3．装配式木结构

采用工厂预制的各类标准或非标准木制结构组件，以现场装配为主要手段建造而成的结构。包括装配式纯木结构、装配式木组合结构、装配式木混合结构等。

建筑物通常按住户数、建筑物高度和面积进行分类，木结构最常见的运用是在房屋建造中，包括从独户木屋到 3 ～ 5 层的现代化房屋（可作住宅、商业设施、工业设施使用）。

任务 4.3 　常用起重机械设备介绍

装配式建筑施工起重机械设备主要有塔式起重机和自行式起重机。起重机一般由工作机构、动力装置和控制系统等部分组成。

4.3.1 塔式起重机

塔式起重机是一种具有竖立塔身、吊臂装在塔身顶部的转臂起重机。由于吊臂装于塔身顶部，形成 T 形工作空间，因而有较大的工作范围和起升高度。其利用幅度比其他起重机高，一般可达全幅度的 80%，而普通轮式和履带式起重机则不超过50%，塔式起重机在房屋建筑施工中，尤其是高层建筑中得到广泛应用，用于物料的垂直和水平运输及建筑构件的安装。图 4–1 为塔式起重机的外形图。

1．塔式起重机的选用

建筑物主体结构工程施工使用轨行式塔式起重机时，应考虑轨道中心至建筑外墙之间的距离，一般控制在 4.5 ～ 6.5m；使用外附自升塔式起重机时，应考虑被附着的框架节点的承载能力；若使用内爬式塔式起重机，则应考虑建筑物结构支承塔式起重机后的强度和稳定性。

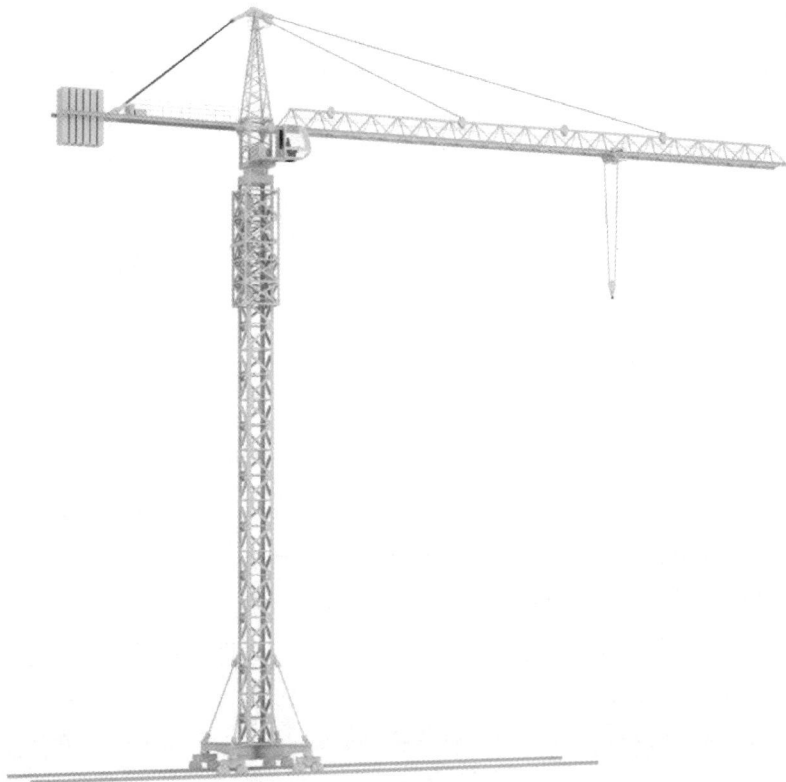

图 4-1　塔式起重机

　　塔式起重机的吊高，应是施工过程的最大吊装高度；作业回转半径，应是施工过程中要求的最远安装距离。

　　施工现场使用多台塔式起重机同时作业时，应考虑是否有障碍物，起重机的起重臂是否会发生碰撞，平衡臂是否有可靠的安全措施。

2．塔式起重机的使用

　　塔式起重机使用前，必须严格执行建筑机械试验相关规定进行试验。具体操作要求如下：

　　（1）塔式起重机的操作者和指挥者必须身体健康，经专业培训、考试合格后，持证上岗，严禁无证开机。

　　（2）作业前应检查塔式起重机的安全附件、各种安全装置是否齐全有效，并进行试运转，确认安全后，方可投入使用。

　　（3）操作人员工作时精力要集中，不做与本职工作无关的事，严禁非工作人员上机。

　　（4）行走塔式起重机上机前应清除轨道上的障碍物，收直起夹轨钳，塔式起重机在走近端部时应提前减速。

（5）起吊重物时，要先试吊，做到慢慢起钩，吊物离地面50cm时稍停，待重物稳定后再继续起升，中途停电或人员离岗，各控制器应转到零位、拉闸、锁箱。

（6）起重臂改变仰角时，必须空载进行变幅或做其他动作，严禁快速回转。

（7）塔式起重机在遇有6级以上大风或暴雨时应暂停使用，大风暴雨过后应全面检查（轨道和塔机），确认安全后方可作业；两台塔式起重机靠近作业时，应保持安全距离，吊臂不能安装在同一高度。

（8）运行中发现异常，应停机检修。检修时应拉闸、锁箱并挂设禁止合闸的警示标志或安排专人照看，行走塔吊应锁好轨钳。

（9）塔式起重机的操作者和指挥者必须熟悉《起重机　手势信号》GB/T 5082—2019，操作者必须服从指挥，并坚持"十不吊"原则，上、下吊物时均应鸣铃示警。

（10）夜间作业。工作场所应有足够的照明，视线清楚。

（11）作业完毕。吊钩升到距离起重臂2～3m位置，塔式起重机停放在轨道中部，起重臂平行于轨道方向。锁紧夹轨钳，所有控制器转到零位，切断电源，锁好开锁箱。

（12）严格执行交接班制度，并做好本机的使用、停用、维修和保养的记录。

4.3.2 自行式起重机 ··· ●

自行式起重机按底盘形式不同可分为履带式起重机、汽车起重机、轮胎式起重机和特殊底盘起重机。施工中需根据施工环境不同合理选用不同类型的起重机。以下简单介绍常见的起重机械。

1．履带式起重机

履带式起重机是一种具有履带行走装置的转臂起重机，一般可以与履带式挖掘机换装工作装置，也有专用的。其起重量和起升高度较大，常用的为10～50t，目前最大起重量达350t，最大起升高度达135m，吊臂通常是桁架结构的接长臂。由于履带接地面积大，机械能在较差的地面上行驶和作业，作业时不需支腿，可带载移动，并可原地转弯，故在建筑工地得到广泛应用，但自重大，行走速度慢（＜5km/h），转场时需要其他车辆搬运。

图4-2为履带式起重机的外形图。它由履带行走装置、回转机构、起重臂、起重滑轮组、变幅滑轮组和机棚等组成。

2．汽车起重机

按汽车起重机额定起重量的不同分为小型、中型、大型和特大型。额定起重量 12t 以下的为小型；额定起重量 15 ～ 16t 的为中型；额定起重量 65 ～ 125t 的为大型；额定起重量 125t 以上的为特大型。

汽车起重机的特点是动作灵活、操作轻便平稳、使用安全、省时、省力、起重范围大，特别适用于流动性大、场所不固定的作业。其不足之处是车身较长，转弯半径较大，工作时需打支腿，工作时只能在车的左右和后方吊装作业，限制了工作范围。

图 4-2　履带式起重机

汽车起重机根据吊臂结构分为定长臂、接长臂和伸缩臂 3 种。图 4-3 为伸缩臂式汽车起重机的外形图。回转平台上装有回转机构，通过回转支承安装在汽车专用底盘上。起重臂和变幅油缸铰接在回转平台上。4 个伸缩的液压支腿安装在车架前后的两侧，以保证吊装作业时车身的稳定。

图 4-3　伸缩臂式汽车起重机

3．轮胎式起重机

轮胎式起重机不采用汽车底盘，而另行设计轴距较小的专门底盘，行驶驾驶和起重机作业操纵集中在一个司机室内，由于轴距小，转弯半径也小，行驶方便，起重量大，并且在一定吊重范围内可以带载行驶，广泛用于建筑工地等处进行起重、安装和卸载工作。轮胎式起重机分为机械传动和液压传动两种。

图 4-4 为轮胎式起重机的外形图。它由伸缩支腿、底盘、回转机构、起升机构、

变幅油缸和伸缩臂等组成。为了增大起重机工作时的稳定性和起重能力，轮胎式起重机都设有支腿伸缩机构。

图 4-4　轮胎式起重机

任务 4.4　装配式建筑构件的运输与堆放

4.4.1 装配式预制构件的运输

预制构件的运输线路应根据道路、桥梁的实际条件确定。场内运输宜设置循环线路。运输车辆应满足构件尺寸和载重要求。预制构件混凝土强度达到设计强度时方可运输。预制外墙板宜采用竖直立放式运输，预制叠合楼板、预制阳台板、预制楼梯可采用平放运输，并正确选择支垫位置。

在运输构件时，根据构件规格、重量选用汽车和吊车，大型货运汽车载物高度从地面起不准超过 4m，宽度不得超出车厢，长度不准超出车身。装卸构件时应考虑车体平衡，避免造成车体倾覆；应采取防止构件移动或倾倒的绑扎固定措施；预制构件运输宜选用低平板车，车上应设有专用架，且有可靠的稳定构件措施。运输细长构件时应根据需要设置水平支架；对构件边角部或链索接触处的混凝土，宜采用垫衬加以保护。

运输车辆进入施工现场的道路，应满足预制构件的运输要求。卸放、吊装工作方位内不应有障碍物，并应有满足预制构件周转使用的场地。

在运输过程中要对预制构件进行保护，最大限度地消除和避免构件在运输过程中的污染和损坏。重点做好预制楼梯板的成品面防碰撞保护，可采用钉制废旧多层板进行保护。每行驶一段路程停车检查钢构件的稳定和紧固情况，发现移位、捆扎和防滑垫块松动等情况应及时处理。

4.4.2 装配式预制构件的堆放

预制构件运送到施工现场后，应按规格、品种、所用部位、吊装顺序分别设置堆场，堆放的构件，宜按安装顺序分类堆放，堆垛宜布置在吊车工作范围内且不受其他工序施工作业影响的区域。

堆放场地应平整、坚实，并应有良好的排水措施。最下层构件应垫实，预埋吊件宜向上，标识宜朝向通道便于识别。

预制叠合楼板可采用叠放方式，层与层之间应垫平、垫实，各层支垫应上下对齐，最下面一层支垫应通长设置。垫木或垫块在构件下的位置宜与脱模、吊装时的起吊位置一致。堆垛层数应根据构件与垫木或垫块的承载能力及堆垛的稳定性确定，必要时应设置防止构件倾覆的支架。预应力构件的堆放应考虑反拱的影响。屋架堆放时，可将几榀屋架绑扎成整体以增加稳定性。

预制外墙板可采用插放或靠放，堆放架应有足够的刚度，并需支垫稳固。宜将相邻堆放架连成整体，预制外墙板应外饰面朝外，连接止水条、高低口、墙体转角等薄弱部位，应采用定型保护垫块或专用式附套件作加强保护。对于外观复杂墙板宜采用插放架或靠放架直立堆放、直立运输。插放架、靠放架应有足够的强度、刚度和稳定性。采用靠放架堆放的墙板宜对称靠放、饰面朝外，倾斜角度不宜小于80°。

任务 4.5　装配式构件的安装

4.5.1 预制混凝土构件安装

1．预制混凝土梁结构安装

框架梁安装工法流程：预制梁进场并检查编号→支撑系统搭设→大梁凹槽绘制次梁梁位线→边梁安全栏杆安装→先安装预制大梁→安装预制次梁。

梁吊装前应将所有梁底标高进行统计，有交叉部分梁吊装方案根据先低后高的原则安排施工。吊装前应检查柱头支点钢垫的标高、位置是否符合安装要求。就位时找好柱头上的定位轴线和梁上轴线之间的相互关系，控制梁正确就位。

装配式预制叠合梁支撑体系宜采用可调式独立钢支撑体系。采用装配式结构独立钢支撑系统的支撑高度不宜大于4m。当支撑高度大于4m时，宜采用满堂钢管支撑脚手架体系。

吊装应按照图纸上的规定或施工方案中所确定的吊点位置，进行挂钩和锁绳。吊绳的夹角一般不得小于 45°。如使用吊环起吊，必须同时拴好保险绳。当采用兜底吊运时，必须用卡环卡牢。挂好钩绳后缓缓提升，绷紧钩绳，构件离地 50cm 左右时停止上升，认真检查吊具是否牢固，拴挂是否安全可靠，缓慢下落精确调整就位。待构件稳定后，方可进行摘钩和校正。

2．混凝土叠合板结构安装

叠合板安装工法流程：叠合板钢筋支撑安装→叠合板吊装→叠合板间缝隙处理→叠合板上部钢筋绑扎→灌浆前钢筋调整→面层混凝土浇筑。

叠合板支撑采用独立支撑模板体系和现浇部位碗口架支撑模板体系。

混凝土叠合板起吊运用模数化吊装梁进行吊装，保证吊装叠合板起吊时四个吊点均匀受力，起吊过程应缓慢、平稳。吊具和构件重心在垂直方向上重合，吊索与吊装梁水平夹角不小于 60°，吊装前对叠合板进行吊装数值计算。板吊至柱上方 30 ~ 50cm后，调整板位置使板锚固筋与梁箍筋错开便于就位，板边线基本与控制线吻合。

叠合板板缝处理：叠合板底板与墙体交界处板缝采用高强砂浆封堵。

叠合板钢筋绑扎：根据在叠合板上方钢筋间距控制线进行钢筋绑扎，保证钢筋搭接和间距符合设计要求。为确保上铁钢筋的保护层厚度，要求对已铺设好的钢筋、模板进行保护，禁止在底模上行走或踩踏，禁止随意振动、切断格构钢筋。

混凝土浇筑：混凝土浇筑前，应按相关规范对叠合板安装及现场钢筋绑扎等项目进行检查验收。在浇筑混凝土前应将插筋露出部位用胶带包裹，防止浇筑的混凝土污染钢筋接头。混凝土浇筑应从中间向两边浇筑，保证预制叠合板底板及支撑受力均匀。混凝土浇筑时注意不要移动预埋件位置，且不得污染预埋件外露连接部位。

3．预制混凝土柱结构安装

预制柱安装工法流程：场地测量与放样→柱头垫片控制高程→以样板绘制柱头梁位线→斜撑固定座锁定→柱子起吊与安装→预制柱吊装翻转→预制柱垂直度调整→斜撑固定与螺栓锁紧。

测量定位：楼面混凝土达到设计要求的强度后，清理结合面，测量定位控制轴线、预制柱定位边线及 20cm 控制线，并做好标识。

预留钢筋校正：对板面预留竖向钢筋进行复核，检查预留钢筋位置、垂直度、钢筋预留长度是否准确，对不符合要求的钢筋进行校正，对偏位的钢筋进行调整。

柱头垫片控制高程：每个预制柱下部四个角部位根据实测数值放置垫片，进行标高找平。垫片安装应注意避免堵塞注浆孔及灌浆联通腔，并防止垫片移位。

斜撑的固定座锁定：柱斜撑扣环扣紧，每根柱至少有两根斜撑。

柱子起吊与安装：先用软性垫片置于柱底，防止柱底部混凝土破坏、连接灌浆套筒损坏。吊装施工前核对预制柱型号、尺寸，检查质量无误后，由专人负责挂钩，待挂钩人员撤离至安全区域时，由信号工确认构件四周安全情况后进行试吊，指挥缓慢起吊。起吊到距离地面约 50cm 左右时，再次进行起吊装置安全确认，确认安全后才可继续起吊作业。预制柱吊运至施工楼层距离楼面 20cm 时，稍作停顿，按楼地面上已标示的预制柱定位线扶稳预制柱，并通过小镜子检查预制柱下口套筒与连接钢筋位置是否对准，检查合格后缓慢落钩，使预制柱落至找平垫片上就位放稳。

安装斜支撑：装配体系预制柱就位后，采用长短两条斜向支撑临时固定预制柱。调整短支撑调节柱位置，调整长支撑以调整柱垂直度。用撬棍拨动预制柱，用铅锤、靠尺校正柱体的位置和垂直度，并可用经纬仪进行检查。经检查预制柱水平定位、标高及垂直度调整准确无误后紧固斜向支撑，卸去吊索卡环。

在安装下一层预制柱前，柱顶部纵向钢筋留出自由端高度，因为柱纵向钢筋自由端较长，在后续钢筋绑扎、混凝土浇捣作业中容易产生偏位。为了避免钢筋偏位后无法与下一层预制柱的预留套筒连接，在预制柱吊装完毕后应安装纵向钢筋定位套箍，固定柱顶部纵向钢筋位置。

4．预制混凝土剪力墙结构安装

剪力墙安装工法流程：吊装前测量控制→钢筋绑扎及墙板吊装→墙板校正及灌浆操作→墙模板施工→墙体混凝土浇筑→大钢模板拆除→墙体放线清理→水平支撑搭设→水平模板支设→吊叠合板→电气预留预埋施工→顶板混凝土浇筑。

测量控制：在已施工完成的楼层板面上放出预制墙体定位边线及 20cm 控制线，并做好 20cm 控制线的标识，在预制墙体上弹出 100cm 水平控制线。方便施工操作及墙体控制。

钢筋绑扎与墙板吊装：预制外墙板相邻两板之间的连接，可设置预埋件焊接或螺栓连接形式，在外墙板上、中、下各设 1 个连接端点，控制板与板之间的位置。装配体系预制墙板就位后，采用长短两条斜向支撑将预制墙板临时固定。斜向支撑主要用于固定、调整预制墙体，确保预制墙体安装垂直度，加强预制墙体与主体结构的连接，确保灌浆和后浇混凝土浇筑时墙体不产生位移。

墙板校正：墙体就位后通过调节工具式埋件，完成墙体标高、轴线及垂直度的精确调节。采用定位调节工具对预制墙板微调。调整短支撑调节墙板位置，调整长支撑以调整墙板垂直度，用撬棍拨动墙板，用铅锤、靠尺校正墙板的位置和垂直度，并随时用检测尺进行检查。经检查预制墙板水平定位、标高及垂直度调整准确无误后紧固斜向支撑，卸去吊索卡环。与预制外墙板连接的临时调节杆、限位器应在混凝土强度达到设计要求后方可拆除。

灌浆操作：每块墙板应安装不少于 2 个定位七字码，间距不大于 4m。七字码安装定位需注意避开预制墙板灌、出浆孔位置，以免影响灌浆作业。根据构件结构特点、施工环境温度条件等因素，确定采用水平缝坐浆的单套筒灌浆、水平缝联通腔封缝的多套筒灌浆、水平缝联通腔分仓封缝的多套筒灌浆等施工方案，并以实际样品构件、施工机具、灌浆材料等进行方案验证，确认后实施。

5．预制混凝土其他结构安装

凸窗、阳台、楼梯、部分梁构件等同一构件上吊点高低有所不同时，低处吊点采用葫芦进行拉接，起吊后调平，落位时采用葫芦紧密调整标高。

楼梯吊至梁上方 30～50cm 后，调整楼梯位置使上下平台锚固筋与梁箍筋错开，板边线与控制线吻合。

吊装混凝土屋架时，宜一次平稳就位，并应根据屋架跨度、刚度确定吊索绑扎形式及加固措施。

6．预制构件的连接

装配整体式结构中，根据接头受力、施工工艺等不同情况，可包含以下连接方式：钢筋套筒灌浆连接、焊接连接、浆锚搭接连接、机械连接、螺栓连接、栓焊混合连接、绑扎连接、混凝土连接等。

构件连接的节点构造及钢筋布设包括混凝土叠合楼（屋）面板的节点构造、叠合梁、预制柱的节点构造、预制剪力墙节点构造。

4.5.2 装配式钢结构的起吊安装 ························· ●

1．单层钢结构安装

（1）单层钢结构安装一般规定

1）单层钢结构安装工程可按变形缝和空间刚度单元等划分成一个或若干个检验批。地下钢结构按地下层数划分检验批。

2）钢结构安装检验批应在进场验收和焊接连接、紧固件连接及制作等分项工程验收合格的基础上进行验收。

3）安装的测量校正、高强度螺栓安装、负温度下施工及焊接工艺等，应在安装前进行工艺试验或评定，并应在此基础上制定相应的施工工艺或方案。

4）安装偏差的检测，应在结构形成空间刚度单元连接固定后进行。

5）安装时，必须控制屋面、楼面、平台等的施工荷载和冰雪荷载等，严禁使其超过桁架、楼面板、屋面板、平台铺板等的承载能力。

6）在形成空间刚度单元后，应及时对柱底板和基础顶面的空隙进行细石混凝土和灌浆料等二次浇灌。

7）起重机梁或直接承受动力荷载的梁受拉翼缘、起重机桁架或直接承受动力荷载的桁架，其受拉弦杆上不得焊接悬挂物和卡具等。

（2）吊装方法的选择

装配式钢结构构件吊装过程中常用的方法有节间吊装法、分件吊装法和综合吊装法，其具体内容见表 4-1。

常用吊装方法及优缺点　　　　　　　　　　　　　　　　　表 4-1

方法	内容	优缺点
节间吊装法	起重机在厂房依次吊完一个节间各类型构件，即先吊完节间柱，并立即校正、固定、灌浆，然后吊装地梁、柱间支撑、墙梁（连续梁）、起重机梁、走道板、柱头系杆（托架）、屋架、天窗架、屋面支撑系统、屋面板和墙板等构件，一个（或几个）节间的构件全部吊装完后，起重机再向前移至下一个（可几个）节间，再吊装下一个（或几个）节间全部构件，直至吊装完成	优点：起重机开行路线短，停机一次至少吊完一个节间，不影响其他工序，可进行交叉平行流水作业，缩短工期；构件制作和吊装误差能被及时发现并加以纠正；吊完一个节间，校正固定一个节间，结构整体稳定性好，有利于保证工程质量。 缺点：需用起重量大的起重机同时吊各类构件，不能充分发挥起重机效率，无法组织单一构件连续作业；各类构件必须交叉配合，场地构件堆放过密，吊具、索具更换频繁，准备工作复杂；校正工作零碎、困难，柱子固定需一定时间，难以组织连续作业，拖长吊装时间，吊装效率较低；操作面窄，较易发生安全事故
分件吊装法	采用分件吊装法时，应先将构件按其结构特点、几何形状及其相互联系进行分类。同类构件按顺序一次吊装完后，再进行另一类构件的安装，如起重机一次开行中先吊装厂房内所有柱子，待校正、固定并灌浆后，依次按顺序吊装地梁、柱间支撑、墙梁、起重机梁、托架（托梁）、屋架、天窗架、屋面支撑和墙板等构件，直至整个建筑物吊装完成。屋面板的吊装有时在屋面上单独用 1～2 台的桅杆或屋面小起重机来进行	优点：起重机在一次开行中仅吊装一类构件，吊装内容单一，准备工作简单，校正方便，吊装效率高；柱子有较长的固定时间，施工安全；与节间法相比，可选用起重量小一些的起重机吊装，可利用改变起重臂杆长度的方法，分别满足各类构件吊装起重量和起升高度的要求，能有效发挥起重机的效率，构件可分类在现场顺序预制、排放，场外构件可按先后顺序组织供应；构件预制吊装、运输、排放条件好，易于布置。 缺点：起重机开行频繁，增加机械台班费用；起重臂长度改换需一定时间，不能按节间尽早为下道工序创造工作面，阻碍了工序的穿插，吊装工期相对较长，屋面板吊装需要辅助机械设备
综合吊装法	此法是将全部或一个区段的柱头以下部分的构件用分件法吊装，即柱子吊装完毕后并校正固定，待柱杯口二次灌浆混凝土达到 70% 设计强度后，再按顺序吊装地梁、柱间支撑、起重机梁走道板、墙梁、托架（托梁），接着逐个节间综合吊装屋面结构构件，包括屋架、天窗架、屋面支撑系统和屋面板等构件	本法保持了节间吊装法和分件吊装法的优点，而避免了其缺点，能最大限度地发挥起重机的能力和效率，缩短工期，是实际施工中运用最多的一种方法

（3）钢柱基础浇筑

为确保地脚螺栓位置准确，施工时可用钢材做固定架，将地脚螺栓安置在与基础模板分开的固定架上，为保证地脚螺栓螺纹不受损伤，应涂黄油并用套子套住。为保证基础顶面标高符合设计要求，可根据柱脚形式和施工条件，采用一次浇筑法或二次浇筑法。

一次浇筑法：将柱脚基础支承面混凝土一次浇筑到设计标高。为了保证支承面标高准确，首先将混凝土浇筑到比设计标高低 20～30mm 处，然后在设计标高处设角钢或槽钢制导架，准确测量其标高，再以导架为依据用砂浆精确找平到设计标高。采用一次浇筑法，可免除柱脚二次浇筑的工作，但要求钢柱制作十分精确，且要保证细石混凝土与下层混凝土的紧密粘结。

二次浇筑法：柱脚支承面混凝土分两次浇筑到设计标高。第一次将混凝土浇筑到下层混凝土。比设计标高低 40～60mm 处，待混凝土达到一定强度后，放置钢垫板并精确校准钢垫板的标高，然后吊装钢柱。当钢柱校正后，在柱脚底板下浇筑细石混凝土。二次浇筑法虽然多了一道工序，但钢柱容易校正，故重型钢柱多采用此法。

（4）施工安装步骤

钢构件施工安装步骤应根据建筑的特点和选用的吊装方法来制定，不同的吊装方法对应不同的安装步骤。在安装过程中必须保证结构形成稳定的结构体系，还不会引起钢构件的变形。

1）采用节间吊装方法的安装步骤

① 从有柱间支撑的节间开始，先安装四根钢柱及其间的柱间支撑，使之形成稳定体系。

② 再安装此两柱间的屋面梁及次结构构件，这样就形成了一个稳定的安装单元。

③ 最后扩展安装，依次安装钢柱、起重机梁、屋面梁等构件。安装屋面梁时尽量整体吊装，不能整体吊装的屋面梁在保证刚架整体稳定性、施工安全性和方便安装的前提下合理分段吊装。如果跨间较长，也可从中间开始顺序安装两榀刚架、柱间梁、屋面斜梁、支撑、檩条，使两榀刚架与中隔墙连成整体，形成稳定的空间体系，再向两端延伸。当山墙墙架宽度较小时，可先在地面拼装好，整体起吊安装。

2）采用分件安装方法的安装步骤

① 先吊装钢柱，钢柱吊装完成后，校正、固定并灌浆。

② 依次按顺序吊装地梁、柱间支撑、柱间系杆、墙梁、起重机梁、托架（托梁）、屋架、屋面系杆、天窗架、屋面支撑、屋面板、墙板等构件，直至整个建筑物吊装完成。

3）采用综合吊装法的安装步骤

① 先吊装钢柱，吊装完毕后校正固定，钢柱杯口二次灌浆。

② 二次灌浆混凝土达到 70% 的设计强度后，按顺序吊装地梁、柱间支撑、起重机梁走道板、墙梁、托架（托梁）。

③ 逐个节间综合吊装屋面结构构件，包括屋架、天窗架、屋面支撑系统和屋面板等构件。

2．多层及高层钢结构安装

（1）钢结构安装条件及要求

1）钢结构的安装程序必须确保不会导致结构的永久变形，不影响结构的稳定性。

2）经检查，安装支座或基础验收均合格。

3）构件安装前应清除附在表面上的灰尘、冰雪、油污和泥土等杂物。

4）钢结构构件的安装程序应保证成套供应。现场堆放场地能满足现场拼装及顺序安装的需要。

5）构件在工地制孔、组装、焊接和铆接以及涂层等的质量要求均应符合有关规定。

6）检查构件在装卸、运输及堆放中有无损坏或变形。损坏或变形的构件应予以校正或重新加工。被碰坏损的防腐底漆应补涂，并再次检查办理验收合格。

（2）多层及高层钢构件吊装方法的选择

多层及高层钢构件常采用综合和分件吊装两种方法，主要内容见表 4-2。

吊装方法的分类

表 4-2

吊装方法	主要内容	适用范围
综合吊装	（1）用 1 ~ 2 台履带式起重机在跨内开行，起重机在一个节间内将各层构件一次吊装到顶，并由一端向另一端开行，采用综合法逐间逐层把全部构件安装完成。 （2）一台起重机在所在的跨用综合吊装法，其他相邻跨采用分层分段流水吊装进行。为了保证已吊装好结构的稳定，每一层结构构件吊装均在下一层结构固定完毕和接头混凝土强度等级达到设计强度 70% 后进行。同时应尽量缩短起重机往返行驶路线，并在吊装中减少变幅和更换吊点的次数，妥善考虑吊装、校正、焊接和灌浆工序的衔接，以及工人操作方便和安全	适用于构件重量较大和层数不多的框架结构吊装
分件吊装	用一台塔式起重机沿跨外侧或四周开行、逐类构件依次分层吊装。根据流水方式，可分为分层分段流水吊装和分层大流水吊装两种： （1）分层分段流水吊装是指将每一楼层（柱为两层一节时，取两个楼层为一个施工层）根据劳动力组织（安装、校正、固定、焊接及灌浆等工序的衔接）以及机械连接作业的需要，分为 2 ~ 4 段进行分层流水作业。 （2）分层大流水吊装是指不分段进行分层吊装	适用于面积不大的多层框架吊装

（3）钢柱基础要求

1）钢结构安装前应对建筑物的定位轴线、基础轴线和标高、地脚螺栓位置、规格等进行检查，并应进行基础检测和办理交接验收。当基础工程分批进行交接时，每次交接验收不应少于一个安装单元的柱基基础，并应符合下列规定：

① 基础混凝土强度达到设计要求。

② 基础周围回填夯实完毕。

2）基础标高的调整应根据钢柱的长度、钢牛腿和柱脚距离来决定基础标高的调整数值。

通常，基础标高调整时，双肢柱设两个点，单肢柱设一个点，其调整方法如下：根据标高调整数值，用压缩强度为 55MPa 的无收缩水泥砂浆制成无收缩水泥砂浆标高控制块，用无收缩水泥砂浆标高控制块进行调整，标高调整的精度较高（可达±1mm 以内）。

（4）施工安装步骤

1）采用综合吊装法的安装步骤

① 从一端或中间有柱间支撑处开始安装一节柱，先安装四根柱及其柱间的主梁、次梁，并使之形成稳定体系。

② 依次向另一端由下向上逐层安装钢柱、主梁、次梁。

③ 安装与楼层配套的楼梯，方便以上楼层施工安装。

④ 安装第一节柱间的楼承板。

⑤ 按以上次序循环安装第二节柱及其柱间的主梁、次梁、配套的楼梯、楼承板。

2）采用分件吊装法的安装步骤

① 安装第一节钢柱。

② 由下向上安装与第一节钢柱间的主梁、次梁。

③ 安装与楼层配套的楼梯。

④ 安装第一节钢柱间的楼层板。

⑤ 依据以上次序逐节逐层向上安装。

（5）钢构件安装

1）钢柱安装

① 钢柱吊装。起吊时钢柱应垂直，尽量做到回转扶直，在起吊回转过程中，应避免同其他已经安装的构件相撞。吊索应预留有效的高度，起吊扶直前将登高爬梯和挂篮等挂设在钢柱预定位置上，并绑扎牢固，就位后临时固定地脚螺栓，校正垂直度；柱接长时，上节钢柱对准下节钢柱的顶中心，然后用螺栓固定钢柱两侧临时固定用连接板，钢柱安装到位，对准轴线，临时固定牢固后才能松开钩子。

② 钢柱校正。钢柱校正主要是控制钢柱的水平标高、T 字轴线位置和垂直度，在整个过程中以测量为主，并应满足以下要求：

每根钢柱需重复多次校正和观测垂直偏差值。先在起重机脱钩后用电焊钳进行校正；由于点焊时钢筋接头冷却收缩会使钢柱偏移，点焊完成后需二次校正；梁、板安装后需再次校正。对数层一节的长柱，在每层梁安装前后均需校正，以免产生误差累积。

当下柱出现偏差，一般在上节柱的底部就位时，可对准下节柱中心线和标准中心线的中点各借 1/2，而上节柱的顶部仍应以标准中心线为准。

柱子垂直度允许偏差为 $h/100$（h 为柱高），但不大于 20mm。中心线对定位轴线的位移不得超过 5mm，上、下柱接口中心线位移不得超过 3mm。

多节钢柱校正比普通钢柱校正更为复杂，实际操作中要对每根钢柱下节柱重复多次校正。

2）钢构件接头施工

钢结构现场接头主要是柱与柱、柱与梁、主梁与次梁、梁拼接、楼梯及支撑等，主要采用栓焊结合的方式连接。接头形式、焊缝等级要符合设计图纸的要求。

① 多层、高层钢结构的现场焊接顺序应按照力求减少焊接变形和降低焊接应力的原则加以确定。

在平面上，从中心框架向四周扩展焊接。先焊收缩量大的焊缝，再焊收缩量小的焊缝，对称施焊。同一根梁的两端不能同时焊接（先焊一端，待其冷却后再焊另一端）。

② 当节点或接头采用腹板栓接、翼缘焊接形式时，翼缘焊接宜在高强度螺栓终拧后进行。

③ 钢柱之间常用坡口电焊连接。上节柱和梁经校正及固定后再进行柱接头焊接。柱与柱接头焊接宜在本层梁与柱连接完成之后进行。施焊时应由两名焊工在相对称位置以相等速度同时施焊。

单根箱形柱节点的焊接顺序如图 4-5 所示。由两名焊工对称、逆时针转圈施焊。起始焊点距柱棱角 50mm，层间起焊点互相错开 50mm 以上，直至焊接完成。焊至转角处时放慢速度，保证焊缝饱满。焊接结束后，将柱连接耳板割除并打磨平整。

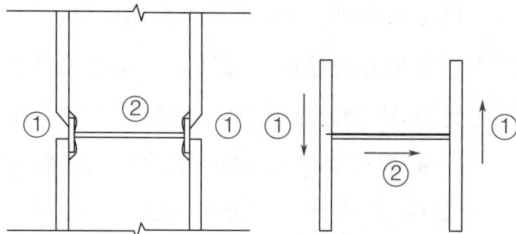

H 形钢柱节点的焊接顺序如图 4-6 所示，先焊翼缘焊缝，再焊腹板焊缝，翼缘板焊接时两名焊工对称、反向焊接。

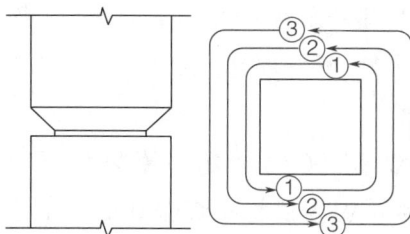

图 4-5　单根箱形柱节点的焊接顺序　　　　图 4-6　H 形钢柱节点焊接顺序

163

④ 主梁与钢柱的连接一般为刚接，上下翼缘用坡口电焊连接，腹板用高强度螺栓连接。

柱与梁的焊接顺序为：先焊接顶部梁柱节点，再焊接底部梁柱节点，最后焊接中间部分梁柱节点；单根梁与柱接头的焊缝，宜先焊梁的下翼缘，再焊其上翼缘，上、下翼缘的焊接方向相反。

梁、柱接头的焊接通常在梁上、下翼板焊缝位置设有垫板，为保证起始焊缝质量，垫板长度宜宽出梁翼板 3 倍焊缝的厚度。梁宽 200m，焊缝厚度设计要求为 10mm，则垫板长度宜为 200+10×3×2=260mm。

⑤ 对于板厚大于或等于 25mm 的焊缝接头，用多头烤枪进行焊前预热和焊后的热处理预热温度为 60 ~ 150℃，后热温度为 200 ~ 300℃，恒温 1h。

⑥ 手工电弧焊时，当风速大于 5m/s（五级风），气体保护焊时，当风速大于 3m/s（二级风），均应采取防风措施方能施焊，雨天应停止焊接。

⑦ 焊接工作完成后，焊工应在焊缝附近打上自己的钢印。焊缝应按要求进行外观检查和无损检测。

⑧ 次梁与主梁的连接一般为铰接，基本上在腹板处用高强度螺栓连接，只有少量再在上、下翼缘处用坡口电焊连接。

3）钢梯、钢平台和防护栏安装

① 钢直梯安装

钢直梯应采用性能不低于 Q235A·F 的钢材。

梯梁应采用不小于 L50×50×5 的角钢或 −60×8 的扁钢。

踏棍宜采用不小于 ϕ20 的圆钢，间距宜为 300mm，等距离分布。

支撑应采用角钢、钢板或钢板组焊成的 T 型钢制作，埋设或焊接时必须牢固可靠。

无基础的钢直梯至少焊两对支撑，支撑竖向间距不宜大于 3000mm，最下端的踏棍距基准面距离不宜大于 450mm。

钢直梯每组踏棍的中心线与建筑物或设备外表面之间的净距离不得小于 150mm。

侧进式钢直梯中心线至平台或屋面的距离为 380 ~ 500mm，梯梁与平台或屋面之间的净距离为 180 ~ 300mm。

梯段高度超过 300mm 时应设护笼，护笼下端距基准面为 2000 ~ 2400mm，护笼上端高出基准面应与《固定式钢梯及平台安全要求　第 3 部分：工业防护栏杆及钢平台》GB 4053.3—2009 中规定的栏杆高度一致。

护笼直径为 700mm，其圆心距踏棍中心线为 350mm。水平圈采用不小于 −40×4 的扁钢，间距为 450 ~ 750mm，在水平圈内侧均布焊接 5 根不小于 25×4 的扁钢垂直条。

钢直梯最佳宽度为 500mm。由于工作面所限，攀登高度在 500mm 以下时，梯宽可适当缩小，但不得小于 300mm。

钢直梯上端的踏板应与平台或屋面平齐，其间隙不得大于 300mm，并在直梯上端设置高度不低于 1050mm 的扶手。

梯段高不宜大于 9m。超过 9m 时宜设梯间平台，以分段交错设梯。攀登高度在 15m 以下时，梯间平台间距为 5 ~ 8m；超过 15m 时，每 5 段设一个梯间平台。平台应设安全防护栏杆。

钢直梯全部采用焊接连接，焊接要求应符合《钢结构工程施工质量验收标准》GB 50205—2020 的规定。所有构件表面应光滑无毛刺，安装后的钢直梯不应有歪斜、扭曲、变形及其他缺陷。

固定在平台上的钢直梯应下部固定，其上部的支撑与平台梁固定，在梯梁上开设长圆孔，采用螺栓连接。

钢直梯安装后必须认真除锈并做防腐涂装。

踏棍按在中点承受 1kN 集中活荷载计算，容许挠度不大于踏棍长度的 1/250。梯梁按组焊后其上端承受 2kN 集中活荷载计算（高度按支撑间距选取，无中间支撑时按两端固定点距离选取），容许长细比不宜大于 200。

② 固定钢斜梯安装

依据《固定式钢梯及平台安全要求 第 2 部分：钢斜梯》GB 4053.2—2009 和《钢结构工程施工质量验收标准》GB 50205—2020，固定钢斜梯的安装规定如下：

不同坡度的钢斜梯，其踏步高 R、踏步宽 t 的尺寸见表 4-3，其他坡度按直线插入法取值。

钢斜梯踏步高和宽　　　　　　　　　　　　表 4-3

坡度 α	30°	35°	40°	45°	50°	55°	60°	65°	70°	75°
高 R/mm	160	175	185	200	210	225	235	245	255	265
宽 t/mm	280	250	230	200	180	150	135	115	95	75

梯梁钢材采用性能不低于 Q235A·F 的钢材，其截面尺寸应通过设计计算确定。踏板采用厚度不小于 4mm 的花纹钢板或经防滑处理的普通钢板，或采用由 −25×4 的扁钢和小角钢组焊成的格子板。

扶手高应为 900mm，或与《固定式钢梯及平台安全要求 第 3 部分：工业防护栏杆及钢平台》GB 4053.3—2009 中规定的栏杆高度一致，采用外径为 30 ~ 50mm、壁厚不小于 2.5mm 的管材。

立柱宜采用截面不小于 L40×4 的角钢或外径为 30 ~ 50mm 的管材，从第一级踏板开始设置，间距不宜大于1000mm，横杆采用直径不小于16mm的圆钢或30mm×4mm的扁钢，固定在立柱中部。

梯宽宜为700mm，最大不宜大于1100m，最小不宜小于600mm。

梯高不宜大于5m，大于5m时，宜设梯间平台，分段设梯。

钢斜梯应全部采用焊接连接，焊接要求符合《钢结构工程施工质量验收标准》GB 50205—2020的有关规定。

所有构件表面应光滑无毛刺，安装后的钢斜梯不应有歪斜、扭曲、变形及其他缺陷。钢斜梯安装后，必须认真除锈并做防腐涂装。

荷载方面，钢斜梯活荷载应按实际要求采用，但不得小于下列数值：

A. 钢斜梯水平投影面上的活荷载标准取 $3.5kN/m^2$。

B. 踏板中点集中活荷载取 $1.5kN/m^2$。

C. 扶手顶部水平集中活荷载取 $0.5kN/m^2$。

D. 挠度不大于受弯构件跨度的 1/250。

③ 平台、栏杆安装

平台钢板应铺设平整，与承台梁或框架密贴、连接牢固，表面有防滑措施。

栏杆安装连接应牢固可靠，扶物转角应光滑。

平台、梯子和栏杆安装的允许偏差应符合表4-4的规定。

允许偏差　　　　　　　表4-4

项目	允许偏差	检验方法
平台高度	±10.0mm	用水准仪检查
平台梁水平度	$l/1000$，且不大于10.0mm	用水准仪检查
平台支柱垂直度	$H/1000$，且不大于5.0mm	用经纬仪或吊线和钢尺检查
承重平台梁侧向弯曲	$l/1000$，且不大于10.0mm	用拉线和钢尺检查
承重平台梁垂直度	$h/250$，且不大于10.0mm	用吊线和钢尺检查
直梯垂直度	$H'/1000$，且不大于15.0mm	用吊线和钢尺检查
栏杆高度	±5.0mm	用钢尺检查
栏杆立柱间距	±5.0mm	用钢尺检查

注：l 为平台梁长度；H 为平台支柱高度；h 为平台梁高；H' 为直梯高度。

【思政提升】

本项目主要介绍了装配式建筑工程发展现状、装配式建筑安装施工的一般规定与要求。通过本项目的学习，了解什么是装配式建筑，装配式结构构件运输堆放的要点和吊装安装方法。

建设现代化产业体系的有效路径

【课后习题】

1. 简述装配式建筑定义。
2. 按结构体系分类，装配式建筑可分为哪几类?
3. 简述装配式建筑施工中常用的起重设备。
4. 预制混凝土构件安装有哪些注意事项?
5. 分析常用装配式建筑吊装施工方法及其优缺点。

项目 5　建筑装饰工程

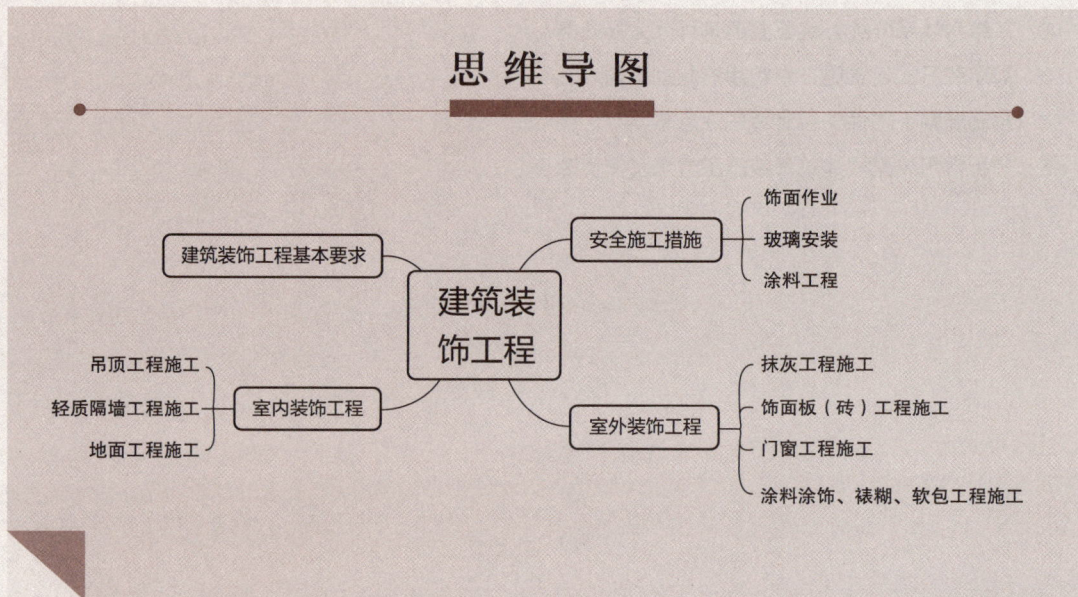

思 维 导 图

【学习目标】

1. 知识目标

　　熟悉建筑装饰装修工程涉及的抹灰工程、门窗工程、吊顶工程、轻质隔墙工程、饰面板（砖）工程、幕墙工程、涂饰工程、裱糊工程以及地面工程等的相关概念、分类、质量标准和规范规定，重点掌握各施工工艺流程及施工要点。

2. 思政目标

　　培养严谨细致、精益求精的工匠精神，树立安全和规范意识，塑造积极向上、互帮互助的工作态度。

任务 5.1　建筑装饰工程基本要求

5.1.1 建筑装饰装修的概念 ●●●●●●●●●●●●●●●●●●●●●●●●●●●●●● ●

全国首栋装配式
清水混凝土建
筑，开创结构装
饰一体化先河

建筑装饰装修涵盖了目前使用的"建筑装饰""建筑装修"和"建筑装潢"名词术语的含义，是为保护建筑物的主体结构、完善建筑物的使用功能和美化建筑物，采用装饰装修材料或饰物，对建筑物的内外表面及空间进行各种处理的过程。装饰工程涉及的范围很广，包括的内容主要有：抹灰工程、门窗工程、吊顶工程、轻质隔墙工程、饰面板（砖）工程、楼地面工程、幕墙工程、涂饰工程、裱糊与软包工程以及细部工程等[①]。

建筑装饰装修工程项目繁多、涉及面广、工程量大、耗用的劳动量多。如在一般的民用建筑中，平均每平方米的建筑面积就有 3 ~ 5m² 的内抹灰，有 0.15 ~ 1.3m² 的外抹灰；占总劳动量的 15% ~ 30%；占总工期的 30% ~ 40%；占总造价的 30% 左右，对一些装饰要求高的建筑，装饰部分的工期和造价均占整个建筑物总工期和总造价的 50% 以上。因此，为了加快工程进度，降低工程成本，满足装饰功能，增强装饰效果，建筑装饰装修工程今后的发展方向是：建筑装饰材料的多样化和轻质化；提高装饰材料的预制化生产和施工专业化；装饰设计的电脑化；实行机械化、工业自动化的高效率的装饰施工。

5.1.2 建筑装饰装修工程的一般规定 [②] ●●●●●●●●●●●●●●●●●●●●●●●●●● ●

1．设计

（1）建筑装饰装修工程必须进行设计，并出具完整的施工图设计文件。

（2）承担建筑装饰装修工程设计的单位应具备相应的资质。

（3）建筑装饰装修设计应符合城市规划、消防、环保、节能等有关规定。

（4）承担建筑装饰装修工程设计的单位应对建筑物进行必要的了解和实地勘察，设计深度应满足施工要求。

（5）建筑装饰装修工程设计必须保证建筑物的结构安全和主要使用功能。当涉

---

① 结合认识建筑装饰分部工程融入【德育：学会观察，严谨细致】

② 结合建筑装饰装修工程的一般规定融入【德育：标准意识、规范意识、做事有标准】

及主体和承重结构改动或增加荷载时，必须由原结构设计单位或具备相应资质的设计单位核查有关原始资料，对建筑结构的安全性进行核验、确认。

（6）建筑装饰装修工程的防火、防雷和抗震设应符合现行国家标准的规定。

2．材料

（1）建筑装饰装修工程所用材料的品种、规格和质量应符合设计要求和国家现行标准的规定。当设计无要求时应符合国家现行标准的规定。严禁使用国家明令淘汰的材料。

（2）建筑装饰装修工程所用材料的燃烧性能应符合现行国家标准《建筑内部装修设计防火规范》GB 50222—2017 和《建筑设计防火规范》GB 50016—2014 的规定。

（3）建筑装饰装修工程所用材料应符合国家有关建筑装饰装修材料有害物质限量标准的规定。

（4）所有材料进场时应对品种、规格、外观和尺寸进行验收。材料包装应完好，应有产品合格证书、中文说明书及相关性能的检测报告；进口产品应按规定进行商品检验。

（5）进场后需要进行复验的材料种类及项目应符合规范和合同的规定。同一厂家生产的同一品种、同一类型的进场材料应至少抽取一组样品进行复验，当合同另有约定时应按合同执行。

（6）当国家规定或合同约定应对材料进行见证检测时，或对材料的质量发生争议时，应进行见证检测。

（7）承担建筑装饰装修材料检测的单位应具备相应的资质，并应建立质量管理体系。

（8）建筑装饰装修工程所使用的材料在运输、储存和施工过程中，必须采取有效措施防止损坏、变质和污染环境。

（9）建筑装饰装修工程所使用的材料应按设计要求进行防火、防腐和防虫处理。

3．施工

（1）承担建筑装饰装修工程施工的单位应具备相应的资质，并应建立质量管理体系。施工单位应编制施工组织设计，按有关的施工工艺标准或经审定的施工技术方案施工，并应对施工全过程实行质量控制。

（2）承担建筑装饰装修工程施工的人员应有相应岗位的资格证书。

（3）建筑装饰装修工程的施工质量应符合设计要求和规范的规定。

（4）建筑装饰装修工程施工中，严禁违反设计文件擅自改动建筑主体、承重结构或主要使用功能；严禁未经设计确认和有关部门批准擅自拆改水、暖、电、燃气、通信等配套设施。

（5）应遵守有关环境保护的法律法规，并采取有效措施控制施工现场的各种粉尘、废气、废弃物、噪声、振动等对周围环境造成的污染和危害。

（6）应遵守有关施工安全、劳动保护、防火和防毒的法律法规，应建立相应的管理制度，并应配备必要的设备、器具和标识。

（7）建筑装饰装修工程应在基体或基层的质量验收合格后施工。

（8）建筑装饰装修工程施工前应有主要材料的样板或做样板间（件），并应经有关各方确认。

（9）管道、设备等的安装及调试应在建筑装饰装修工程施工前完成，当必须同步进行时，应在饰面层施工前完成。装饰装修工程不得影响管道、设备等的使用和维修。

（10）建筑装饰装修工程的电器安装应符合设计要求和国家现行标准的规定。严禁不经穿管直接埋设电线。

（11）室内外装饰装修工程施工的环境条件应满足施工工艺的要求。施工环境温度不应低于5℃。当必须在低于5℃气温下施工时，应有保证工程质量的有效措施。

（12）建筑装饰装修工程施工过程中应做好半成品、成品的保护，防止污染和损坏。

任务 5.2　室内装饰工程

5.2.1 吊顶工程施工 •• ●

在吊顶施工之前，顶棚上部的电气、报警等线路，空调、消防、供水等管道均应已安装就位并完成调试，自顶棚至墙体各处电气开关及插座的有关线路敷设已布置就绪，材料和施工机具等已准备完毕①。

---

① 结合在吊顶施工之前要确认电气、报警等线路，空调、消防、供水等管道融入【德育：做事要严谨细致，认真负责】

1．木龙骨吊顶施工

木龙骨吊顶是以木质龙骨为基本骨架，配以胶合板、纤维板或其他人造板作为罩面板材的吊顶体系。

（1）吊顶木龙骨架安装施工

主要工艺程序：弹线→木龙骨处理→龙骨架拼接→安装吊点紧固件→龙骨架吊装→龙骨架整体调平→面板安装→压条安装→板缝处理。

1）弹线。弹线包括弹吊顶标高线、吊顶造型位置线、吊挂点定位线、大中型灯具吊点定位线。

① 弹吊顶标高线。根据室内墙上 +500mm 水平线，用尺量至顶棚的设计标高，在该点画出高度线，沿墙四周弹一道墨线，这条线便是吊顶标高线，也是吊顶四周的水平线，其偏差不能大于 5mm。操作时可用灌满水的透明塑料软管来确定各点标高。

② 确定吊顶造型线。对于较规则的建筑空间，其吊顶造型位置可先在一个墙面量出竖向距离，以此画出其他墙面的水平线，即得吊顶位置外框线，而后逐步找出各局部的造型框架线。对于不规则的空间画吊顶造型线宜采用找点法，即根据施工图纸测出造型边缘距墙面的距离，对于墙面和顶棚基层进行实测，找出吊顶造型边框的有关基本点，将各点连线形成吊顶造型线。

③ 确定吊挂点位置线。平顶天花板的吊点布置一般为 1 个 /m²，在顶棚上均匀排布。对于有跌级造型的吊顶，应注意在分层交界处布置吊点，吊点间距为 0.8 ～ 1.2m。较大的灯具应安排单独吊点来吊挂。

2）龙骨处理

① 防腐处理。建筑装饰工程中所用木质龙骨材料应按规定选材，并在实施防潮处理时涂刷防虫药剂。

② 防火处理。工程中木构件的防火处理，一般是将防火涂料涂刷或喷涂于木材表面，也可把木材置于防火涂料槽内浸渍。防火涂料据其胶结性质分为油质防火涂料（内掺防火剂）与氯乙烯防火涂料、可赛银（酪素）防火涂料、硅酸盐防火涂料。

3）龙骨架的分片拼接

① 确定吊顶龙骨架需要分片或可以分片安装的位置和尺寸，根据分片的平面尺寸选取龙骨尺寸。

② 先拼接组合大片的龙骨骨架，再拼接小片的局部骨架。拼接组合的面积不可过大，否则不便安装。

③ 龙骨架的拼接按凹槽对凹槽的方法咬口拼接，拼口处涂胶并用圆钉固定，如图 5-1 所示。

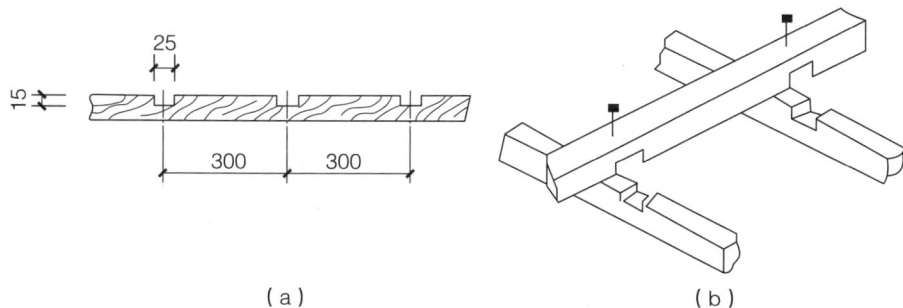

图 5-1　木龙骨利用槽口拼接示意（单位：mm）
（a）凹槽；（b）凹槽拼口处涂胶并用圆钉固定

4）安装吊点紧固件及固定边龙骨

① 安装吊点紧固件。吊顶吊点的紧固方式较多，如需预埋钢筋、钢板，则吊杆与预埋钢筋、钢板连接；无预埋者可用射钉或胀锚螺栓将角钢块固定于楼板底面作为与吊杆的连接件，如图 5-2 所示。

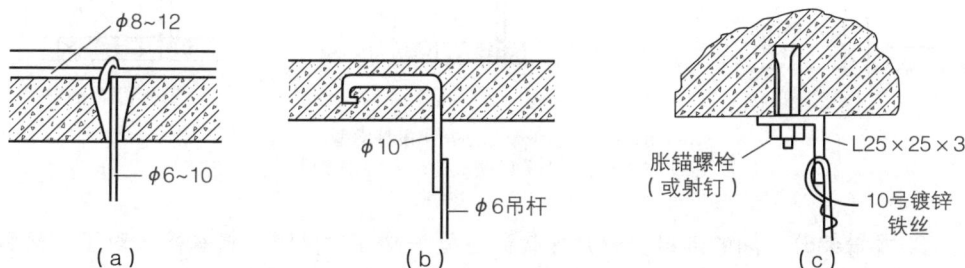

图 5-2　木质装饰吊顶的吊点紧固安装
（a）顶制楼板内埋设通长钢筋，吊筋从板缝伸出；（b）预制楼板内预埋钢筋；（c）用胀锚螺栓或射钉固定角钢连接件

② 固定沿墙边龙骨。在木骨架施工中，沿吊顶标高线固定边龙骨的常用做法有两种：一种是沿标高线以上 10mm 处在墙面钻孔，间距 0.5 ~ 0.8m，在孔内打入木楔，然后将沿墙木龙骨钉固于墙内木楔上；另一种做法是先在木龙骨上打小孔，再用水泥钉通过小孔将边龙骨钉固于混凝土墙面（此法不宜用于砖砌墙体）。不论用何种方式固定沿墙龙骨，均应保证牢固可靠，其底面必须与吊顶标高线保持齐平[①]。

5）龙骨架吊装

① 分片吊装。将拼接组合好的木龙骨架托起至吊顶标高位置，先做临时固定。临时固定的方法有：一是用高度定位杆做支撑，临时固定高度低于 3m 的吊顶骨架；二是可用铁丝在吊点上临时固定高度超过 3m 的吊顶骨架。然后根据吊顶标高

---

① 结合沿吊顶标高线固定边龙骨的常用做法融入【德育：质量意识，品质追求】

线拉出纵横水平基准线，进行整片龙骨架调平，然后将其靠墙部分与沿墙边龙骨钉接。

② 龙骨架与吊点固定。常采用的木骨架吊顶的吊杆有木吊杆、角钢吊杆和扁铁吊杆，如图 5-3 所示。采用木吊杆时，截取的木方吊杆料应长于吊点与龙骨架实际间距 100mm 左右，以便于调整高度。采用角钢做吊杆时，在其端头钻 2～3 个孔以便调整高度；与木骨架的连接点可选择骨架的角位，用螺钉固定。采用扁铁做吊杆时，其端头也应打出 2～3 个调节孔；扁铁与吊点连接件的连接可用 M6 螺栓，与木骨架用 2 枚木螺钉连接固定。吊杆的下部端头最终都应按准确尺寸截平，不得伸出木龙骨架底面。

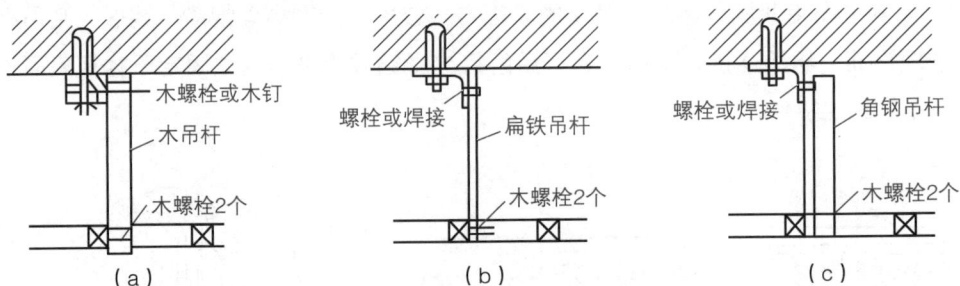

图 5-3　木骨架吊顶常用吊杆类型
（a）木吊杆；（b）扁铁吊杆；（c）角钢吊杆

③ 龙骨架分片间的连接。分片龙骨架在同一平面对接时，将其端头对正，然后用短木方钉于对接处的侧面或顶面进行加固，如图 5-4 所示。对于一些重要部位的骨架分片间的连接应选用铁件进行加固。

④ 跌级吊顶上下层龙骨架的连接。跌级吊顶，也称高差吊顶、变高吊顶。对于跌级吊顶，一般是自上而下开始吊装，吊装与调平的方法与上述相同。其高低面的衔接，先以一条木方斜向将上下骨架定位，再用垂直方向的木方把上下两平面的龙骨架固定连接，如图 5-4、图 5-5 所示。

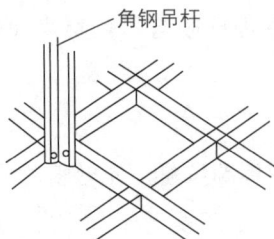

图 5-4　角钢吊杆与木骨架的固定

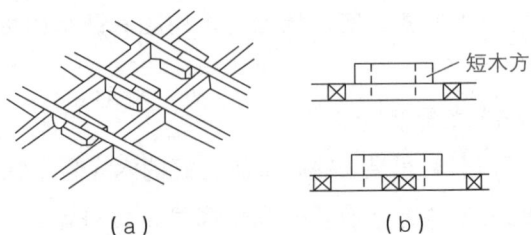

图 5-5　木龙骨架对接固定
（a）立面图；（b）侧视图

6）龙骨架整体调平。在各分片吊顶龙骨架安装就位之后，对于吊顶面需要设置的送风口、检修孔、内嵌式吸顶灯盘及窗帘盒等装置，在其预留位置处要加设骨架，进行必要的加固处理及增设吊杆等，对于吊顶骨架面的下凸部位，要重新拉紧吊杆；对于其上凹部位，可用木杆下顶，尺寸准确后须将杆件的两端固定。吊顶常采用起拱的方法平衡饰面板的重力，并减少视觉上的下坠感，一般地，7～10m 跨度按3/1000 起拱，10～15m 跨度按 5/1000 起拱。

（2）木吊顶面板安装

1）材料选择

吊顶面板一般选用加厚三夹板或五夹板。如使用过薄的胶合板，在温度和湿度变化下容易产生吊顶面层的凹凸变形，也可选用其他人造板材，如木丝板、刨花板、纤维板等。

2）板材处理

① 弹面板装钉线。按照吊顶龙骨分格情况，以骨架中心线尺寸为参照，在挑选好的胶合板正面上画出装钉线，保证能将面板准确地固定于木龙骨上。

② 板块切割。根据设计要求，如需将板材分格分块装钉，应按画线切割胶合面板。方形板块应注意找方，保证四角为直角；当设计要求钻孔并形成图案时，应先做样板按样板制作。

③ 修边倒角。在胶合板块的正面四周，用手工细刨或电动刨刨出 45°倒角，宽度为 23mm 对于要求不留缝隙的吊顶面板，此种做法有利于在嵌缝补腻子时使板缝严密，并减少以后的变形程度。对于有留缝装饰要求的吊顶面，可用木工修边机，根据图纸要求进行修边处理。

④ 防火处理。对有防火要求的木龙骨吊顶，其面板在以上工序完毕后应进行防火处理。通常做法是在面板反面涂刷或喷涂三遍防火涂料，晾干备用。对木骨架的表面应做同样的处理。

3）吊顶面板铺钉施工

① 板材预排布置。为避免材料浪费以及在安装施工中出现差错，并达到美观效果，在正式装钉以前须进行预排布置[①]。对于不留缝隙的吊顶面板有两种排布方式：一是整板居中，非整板布置于两侧；二是整板铺大面，非整板放在边缘部位。

② 预留设备安装位置。吊顶顶棚上的各种设备，例如空调冷暖送风口、排气口、暗装灯具口等应根据设计图纸在吊顶面板上预留开口。也可以将各种设备的洞口位置先在吊顶面板上画出，面板就位后再将其开出。

③ 面板铺钉。将胶合板正面朝下托起至预定位置，即从板的中间向四周展开铺

---

① 结合板材预排布置融入【德育：成本意识，避免资源浪费】

钉，钉位按画线确定，钉距为 80～150mm，胶合板应钉得平整，四角方正，不应有凹陷和凸起。

2．轻钢龙骨吊顶施工

轻钢龙骨吊顶是以轻钢龙骨为吊顶的基本骨架，配以轻型装饰罩面板材组合而成的新型顶棚体系。常用罩面板有纸面石膏板、石棉水泥板、矿棉吸音板、浮雕板和钙塑凹凸板。施工主要工艺程序：弹线→安装吊点紧固件→安装主龙骨→安装次龙骨→安装灯具→面板安装→板缝处理。

（1）弹线

弹线包括顶棚标高线、造型位置线、吊挂点位置、大中型灯位线等。双层U形、T形轻钢龙骨骨架，其吊点间距不大于 120mm；单层吊顶骨架，其吊点间距为 800～1500mm。

（2）安装吊点紧固件

可根据吊顶是否上人（或是否承受附加荷载），分别采用如图 5-6 所示方法进行吊点紧固件的安装。

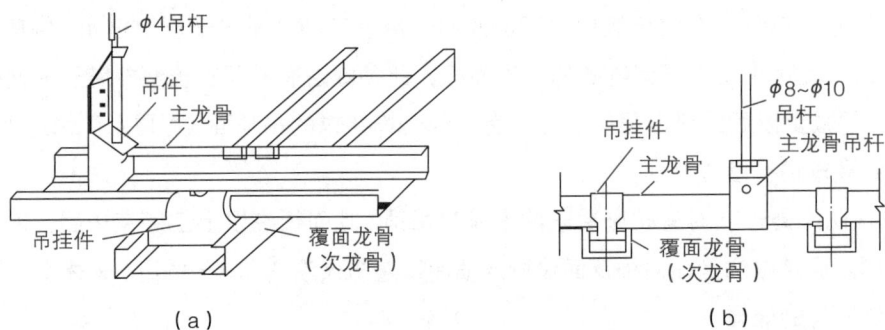

图 5-6　覆面龙骨与承载龙骨的连接
（a）不上人型吊顶吊杆与主次龙骨连接；（b）上人型吊顶吊杆与主次龙骨连接

（3）主龙骨安装与调平

1）主龙骨安装。将主龙骨与吊杆通过垂直吊挂件连接。对于上人吊顶的悬挂，采用一个吊环将主龙骨箍住，并拧紧螺栓固定，既可挂住龙骨，又可防止上人时龙骨发生摆动；对于不上人吊顶的悬挂，采用一个特别的挂件卡在主龙骨的槽中。主龙骨的接长一般选用连接件接长，也可焊接，但宜点焊。当遇观众厅、礼堂、餐厅、商场等大面积吊顶时，需每隔 12m 在大龙骨上部焊接一道横卧大龙骨，以增强大龙骨的侧面稳定性及吊顶的整体性。

2）主龙骨架的调平。在主龙骨与吊件及吊杆安装就位之后，以一个房间为单位进行调平调直。调整方法可用 600mm×600mm 方木按主龙骨间距钉圆钉，将主龙骨卡住，临时固定。方木两端要紧顶墙上或梁边。再拉十字和对角水平线，拧动吊杆螺母，升降调平。对于由 T 形龙骨装配的轻型吊顶，主龙骨基本就位后可暂不调平，待安装横撑龙骨后再进行调平调正。调平时要注意主骨的中间部分应有所起拱，起拱高度一般不小于房间短向跨度的 1/300 ~ 1/200。

① 安装次龙骨。使用配套的龙骨挂件将次龙骨与主龙骨在其交叉布置点连接固定。龙骨挂件的下部钩挂住次龙骨，上端搭在主龙骨上，将其 U 形或 W 形腿用钳子弯入主龙骨内。次龙骨的间距由饰面板规格决定，双层 U 形、T 形龙骨骨架中龙骨间距为 500 ~ 1500mm，如果间距大于 800mm，在中龙骨之间应增加小龙骨，小龙骨与中龙骨平行，用小吊挂件与大龙骨连接固定。

② 安装横撑龙骨。横撑龙骨由中、小龙骨截取，其方向与次龙骨垂直，底面与次龙骨平齐（单层的龙骨骨架吊顶，其横撑龙骨底面与主龙骨平齐）。横撑龙骨与次龙骨的连接采用配套的接插件连接。

③ 固定边龙骨。边龙骨沿墙面或柱面标高线钉牢。固定时常用高强水泥钉的间距以不大于 500mm 为宜。若基层材料强度较低，紧固力小，可以用膨胀螺栓或用较长的钉子固定。边龙骨一般不承重，只起封口作用。

（4）罩面板安装

罩面板安装前应对吊顶龙骨架安装质量进行检验，符合要求后方可进行罩面板安装。

罩面板常有明装、暗装、半隐装三种安装方式。明装是指罩面板直接搁置在 T 形龙骨两翼上，纵横 T 形龙骨架均外露。暗装是指罩面板安装后骨架不外露。半隐装是指罩面板安装后外露部分骨架。

5.2.2 轻质隔墙工程施工

1．骨架隔墙工程施工

骨架隔墙是以平立钢龙骨、木龙骨等为骨架，以纸面石膏板、人造木板、水泥纤维板等为墙面板形成的隔墙。

（1）轻钢龙骨纸面石膏板隔墙施工

纸面石膏板具有轻质、高强、抗震、防火、防蛀、隔热保温和隔声等性能，并且具有良好的可加工性，如裁、钉、刨、钻、粘结等，而且其表面平整、施工方便，是常用的室内装饰材料。

纸面石膏板主要分为普通纸面石膏板、防火纸面石膏板和防水纸面石膏板[①]。

隔墙安装施工按下列顺序进行：墙位放线→墙基（导墙）施工→安装沿地、沿顶、沿墙龙骨或贴石膏板条→安装竖向龙骨、横撑龙骨或贯通龙骨→粘钉一面石膏板→水暖、电气钻孔、下管穿线→填充隔声保温材料→安装门窗框→粘钉另一面石膏板→护缝及护角处理→安装水暖、电气设备预埋件的连接固定件→饰面装修→安装踢脚板。如果是四层石膏板墙，则按上述顺序在两面粘钉石膏板之后，分别粘钉外层两面石膏板。

面板的固定根据龙骨的不同而异。轻钢龙骨石膏板隔墙用自攻螺钉或螺栓固定，螺钉长度和间距根据隔墙面积和厚度确定，一般为 200 ~ 500mm；固定后的螺钉头要沉入板面 2 ~ 5mm，但不得破坏面纸。石膏龙骨的石膏板主要用胶粘剂粘贴，将胶粘剂均匀涂抹在龙骨和石膏板上，要找平贴牢。使用木龙骨时，可直接将石膏板用圆钉固定在木龙骨上，钉距为 200mm。

墙面石膏板之间的接缝有暗缝、压缝和凹缝三种做法。

（2）木龙骨轻质罩面板隔墙施工

木龙骨轻质隔墙分为独立的隔墙和靠建筑墙体的单面木墙两种，施工方法有所不同。

在墙身结构施工前，吊顶面的龙骨架应该吊装完毕，需要通入墙面的电气线路及其他管线应敷设到位，并备齐所需的工具等；按设计要求定位弹线，并标出门的位置。室内装饰的木结构均需做防火处理，涂刷 2 ~ 3 遍防火漆或防火涂料。

1）靠建筑墙面的木墙身结构施工。木墙身结构通常用 25mm × 30mm 的带凹槽木方做龙骨，木龙骨架可在地面上进行拼装。可根据墙身的大小将木龙骨整体或分片固定在墙面上。用冲击钻在地上弹线的交叉点位置上钻孔，孔距 600mm 左右，深度不小于 60m，在钻出的孔中打入木楔。对校正好的木骨架进行固定，用垂线法和水平线法检查、调整骨架的垂直度和平整度。木骨架与墙面间如有缝隙，应用木片或木块垫实。

按色差挑选木夹板，在距木夹板正面四边约 3mm 处刨出 45°倒角；用枪钉把木夹板固定到木龙骨上，钉距约为 100mm，要把钉枪的嘴压在板上，以使钉头埋入板内。

2）独立木隔墙的施工。木隔墙分为全封隔墙、有门窗隔墙和隔断三种。

木骨架的固定位置通常是在沿墙、沿地和沿顶面处。对隔断来说，主要是靠地面和墙面固定，如端头无法固定，常用铁件来加固端头，加固部位主要是在地面与竖木方之间。对于木隔墙的门框竖向木方，均应用铁件加固，否则会使木隔墙颤动、

---

① 结合纸面石膏板融入【德育：与时俱进，学习新技术、新方法、新材料】

门框松动以及木隔墙松动。

如果隔墙的顶端不是建筑结构而是吊顶，处理方法视不同情况而定。对于无门隔墙，只需与吊顶相接，所留缝隙小，平直即可；对于有门的隔墙，考虑到振动和碰动，顶端必须加固，即隔墙的竖向龙骨应穿过吊顶面，再与建筑物的顶面进行固定，常用方法为将木方或角钢做成倒人字形，夹角以 60° 为宜固定于顶面上。

墙面木夹板的安装方式主要有明缝和拼缝两种。明缝固定是在两板之间留一条有一定宽度的缝，图纸无规定时，缝宽以 8 ~ 10mm 为宜；明缝如不加垫板，则应将木龙骨面刨光，明缝的上下宽度应一致，锯割木夹板时，应用靠尺来保证锯口的平直度与尺寸的准确性，并用 0 号砂纸修边。拼缝固定时，要对木夹板正面四边进行倒角处理，以使板缝平整。

木隔墙中的门框是以门洞两侧的竖向木方为基体，配以挡位框、饰边板或饰边线条；大木方骨架隔墙门洞竖向木方较大，其挡位框可直接固定在竖向木方上；由于双层构架隔墙的木方小，应先在门洞内侧钉上厚夹板或实木板，再固定挡位框。

木隔墙中的窗框是在制作时预留的，然后用木夹板和木线条进行压边定位；隔断墙的窗也分固定窗和活动窗，固定窗是用木压条把玻璃板固定在窗框中，活动窗与普通活动窗一样。

2．板材隔墙工程施工

板材隔墙是指由复合轻质墙板、石膏空心板、预制或现制的钢丝网水泥板等板材构成的隔墙。板材隔墙由于施工工艺简单，又能减轻建筑物自重和提高隔声保温性能，故在装饰工程中得到了广泛的应用。

（1）石膏空心条板隔墙施工

石膏空心条板可以用单层板来做隔墙和隔断，也可以用双层空心条板，中间夹设空气层或矿棉、膨胀珍珠岩等保温材料。墙板的固定一般常用下楔法，即下部用木楔固定后灌填干硬性混凝土。上部的固定方法有两种：一种为软连接，另一种是直接顶在楼板或梁下。后者因其施工简便而较常采用。墙板的空心部分可穿各种线路，板面上可固定电门、插销，可按需要钻成小孔等。

隔墙安装施工顺序为：墙位放线→立墙板→斗墙底缝隙灌填混凝土→刮腻子嵌缝抹平。

1）平面缝的嵌缝

① 清理接缝后用小刮刀将嵌缝石膏腻子均匀饱满地嵌入板缝，并在接缝处刮上宽约 60mm、厚约 1mm 的腻子。随即贴上穿孔纸带，用宽为 60mm 的腻子刮刀顺

着穿孔纸带方向将纸带内的腻子挤出穿孔纸带，并刮平、刮实，不得留有气泡[①]。

② 用宽为 150mm 的刮刀将石膏腻子填满宽约 150mm 的带状接缝部分。

③ 再用宽约 300mm 刮刀补一道石膏腻子，其厚度不得超过板面 2mm。

④ 待腻子完全干燥后（约 12h），用 2 号砂纸打磨平滑，中部可略微凸起并向两边平滑过渡。

2）阳角缝的嵌缝

① 将金属护角用 12mm 的圆钉固定在纸面石膏板上。

② 用石膏嵌缝腻子将金属护角埋入腻子中，并压平、压实。

3）阴角缝的嵌缝

① 先用嵌缝石膏腻子将角缝填满，然后在阴角两侧刮上腻子，在腻子上贴穿孔纸带，并压实。

② 用阴角抹子在穿孔纸带上加一层腻子。

③ 腻子干燥后，处理平滑。具体做法和腻子带宽窄、厚度可参考前面平面缝的嵌缝做法。

4）膨胀缝的嵌缝

① 先在膨胀缝中装填绝缘材料（纤维状或泡沫状的保温、隔声材料），并且要求其不超出龙骨骨架的平面。

② 用弹性建筑密封膏填平膨胀缝。如果加装盖缝板，则可以填满并凸起一些，然后将盖缝板盖于膨胀缝外，再用螺钉将盖缝板在膨胀缝的一边固定（注意：另一边不要固定，以备后期产生膨胀或收缩位移）。

（2）加气混凝土板隔墙施工

1）墙板的布置形式。加气混凝土墙板由于具有良好的综合性能，因此目前常被应用于各种建筑的外墙。加气混凝土板自重小，节省水泥，运输方便，施工操作简单。

① 竖向墙板为主的布置形式与施工。当建筑物的开间（或柱距）尺寸较大（超过 6m），门窗洞口的形式较为复杂时，一般多采用竖向外墙板的布置形式，并且通过在两板之间的板槽内插筋灌砂浆来实现其与上下楼板、梁、钢筋混凝土圈梁的连接。

建筑中墙板大多数采用竖向布置形式时，应主要考虑窗间墙、山墙尽可能符合 600mm 的外墙板的板宽度模数，窗过梁一般为横向放置，窗槛墙横向、竖向放置均可。

墙板竖向布置形式的优点是应用灵活，缺点是吊装次数较多，灌缝次数较多，

---

① 结合平面缝的嵌缝融入【德育：精益求精，脚踏实地的工匠精神】

而且施工不便，效率较低。

根据设计的布置，画出墙板的安装位置线，并要标出门窗的位置。采用单板逐次或双板、多板（预先在地面上粘结好）吊装到所要放置的位置，连接钢筋，灌注砂浆。吊装窗过梁和窗槛墙到预定的位置（必要时要设置支撑），并连接钢筋，灌注砂浆。

② 横向墙板为主的布置形式与施工。建筑中墙板的横向布置形式比较适用于门窗洞口较简单、窗间墙较少或没有窗间墙的建筑。在设计中应注意符合横向外墙板的规格，特别是宽度较大的，例如 6m 宽的横向外墙板，分布钢筋较多，应尽量避免进行较多的纵向切锯等加工。墙板横向布置的优点是应用灵活，与竖向布置比较，横向板缝施工质量易保证；缺点是吊装次数较多。根据设计的布置，画出墙板所要安装的位置。

2）隔墙板的平面排列与隔墙构造

① 隔墙为无门窗布置，且隔墙的宽度与每块板宽度之和不相符时，应将"余量"安排在靠墙或靠柱隔墙板的一侧。

② 加气混凝土隔墙一般采用竖直安装法，其连接固定方法有刚性连接和柔性连接两种。柔性连接是在板的上端与结构底面垫弹性材料。但在实际施工中，较多采用刚性连接法，其做法与步骤是先做室内地面，将板就位后，上端铺粘结砂浆，然后在板的两侧对打木楔，使板上端与结构层顶紧，并在板下端的木楔间塞填豆石混凝土，待混凝土硬固后取出木楔，最后再做室内地坪。

③ 隔墙的转角连接主要有 L 式转角连接和 T 式丁字连接，连接固定主要用粘结砂浆和斜向钉入镀锌圆钉或经防锈处理的 $\phi 8$ 钢筋，窗钉间距为 700 ~ 800mm。

3）拼装外墙大板。由于竖向外墙板（或横向外墙板）较窄，故吊装次数较多，为了避免这些缺点，近些年国外已经采取将单板在工厂或现场拼装成比较大型的板材之后再吊装的方法。目前较多采用的是在工地现场拼装的方式，应按设计要求确定拼装大板的规格板型，由于安装部位不同，其构造连接方式也不同。

① 以竖向外墙板为主的拼装大板。采用侧拼法，即依靠板的自重，使板间粘牢，然后在板侧灌浆插钢筋，待砂浆达到一定强度后将大板翻转 90°。优点是工艺简单，可重叠拼装，占地较小。

② 以横向外墙板为主的拼装大板。该拼装形式适用于开间、窗户洞口比较单一的设计。但是垂直方向需穿钢筋，板侧需打孔（一般应由工厂制作时预留），不易保证质量，故比较适合于在工厂拼装。此种形式的大板一般可不在侧向打斜孔插钢筋。其优点是粘结后大板不必翻转，也不必等到粘结剂达到一定强度后再吊装，只要拼装完毕后将板内附加钢筋端头螺栓拧紧即可吊离拼装架，拼装工艺简单，施工方便，效率较高。

（3）钢网泡沫塑料夹心墙板（泰柏板）隔墙施工

泰柏板做隔墙，其厚度在抹完砂浆后应控制在100mm左右，高度要控制在4.5m以下。泰柏板隔墙必须使用配套的连接件进行连接固定。安装时，先按设计图弹隔墙位置线，然后用线坠引至墙面及楼顶板。将裁好的隔墙板按弹线位置放好，板与板拼缝用配套箍码连接，再用铅丝绑扎牢固。隔墙板之间的所有拼缝须用联结网或"之"字条覆盖。隔墙的阴角、阳角和门窗洞口等也须采取补强措施。阴阳角用网补强，门窗洞口用"之"字条补强。

3．玻璃隔墙工程施工

玻璃隔墙是以玻璃为主要板材，配以其他的骨架、装饰架安装而成，这种隔墙视线非常流畅，能创造出特有的内部空间。

（1）木筋玻璃隔断施工

常用的玻璃品种有平板玻璃、磨砂玻璃、压花玻璃和彩色玻璃等。其下部做法主要有墙裙罩面板和砖墙抹灰，也有直到地面的玻璃隔断。

安装施工要点：按图纸在墙上弹出垂线，在地面及顶棚上弹出隔断的位置；做出隔断的下半部，并与两端结构锚固；在砖墙的木砖和地面的木楔上安装木筋，并钉牢，再钉上、下槛及中间楞木，最后安装玻璃。

（2）铝合金玻璃隔墙

铝合金玻璃隔墙具有许多优点：耐火、耐腐蚀、不变形、施工简便等，所以在装饰工程中被大量采用。

铝合金玻璃隔墙施工顺序：墙位放线→墙基施工→安装铝合金骨架→骨架固定连接→安装玻璃→玻璃固定、嵌缝。

施工要点与木筋玻璃隔断相仿，铝合金骨架之间的连接多用自攻螺钉、拉铆钉和铸铝配件等；玻璃与铝合金的连接和固定方法很多，可根据实际情况确定。

5.2.3 地面工程施工

1．水磨石地面施工

水磨石地面施工工艺流程为：基层处理→找标高与弹水平线→铺抹找平层砂浆→养护→弹分格线→镶分格条→拌制水磨石拌合料→涂刷水泥浆结合层→铺水磨石拌合料→滚压、抹平→试磨→粗磨→细磨→磨光→草酸清洗→打蜡上光。施工工艺如下：

（1）基层处理

将混凝土基层上的杂物清净，不得有油污、浮土。用钢錾子和钢丝刷将沾在基层上的水泥浆皮錾掉铲净。

（2）找标高与弹水平线

根据墙面上的 +50cm 标高线，往下量测出磨石面层的标高，弹在四周墙上，并考虑其他房间和通道面层的标高要相互一致。

（3）铺抹找平层砂浆 ①

1）根据墙上弹出的水平线，留出面层厚度（约 10 ~ 15mm 厚），抹 1∶3 水泥砂浆找平层，为了保证找平层的平整度，先抹灰饼（纵横方向间距 1.5m 左右），大小约 8 ~ 10cm。

2）灰饼砂浆硬结后，以灰饼高度为标准，抹宽度为 8 ~ 10cm 的纵横标筋。

3）在基层上洒水湿润，刷一道水灰比为 0.4 ~ 0.5 的水泥浆，面积不得过大，随刷浆随铺抹 1∶3 找平层砂浆，并用 2m 长刮杠以标筋为标准进行刮平，再用木抹子搓平。

（4）养护

抹好找平层砂浆后养护 24h，待抗压强度达到 1.2MPa 后，才可进行下道工序施工。

（5）弹分格线

根据设计要求的分格尺寸，一般采用 1m×1m。在房间中部弹十字线，计算好周边的镶边宽度后，以十字线为准可弹分格线。如果设计有图案要求时，应按设计要求弹出清晰的线条。

（6）镶分格条

用小铁抹子抹稠水泥浆将分格条固定住（分格条安在分格线上），抹成 30° 八字形，如图 5-7 所示，高度应低于分格条条顶 3mm，分格条应平直（上平必须一致）、牢固、接头严密，不得有缝隙，作为铺设面层的标志。另外在粘贴分格条时，为了使拌合料填塞饱满，在分格条十字交叉接头处，距交点 40 ~ 50mm 内不抹水泥浆，如图 5-8 所示。

当分格采用铜条时，应预先在两端头下部 1/3 处打眼，穿入 22 号铁丝，锚固于下口八字角水泥浆内。镶条后 12h 后开始浇水养护，一般洒水养护 3 ~ 4d，最少 2d，在此期间房间应封闭，禁止各工序进行。

（7）拌制水磨石拌合料（或称石渣浆）

1）拌合料的体积比宜采用 1∶1.5 ~ 1∶2.5（水泥∶石粒），要求配合比准确，

---

① 结合铺抹找平层砂浆融入【德育：规范意识，标准意识，做事有标准】

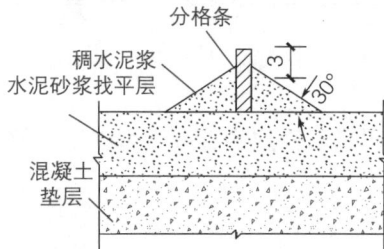

图 5-7 现制水磨石地面镶嵌分格条剖面示意图

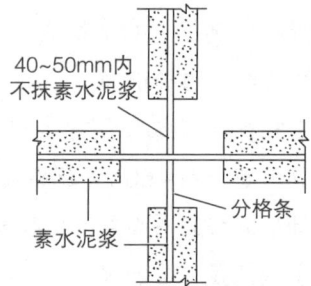

图 5-8 分格条交叉处正确的粘贴方法

拌和均匀。

2）使用彩色水磨石拌合料，除彩色石粒外，还加入耐光耐碱的矿物颜料，其掺入量为水泥重量的 3%～6%，普通水泥与颜料配合比、彩色石子与普通石子配合比，在施工前都须经实验室试验后确定。同一彩色水磨石面层应使用同厂、同批颜料。在拌制前应根据整个地面所需的用量，将水泥和所需颜料一次统一配好、配足。配料时不仅用铁铲拌和，还要用筛子筛匀，用包装袋装起来存放在干燥的室内，避免受潮。彩色石粒与普通石粒拌和均匀后，集中储存待用。

3）各种拌合料在使用前加水拌和均匀，稠度约 6cm。

（8）涂刷水泥浆结合层

先用清水将找平层洒水湿润，涂刷与面层颜色相同的水泥浆结合层，其水灰比宜为 0.4～0.5，要刷均匀，亦可在水泥浆内掺加胶粘剂，要随刷随铺拌合料，不得刷的面积过大，防止浆层风干导致面层空鼓。

（9）铺设水磨石拌合料

1）水磨石拌合料的面层厚度，除有特殊要求的以外，宜为 12～18mm，并应按石料粒径确定。铺设时将搅拌均匀的拌合料先铺抹分格条边，后铺入分格条方框中间，用铁抹子由中间向边角推进，在分格条两边及交角处特别注意压实抹平，随抹随用直尺进行平度检查。如局部地面铺设过高时，应用铁抹子将其挖去一部分，再将周围的水泥石子浆拍挤抹平（不得用刮杠刮平）。

2）几种颜色的水磨石拌合料不可同时铺抹，要先铺抹深色的，后铺抹浅色的，待前一种凝固后，再铺后一种（因为深颜色的掺矿物颜料多，强度增长慢，影响机磨效果）。

（10）滚压和抹平

用滚筒液压前，先用铁抹子或木抹子在分格条两边宽约 10cm 范围内轻轻拍实（避免将分格条挤移位）。滚压时用力要均匀（要随时清掉粘在滚筒上的石渣），应从横竖两个方向轮换进行，达到表面平整密实、出浆石粒均匀为止。待石粒浆稍收水后，再用铁抹子将浆抹平、压实，如发现石粒不均匀之处，应补石粒浆再用铁抹子拍平、压实。24h 后浇水养护。

（11）试磨

一般根据气温情况确定养护天数，温度在 20 ～ 30℃时养护 2 ～ 3d 即可开始机磨，过早开磨石粒易松动；过迟造成磨光困难。所以需进行试磨，以面层不掉石粒为准。

（12）粗磨

第一遍用 60 ～ 90 号金刚石磨，使磨石机机头在地面上走横 "8" 字形，边磨边加水（如磨石面层养护时间太长，可加细砂，加快机磨速度），随时清扫水泥浆，并用靠尺检查平整度，直至表面磨平、磨匀，分格条和石粒全部露出（边角处用人工磨成同样效果），用水清洗晾干，然后用较浓的水泥浆（如掺有颜料的面层，应用同样掺有颜料配合比的水泥浆）擦一遍，特别是面层的洞眼小，孔隙要填实抹平，脱落的石粒应补齐，浇水养护 2 ～ 3d。

（13）细磨[①]

第二遍用 90 ～ 120 号金刚石磨，要求磨至表面光滑为止。然后用清水冲净，满擦第二遍水泥浆，仍注意小孔隙要细致擦严密，然后养护 2 ～ 3d。

（14）磨光

第三遍用 200 号细金刚石磨，磨至表面石子显露均匀，无缺石粒现象，平整、光滑，无孔隙为度。普通水磨石面层磨光遍数不应少于三遍，高级水磨石面层的厚度和磨光遍数及油石规格应根据设计确定。

（15）草酸擦洗

为了取得打蜡后显著的效果，在打蜡前磨石面层要进行一次适量限度的酸洗，一般均用草酸进行擦洗，使用时，先用水加草酸混合成约 10% 浓度的溶液，用扫帚蘸后洒在地面上，再用油石轻轻磨一遍，磨出水泥及石粒本色，再用水冲洗并用软布擦干。此道操作必须在各工种完工后才能进行，经酸洗后的面层不得再受污染。

（16）打蜡上光

将蜡包在薄布内，在面层上薄薄涂一层，待干后用钉有帆布或麻布的木块代替油石，装在磨石机上研磨，用同样方法再打第二遍蜡，直到光滑洁亮为止。

---

① 　结合水磨石地面施工融入【德育：精益求精，不断学习的工匠精神】

2．石材地面铺设施工

（1）施工准备

1）材料准备

① 石材准备。材料应按要求的品种、规格、颜色准备。凡有翘曲、歪斜、厚薄偏差太大以及缺边、掉角、裂纹、隐伤和局部污染变色的石材应予剔除，完好的石材板块应套方检查，规格尺寸如有偏差，应磨边修正。用草绳等易褪色材料包装花岗岩石板时，拆包前应防止受潮和污染。材料进场后应堆放于施工现场附近，下方垫木，板块叠合之间应用软质材料垫塞。

② 粘结材料准备。水泥的强度等级不低于 32.5 级，结合层用砂采用过筛的中砂、粗砂，灌缝选用中、细砂，砂的含泥量不超过 3%。颜料选用矿物颜料，一次备足。同一楼地面工程应采用同一厂家、同一批次的产品，不得混用。

2）现场作业条件准备。墙面粉刷完成后，以室内墙面 +500mm 高线定出地面标高线，暗管线已敷设完毕且验收合格。准备好加工棚，安装好台钻和砂轮锯，接通水源、电源。

（2）施工工艺流程和操作要点

1）工艺流程。基层清理→弹线→试拼、试铺→浸水湿润→铺水泥砂浆结合层→铺板→灌缝→踢脚板镶贴→上蜡。

2）操作要点

① 基层清理。板块地面在铺贴前应先挂线检查基层平整情况，偏差较大处应事先凿平和修补，如为光滑的混凝土楼地面，应凿毛。基层应清洁，不能有油污、落地灰，特别不要有白灰、砂浆灰，不能有渣土。清理干净后，在抹底子灰前应洒水润湿。

② 弹线。根据设计要求，确定平面标高位置，并弹在四周墙上，再在四周墙上取中，在地上弹出十字中心线，按板块的尺寸加预留缝放样分块。大理石板地面缝宽 1mm，花岗岩石板地面缝宽小于 1mm，预制水磨石地面缝宽 2mm。与走廊直接相通的门口应与走道地面拉通线，板块布置要以十字线对称，若室内地面与走廊地面颜色不同，其分界线应安排在门口或门窗中间。在十字线交点处对角安放两块标准块，并用水平尺和角尺校正。铺板时依标准块和分块位置，每行依次挂线。

③ 试拼、试铺[①]。在正式铺设前，对每一房间的大理石板块应按图案、颜色、纹理进行试拼。试拼后按两个方向编号排列，然后按编号码放整齐，以便对号入座，

---

① 结合试拼、试铺的施工要求融入【德育：爱岗敬业，职业自豪感】

使铺设出来的楼地面色泽美观、一致。在房间内相互垂直的两个方向，铺两条宽度略大于板块板宽、厚不小于 30mm 的干砂带，根据试拼石板的编号及施工图将石材板块排好，检查板块之间的缝隙，核对板块与墙、柱、洞口等部位的相对位置，根据试铺结果，在房间主要部位弹相互垂直的控制线，并引至墙上，用以检查和控制板块位置。

④ 浸水润湿。大理石、花岗岩、预制水磨石板块在铺贴前应先浸水润湿，阴干后擦干净板背的浮尘方可使用。铺板时，板块的底面以内潮外干为宜。

⑤ 铺水泥砂浆结合层。铺水泥砂浆结合层是铺贴工艺中重要的环节，必须注意以下几点：水泥砂浆结合层宜采用干硬性水泥砂浆。干硬性水泥砂浆的配合比通常为 1∶1 ~ 1∶3（水泥∶砂体积比），一般采用强度等级不低于 32.5 级的水泥配制，铺设时稠度（以标准圆锥体沉入度）以 20 ~ 40mm 为宜。现场如无测试仪器，可用手捏成团，在手中颠后即散开为度。为保证干硬性水泥砂浆与基层或找平层的粘结效果，在铺设前，应在基层或找平层上刷一道水灰比为 0.4 ~ 0.5 的水泥浆，以保证整个上下层之间粘结牢固。

铺结合层时，摊铺砂浆长度应在 1m 以上，宽度应超出板块宽度 20 ~ 30mm，铺浆厚度为 10 ~ 15mm，虚铺砂浆厚度应比标高线高出 3 ~ 5mm，砂浆由里向外铺抹，然后用木刮尺刮平、拍实。

⑥ 铺板。铺贴时，要将板块四角同时平稳落下，对准纵横缝后，用橡皮锤（木槌）轻敲振实，并用水平尺找平，锤击板块时注意不要敲砸边角，也不要敲打已铺贴完毕的板块，以免造成空鼓。铺贴顺序，一般从房间中部向四周退步铺贴。凡有柱子的大厅，宜先铺柱子与柱子中间部分，然后再向两边展开。

⑦ 灌缝。铺板完成 2d 后，经检查板块无断裂及空鼓现象后，方可进行灌缝。根据板块颜色，用浆壶将调好的稀水泥素浆或 1∶1 稀水泥砂浆（水泥∶细砂）灌入缝内 2/3 高，并及时清理板块表面上溢出的浆液，再用与板面颜色相同的水泥浆将缝灌满、擦缝。待缝内水泥浆凝结后，应将板面清洗干净，在拭净的石材楼地面上覆盖锯末保护，24h 后洒水养护，3d 内禁止上人走动或在面层上进行其他作业。

⑧ 踢脚板镶贴。预制水磨石、大理石和花岗石踢脚板一般高度为 100 ~ 200mm，厚度为 15 ~ 20mm，可采用粘贴法和灌浆法施工。踢脚板施工前应认真清理墙面，提前一天浇水润湿。阳角处踢脚板的一端用无齿锯切成 45°。踢脚板应用水刷净，阴干备用。镶贴时由阳角开始向两侧试贴，检查是否平直，缝隙是否严密，有无缺边掉角等缺陷，合格后方可实贴。不论采取什么方式安装，均先在墙面两端各镶贴一块踢脚板，其上沿高度在同一水平线上，出墙厚度要一致，然后沿两块踢脚板上沿拉通线，逐块依顺序安装。

粘贴法。根据墙面标筋和标准水平线，用 1∶2～2.5 水泥砂浆抹底并刮平划纹，待底层砂浆干硬后，将已润湿阴干的踢脚板抹上 2～3mm 素水泥浆进行粘贴，同时用橡皮锤敲击平整，并注意随时用水平尺、靠尺板找平、找直。次日，用与地面同色的水泥浆擦缝。

灌浆法。将踢脚板临时固定在安装位置，用石膏糊将相邻的两块踢脚板粘牢，然后用稠度 10～15cm 的 1∶2 水泥砂浆（体积比）灌缝，并随时把溢出的砂浆擦干净。待灌入的水泥砂浆凝固后，把石膏铲掉擦净，用与板面同色水泥浆擦缝。

⑨ 上蜡。板块铺贴完工后，待其结合层砂浆强度达到 60%～70% 即可打蜡抛光。其具体操作方法与现浇水磨石地面基本相同。

3．木地板地面施工

（1）施工工艺流程

1）实铺式。实铺式施工流程为：基层处理（修理预埋铁件或钻孔打木塞）→安装木搁栅、撑木→钉毛地板斗→找平、刨平）→弹线、钉硬木地板→钉踢脚板→刨光、打磨→油漆。粘贴式施工流程为：基层清理→弹线定位→刷胶→粘贴地板→刨光、打磨→油漆。

2）空铺式。空铺式施工流程为：基层处理→砌地垄墙→干铺油毡→铺垫木、找平→弹线、安装木搁栅→钉剪刀撑→钉硬木地板→钉踢脚板→刨光、打磨→油漆。

（2）普通木地板和硬木地板施工操作要点 [①]

1）基层处理

① 架空式地板的基层处理。地面找平后，采用 M2.5 水泥砂浆砌筑地垄墙或砖墩，地垄墙的间距不宜太大，其顶面应采取涂刷沥青胶两道或铺设油毡等防潮措施。大面积木地板铺装工程的通风构造应按设计要求，每条地垄墙、暖气沟墙应按设计要求预留尺寸为 129mm×120mm 到 180mm×180mm 的通风洞口（一般要求洞口数量不少于 2 个，且要在一条直线上）。并在建筑外墙上每隔 3～5m 设置不小于 180mm×180mm 的洞口及其通风窗设施，洞口下皮距室外地坪标高不小于 200mm，孔洞应安设栅子。先将垫木等材料按设计要求做防腐处理。操作前检查地垄墙、墩内预埋木方、地脚螺栓或其他铁件及其位置，依据 +500mm 水平线在四周墙上弹出地面设计标高线，在地垄墙上用钉、骑马铁件箍定或镀锌铁丝绑扎等方法对垫木进行固定。然后在压檐木表面画出木搁栅搁置中线，并在搁栅端头也

---

　　① 结合普通木地板和硬木地板施工操作要点融入【德育：终身学习，自主学习】

画出中线，之后把木搁栅对准中线摆好，再依次摆正中间的木搁栅，木搁栅离墙面应留出不小于 30mm 的缝隙，以利隔潮通风。木搁栅的表面应平直，安装时要随时注意从纵横两个方向找平。用 2m 长的直尺检查时，尺与木搁栅间的空隙不应超 3mm。木搁栅上皮不平时，应用合适厚度的垫板，不准用木楔找平或刨平，也可对底部稍加砍削找平，但砍削深度不应超过 19mm，砍削处应另做防腐处理。木搁栅安装后，必须用长 100mm 圆钉从木搁栅两侧向中部斜向成 45° 与垫木（或压檐木）钉牢。

木搁栅的搭设架空跨度过大时需按设计要求增设剪刀撑，为了防止木搁栅与剪刀撑在钉结时移动，应在木搁栅上面临时钉些木拉条，使木搁栅互相拉结。将剪刀撑两端用两根长 70mm 圆钉与木搁栅钉牢。若不采用剪刀撑而采用普通的横撑时，也按此法装钉。

② 实铺地板（搁栅式）基层处理。搁栅常用 30mm × 40mm 或 40mm × 50mm 木方，使用前应做防腐处理。将木搁栅与楼板或混凝土垫层的内预埋铁件（地脚螺栓、U 形铁、钢筋段等）或防腐木砖进行连接，也可现场钻孔打入木楔后进行连接。木搁栅表面应平直，用 2m 直尺检查其容许偏差为 3mm；木搁栅与墙之间宜留出 30mm 的缝隙；木搁栅间如需填干炉渣时，应加以夯实拍平。

2）毛地板的铺钉。双层木板面层下层的毛地板表面应刨平，其宽度不宜大于 120mm。在铺设前，应清除已安装的木搁栅内的刨花等杂物；铺设时，毛地板应与木搁栅成 30° 或 45°，并应使其髓心朝上，用钉斜向钉牢，其板间缝隙不应大于 3mm。地板与墙之间，应留有 10 ~ 15mm 缝隙，接头应错开。应在每根木搁栅上各钉 2 枚钉子固定每块毛地板，钉子的长度应为毛地板厚度尺寸的 2.5 倍。毛地板铺钉后，可铺设一层沥青纸或油毡，以利于隔声和防潮。

3）铺设面板。铺设面板有两种方法，即钉结法和粘结法。

① 钉结法。钉结法可用于空铺式和实铺式。先将钉帽砸扁，从板边企口凸榫侧边的凹角处斜向钉入。铺钉时，钉与表面成 45° 或 60° 斜角，钉长为板厚的 2 ~ 3 倍。对于不设毛地板的单层条形木板，铺设应与木搁栅垂直，并要使板缝顺进门方向。地板块铺钉时通常从房间较长的一面墙边开始，第一行板槽口对墙，从左至右，两板端头企口插接，直到第一排最后一块板截去长出的部分。接缝必须在搁栅中间，且应间隔错开。板与板间应紧密，仅允许个别地方有空隙，其缝宽不得大于 1mm（如为硬木长条板，缝宽不得大于 0.5mm）。板面层与墙之间应留 10 ~ 15mm 的缝隙，该缝隙用木踢脚板封盖。铺钉一段要拉通线检查，确保地板始终通直。

拼花木地板的拼花平面图案形式有方格式、席纹式、人字纹式、阶梯错落长条铺装式等。对于较复杂的拼花图案，宜先弹方格网线，试拼试铺。铺钉时，先拼缝铺钉标准条，铺出几个方块或几档作为标准，再向四周按顺序拼缝铺钉。中间钉好后，最后按设计要求做镶边处理。拼花木面层的板块间缝隙，不应大于0.3mm。

对于长条面板或拼花木板的铺钉，其板块长度不大于300mm时，侧面应钉2枚钉子；长度大于300mm时，每300mm应增加1枚钉子，板块的顶端部位均应钉1枚钉子。当硬木地板不易直接施钉时，可事先用手电钻在板块施钉位置斜向预钻钉孔（预钻孔的孔径略小于钉杆直径），以防钉裂地板。

② 粘结法。粘结铺贴拼花木地板前，应根据设计图案和板块尺寸试拼试铺，调整至符合要求后进行编号，铺贴时按编号从房间中央向四周渐次展开。所采用的粘结材料可以是沥青胶结料，也可以是各种胶粘剂。

沥青胶结料铺贴法。采用沥青胶结料粘贴铺设木地板的建筑楼地面水泥类基层，其表面应平整、洁净、干燥。先涂刷一遍冷底子油，然后随涂刷沥青胶结料随铺贴木地板，沥青胶在基层上的涂刷厚度宜为2mm，同时在地板块背面亦应涂刷一层薄而均匀的沥青胶结料。将硬木地板块呈水平状态就位，与相邻板块挤严铺平；相邻两块地板的高差不得高于铺贴面1.5mm或低于铺贴面0.5mm，不符合要求的应予重铺。铺贴操作时应尽可能防止沥青胶结料溢出表面，如有溢出时要及时刮除，并随之擦拭干净。

胶粘剂铺贴法。采用胶粘剂铺贴的木地板，其板块厚度不应小于10mm。粘贴木地板的胶粘剂与粘贴塑料地板的胶粘剂基本相同，选用时要根据基层情况、地板块的材质、楼地面面层的使用要求确定。

水泥类基层的表面应平整、坚硬、干燥、无油脂及其他杂质，含水率不应大于9%。当基层表面有麻面起砂、裂缝现象时，应涂刷（批刮）乳液腻子进行处理，每遍涂刷腻子的厚度不应大于0.8mm，干燥后用9号铁砂布打磨，再涂刷第二遍腻子，直至表面平整后，再用水稀释的乳液涂刷一遍。采用2m直尺检查基层表面的平整度，其容许偏差为2mm。

当采用乳液型胶粘剂时，应在基层表面和地板块背面分别涂刷胶粘剂；当采用溶剂型胶粘剂时，可只在基层表面上均匀涂胶。基层表面及板块背面的涂胶厚度均应不大于1mm，涂胶后应静停10～15min待胶层不粘手时再进行铺贴，并应做到位置准确，粘贴密实。

4）踢脚板施工。踢脚板提前刨光，内侧开凹槽，每隔1m钻6mm通风孔，墙身每隔750mm设防腐固结木砖，木砖上钉防腐木块，用于固定踢脚板。

5）刨平和磨光。原木地板面层的表面应刨平、磨光。使用电刨刨削地板时，滚刨方向应与木纹成45°斜刨，推刨不宜太快，也不能太慢或停滞，防止啃咬板面。边角部位采用手工刨，须顺木纹方向。避免戗槎或撕裂木纹，刨削应分层次多次刨平，注意刨去的厚度不应大于1.5mm。刨平后应用地板磨光机打磨两遍，磨光时也应顺木纹方向打磨，第一遍用粗砂，第二遍用细砂。采用粘贴的拼花木板面层，应待沥青胶结料或胶粘剂凝固后方可进行地板表面刨磨处理。

目前，木地板生产厂家已经对木地板进行了表面处理。施工时只需将木地板安装好即可投入使用，而不再进行刨平磨光和油漆等工作[①]。

任务 5.3　室外装饰工程

5.3.1 抹灰工程施工

机器人助力抹灰，效率显著提升

1．抹灰施工的基层处理

抹灰施工的基层主要有砖墙面、混凝土面、轻质隔墙材料面、板条面等。在抹灰前应对不同的基层进行适当的处理以保证抹灰层与基层粘结牢固。

（1）清除基层表面的灰尘、污垢、油渍、碱膜等。

（2）凡室内管道穿越的墙洞、楼板洞，凿剔墙后安装的管道周边应用 1∶3 水泥砂浆填嵌密实。

（3）墙面上的脚手架眼应填补好。

（4）浇水润湿。

（5）表面凹凸明显的部位应事先剔平或用 1∶3 水泥砂浆补平。对平整光滑混凝土表面，可以有三种方法：凿毛或划毛处理，喷 1∶1 水泥细砂浆进行毛化，刷界面处理剂。

（6）门窗周边的缝隙应用水泥砂浆分层嵌塞密实。

（7）不同材料基体的交接处应采取加强措施，如铺钉金属网，金属网与各基体的搭接宽度不应小于 100mm。

2．施工工艺

一般抹灰的施工工艺为：基层处理→灰饼、标筋→底层灰→中层灰→罩面灰。

---

① 结合木地板现状融入【德育：创新意识，适应社会发展】

3．施工要点 [①]

（1）做灰饼和标筋。抹灰操作应保证其平整度和垂直度。施工中常用的手段是做灰饼和标筋。

做灰饼是在墙面的一定位置上抹上砂浆团以控制抹灰层的平整度、垂直度和厚度。具体做法是：从阴角处开始，在距顶棚约 200mm 处先做两个灰饼（上灰饼），然后对应在踢脚线上方 200 ~ 250mm 处做两个下灰饼，再在中间按 1200 ~ 1500mm 间距做中间灰饼。灰饼大小一般以 40 ~ 60mm 为宜，灰饼的厚度为抹灰层厚度减去面层灰厚度。

标筋（也称冲筋）是在上下灰饼之间抹上砂浆带，同样起控制抹灰层平整度和垂直度的作用。标筋宽度一般为 80 ~ 100mm，厚度同灰饼，标筋应抹成八字形（底宽面窄）要检查标筋的平整度和垂直度。

（2）抹底层灰。标筋达到一定强度后（刮尺操作不致损坏或砂浆达到七至八成干）即可抹底层灰。

抹底层灰可用托灰板盛砂浆，用力将砂浆推抹到墙面上，一般应从上而下进行。在两标筋之间抹满后，即用刮尺从下而上进行刮灰，使底灰层刮平刮实并与标筋面相平。操作中用木抹子配合去高补低，最后用铁抹子压平。

（3）抹中层灰。底层灰七、八成干（用手指按压有指印但不软）时即可抹中层灰。操作时一般按自上而下、从左向右的顺序进行。先在底层灰上洒水，待其收水后在标筋之间装满砂浆，用刮尺刮平，并用木抹子来回搓抹，去高补低。搓平后用 2m 靠尺检查，超过质量标准容许偏差时应修整至合格。

（4）抹面层灰。在中层灰七、八成干后即可抹罩面灰。先在中层灰上洒水，然后将面层砂浆分遍均匀抹涂上去，一般也应按从上而下，从左向右的顺序。抹满后用铁抹子分遍压实压光。铁抹子各遍的运行方向应相互垂直，最后一遍抹涂方向宜为竖直方向。

（5）阴阳角抹灰。用阴阳角方尺检查阴阳角的直角度，并检查垂直度，然后定抹灰厚度，浇水润湿。

用木制阴角器和阳角器分别进行阴阳角处抹灰，先抹底层灰，使其基本达到直角，再抹中层灰，使阴阳角方正。阴阳角找方应与墙面抹灰同时进行。

（6）顶棚抹灰。顶棚抹灰可不做灰饼和标筋，只需在四周墙上弹出抹灰层的标高线（一般从 500mm 线向上控制）。顶棚抹灰的顺序宜从房间向门口进行。

抹底层灰前，应清扫干净楼板底的浮灰、砂浆残渣，清洗掉油污以及模板隔离

---

① 结合抹灰施工要点融入【德育：职业精神，工匠精神】

剂，并浇水湿润。为使抹灰层和基层粘结牢固，可刷水泥胶浆一道。抹底层灰时，抹压方向应与模板纹路或预制板板缝相垂直，应用力将砂浆挤入板条缝或网眼内。

5.3.2 饰面板（砖）工程施工 ●

饰面板（砖）工程施工是指在建筑内、外墙面、地面及柱面镶贴、挂贴饰面材料的一种装饰方法，是装饰施工的重要组成部分。饰面材料的种类很多，如饰面板、饰面砖等。本任务主要介绍饰面砖和饰面板的安装施工。

1．内墙镶贴瓷砖施工

（1）施工工艺流程

基层处理→抹底子灰→弹线、排砖→浸砖→贴标准点→镶贴→擦缝。

（2）施工要点

1）基层处理。镶贴瓷砖的基层表面必须平整和粗糙，如果是光滑基层应进行凿毛处理；基层表面砂浆、灰尘及油渍等应用钢丝刷或清洗剂清洗干净；基层表面凹凸明显部位，要事先剔平或用水泥砂浆补平。

在抹底子灰前，应根据不同的基体进行不同的处理，以解决找平层与基层的粘结问题。对于墙面基体，应将基层清理干净后洒水润湿；对于纸面石膏板或其他轻质墙体材料基体，应将板缝按具体产品及设计要求做好嵌填密实处理，并在表面用接缝带（穿孔纸带或玻璃纤维网格布等防裂带）粘覆补强，使之形成稳固的墙面整体；对于加气混凝土基体，可选用下述三种方法之一：一是将混凝土表面凿毛后用水润湿，刷一道聚合物水泥浆；二是将1∶1水泥细砂浆（内掺适量胶粘剂）喷或甩到混凝土基体表面做毛化处理；三是采用界面处理剂处理基体表面，加气混凝土基体要用水润湿基体表面，在缺棱掉角处刷聚合物水泥浆一道，用1∶1∶4水泥石膏混合砂浆分层找平，待干燥后，钉一层镀锌钢丝网并绷紧，使基层表面达到净、干、平、实。

2）抹底子灰。基体基层处理好后，用1∶3水泥砂浆或1∶1∶4的混合砂浆打底。打底时要分层进行，每层厚度宜5～7mm，并用木抹子搓出粗糙面或划出纹路，用刮杠和托线板检查其平整度和垂直度，隔日浇水养护。

3）弹线排砖。待底层灰强度达到六、七成时，按图纸要求，结合瓷砖规格进行弹线、排砖。先量出镶贴瓷砖的尺寸，立好皮数杆，在墙面上从上到下弹出若干条水平线，控制水平皮数，再按整块瓷砖的尺寸弹出竖直方向的控制线。此时要考虑排砖形式和接缝宽度应符合设计要求，接缝宽度应注意水平方向和垂直方向的砖缝一致，排砖形式主要有直缝和错缝（俗称"骑马缝"）两种。在同一墙面上的横竖排列，不宜有一行以上的非整砖，且非整砖要排在次要位置或阴角处。当遇有墙面盥洗镜等装饰物时，应以装饰物中心线为准向两边对称排砖，排砖过程中在边角、洞口和突出物周围常常出现非整砖或半砖，应将整块瓷砖切割成合适小块进行预排，并注意对称和美观。

4）浸砖。瓷砖在镶贴前应在水中充分浸泡，以保证镶贴后不致因吸灰浆中的水分而粘贴不牢或砖面浮滑。一般浸水时间少于 2h，取出阴干备用，阴干时间通常为 3～5h，以手摸无水感为宜。

5）镶贴。瓷砖铺贴的方式有离缝式和无缝式两种。无缝式铺贴要求阳角转角铺贴时要倒角，即将瓷砖的阳角边厚度用瓷砖切割机打磨成 30°～40°，以便对缝。依砖的位置，排砖有矩形长边水平排列和竖直排列两种。

正式镶贴前应贴标准点，即用混合砂浆将废瓷砖按粘贴厚度粘贴在基层上做标志块，用托线板上下挂直，横向拉通，用以控制整个镶贴瓷砖表面的平整度。在地面水平线嵌上一根八字尺或直靠尺，这样可防止瓷砖因自重或灰浆未硬结而向下滑移，以确保其横平竖直。铺贴瓷砖宜从阳角开始，先大面，后阴阳角和凹槽部位，并自下向上粘贴。用铲刀在瓷砖背面刮满刀灰，贴于墙面用力按压，用铲刀木柄轻轻敲击，使瓷砖紧密粘于墙面，再用靠尺按标志块将其校正平直。取用瓷砖及贴砖要注意浅花色瓷砖的顺反方向，不要粘颠倒，以免影响整体效果。铺贴要求砂浆饱满，厚度 6～10mm，若亏灰时，要取下重贴，不得在砖口处塞灰，防止空鼓。一般每贴 6～8 块应用靠尺检查平整度，随贴随检查，有高出标志块者，可用铲刀木柄或木槌轻捶使之平整；如有低于标志块者，则应取下重贴，同时要保证缝隙宽窄一致。当贴到最上一行时，上口要成一直线，上口如没有压条，则应镶贴一面有圆弧的瓷砖。其他设计要求的收口、转角等部位，以及腰线、组合拼花等均应采用相应的砖块（条）适时就位镶贴。

铺贴时粘结料宜用 1：2 的水泥砂浆，为改善和易性，可掺 15% 的石膏灰，亦可用聚合物水泥砂浆，当用聚合物水泥砂浆时，配合比应由试验确定。水管处应先铺周围的整块砖，后铺异形砖。此时，水管顶部镶贴的瓷砖应用胡桃钳钳掉多余的部分，一次钳得不要太多，以免瓷砖碎裂。对整块瓷砖打预留孔，可先用打孔器钻孔，再用胡桃钳加工至所需孔径。切割非整块砖时，应根据所需要的尺寸在瓷砖背面划痕，用专用瓷片刀沿木尺切割出较深的割痕，将瓷砖放在台面边沿处，用手将切割的部分掰下，再把断口不平和切割下的尺寸稍大的瓷砖放在磨石上磨平。

6）擦缝。镶贴完毕，自检无空鼓、不平、不直后，用棉丝擦净。然后把白水泥加水调成糊状，用长毛刷蘸白水泥浆在墙砖缝上刷，待水泥浆变稠，用布将缝里的素浆擦匀，砖面擦净，不得漏擦或形成虚缝。对于离缝的饰面，宜用与釉面砖颜色相同的水泥浆嵌缝或按设计要求处理。若砖面污染严重，可用稀盐酸刷洗后，再用清水刷洗干净。

2．外墙镶贴面砖施工

（1）施工工艺流程

基层处理→抹底子灰→弹线分格、排砖→浸砖→贴标准点→刷结合层→镶贴面砖→勾缝→清理表面。

（2）施工要点

1）基层处理。清理墙、柱面，将浮灰和残余砂浆及油渍冲刷干净，再充分浇水润湿，并按设计要求涂刷结合层（采用聚合物水泥砂浆或其他界面处理剂，再根据不同基体进行基层处理，处理方法同内墙饰面砖工程）。

2）抹底子灰。打底时应分层进行，每层厚度不应大于7mm[①]，以防空鼓。第一遍抹后扫毛，待六、七成干时，可抹第二遍，随即用木杠刮平，木抹搓毛，终凝后浇水养护。多雨地区，找平层宜选用防水、抗渗性水泥砂浆，以满足抗渗漏要求。

3）弹线分格和排砖。按设计要求和施工样板进行排砖，确定接缝宽度及分格，同时弹出控制线，做出标记。排砖须用整砖，对于必须用非整砖的部位，非整砖的宽度不宜小于整砖宽度1/3。一般要求阳角、窗口都是整砖。若按块分格，应采取调整砖缝大小的方法排砖、分格。外墙镶贴的饰面砖其外形有矩形和方形两种，矩形饰面砖可以采用密缝、疏缝，按水平、竖直方向相互排列。密缝排列时，缝宽控制在 1 ~ 3mm，疏缝排列时，砖缝宽一般控制在 4 ~ 20mm。

4）浸砖（与内墙瓷砖相同）。

5）贴标准点。在镶贴前，应先贴若干块废面砖作为标志块，上下用托线板吊直，作为粘结厚度的依据。横向每隔1.5 ~ 2.0m 做一个标志块，用拉线或靠尺校正其平整度。靠阳角的侧面也要挂直，称为双面挂直。

6）刷结合层。找平层经检验合格并养护后，宜在表面涂刷结合层，这样可以满足强度要求，提高外墙饰面砖粘贴质量。

7）镶贴面砖。外墙饰面砖宜自上而下顺序镶贴，并先贴墙柱，后贴墙面，再贴窗间墙。铺贴用砂浆一般为 1 ∶ 2水泥砂浆或掺入石膏（不大于水泥质量15%）的水泥混合砂浆。粘贴时，先按水平线垫平八字尺或直靠尺，再在面砖背面满铺粘结砂浆。粘贴后，用小铲柄轻轻敲击，使之与基层粘牢并随时用直尺找平找方，贴完一行后，需将面砖上的灰浆刮净。对于有设缝要求的饰面，可按设计规定的砖缝

---

① 结合抹底子灰需要分层进行融入【德育：做事不骄不躁，循序渐进】

宽度制备小十字架，临时卡在每四块砖相邻的十字缝间，以保证缝隙精确；单元式的横缝或竖缝则可用分格条，一般情况下只需挂线贴砖。分格条在使用前应用水充分浸泡，以防胀缩变形，在粘贴面砖次日（或当日）取出，取条时应轻巧，避免碰动面砖。有抹灰与面砖相接的墙、柱面，应先在抹灰面上打好底，贴好面砖后再抹灰。

8）勾缝和清理表面。贴完一个墙面或全部墙面并检查合格后进行勾缝。勾缝应用水泥砂浆分皮嵌实，并宜先勾水平缝，后勾竖直缝。勾缝一般分两遍，第一遍用1∶1水泥细砂浆，第二遍用与面砖同色的彩色水泥砂浆擦成凹缝，凹进深度3mm。勾缝应连续、平直、光滑、无裂纹、无空鼓。勾缝处残留的砂浆，必须清除干净。同时用3%～5%的稀盐酸清洗表面，并用清水冲洗干净。

3．锦砖贴面工程施工

（1）施工工艺流程

基层处理→抹底子灰→排砖、弹线、分格→镶贴→揭纸→调缝→闭缝刮浆→清洗墙面。

（2）施工要点

1）基层处理（施工方法同外墙面砖）。

2）抹底子灰（施工方法同外墙面砖）。

3）排砖、分格、弹线。根据建筑物墙面总高度、横竖装饰线条的布置、门窗洞口和锦砖品种规格定出分格缝宽，弹出若干水平线、垂直线，同时加工好分格条。注意同一墙面上应采用同一种排列方式，预排中应注意阳角、窗口处必须是整砖而且是立面压侧面。

4）镶贴。按已弹好的水平线安放八字尺或直靠尺，并用水平尺校正垫平。一般两人协同操作，一人在前面洒水润湿墙面，先刮一道素水泥浆，随即抹上2～5mm厚的水泥浆为粘结层，并用靠尺刮平；另一人将锦砖铺在木垫板上，底面朝下，锦砖背面朝上，先用湿布把底面擦净，用水刷一遍，再刮白水泥浆，如果设计对缝格的颜色有特殊要求，也可用普通水泥或彩色水泥。一边刮浆一边用铁抹子往下挤压，将素水泥浆挤满锦砖的缝格，砖面不要留砂浆。清理四边余灰，将刮浆的纸交给镶贴操作者进行粘贴。另一种操作方法是在抹粘结层之前，往润湿的墙面上抹1∶3的水泥砂浆或混合砂浆，分层抹平同时将锦砖铺在木垫板上（锦砖背面朝上）。缝中灌1∶2干水泥砂，并用软毛刷刷净底面浮砂，再用刷子稍刷一点水，刮抹薄薄一层水泥浆，随即进行粘贴。镶贴操作时，操作者双手执在锦砖的上方，使下口与所垫直尺齐平，从下口粘贴线向上粘贴砖联，缝要对齐，并且要注意每一大张之间的距离，以保持整个墙面的缝格一致，准确附位后随之压实，并将硬木垫板放在已贴好的锦砖面上，用小木槌敲击木拍板，使其平整。

5）揭纸和调缝。一般地，一个单元的锦砖铺完后，在砂浆初凝前（20～30min）达到基本稳固时，用软毛刷刷水润透护面纸（或其他护面材料），用双手轻轻将纸揭下，揭纸宜从上往下撕，用力方向应尽量与墙面平行。揭纸后检查缝的大小，用金属拨板（或开刀）调整弯扭的缝隙，并用粘结材料将未填实的缝隙嵌实，使之间距均匀。拨缝后再在锦砖上贴好垫板轻敲拍实一遍，以增强与墙面的粘结。

6）闭缝刮浆、清洗墙面。待全部墙面铺贴完，粘结层终凝后，将白水泥稠浆（或与锦砖颜色近似的色浆）用橡胶刮板往缝子里刮满、实、刮严，再用麻丝和擦布将表面擦净。遗留在缝里的浮砂可用干净潮湿软毛刷轻轻带出。超出的米厘条分格缝要用 1∶1 水泥砂浆勾严勾平，再用布擦净。清洗墙面应在粘结层和勾缝砂浆终凝后进行。全面清理并擦干净后，次日喷水养护。

5.3.3 门窗工程施工

1．木门窗施工

（1）木门窗安装的作业条件

1）结构工程已完成并验收合格。

2）室内已弹好水平线。

3）门窗框、扇在安装前应检查窜角、翘扭、弯曲、劈裂、崩缺，榫槽间结合处有无松离，如有问题，应进行修理。

4）门窗框进场后，应将靠墙的一面涂刷防腐涂料，涂刷后分类码放平整。

5）准备安装木门窗的砖墙洞口已按要求预埋防腐木砖，木砖中心距不大于1.2m，并应满足每边不少于 2 块木砖的要求；单砖或轻质砌体应砌入带木砖的预制混凝土块中。

6）砖墙洞口安装带贴脸的木门窗，为使门窗框与抹灰面平齐，应在安框前做出抹灰标筋。

7）门窗框安装在砌墙前或室内、外抹灰前进，门窗扇安装应在饰面完成后进行。

（2）木门窗框的安装要点

1）先立门窗框（立口）。立门窗框前须对成品加以检查，进行校正规方，钉好斜拉条（不得小于 2 根），无下坎的门框应加钉水平拉条，以防在运输和安装中变形。

立门窗框前要事先准备好撑杆、木橛子、木砖或倒刺钉，并在门窗框上钉好护角条。

立门窗框前要看清门窗框在施工图上的位置、标高、型号、门窗框规格、门扇开启方向、门窗框是里平、外平或是立在墙中等，按图立口。立门窗框时要注意拉通线，撑杆下端要固定在木橛子上。立框子时要用线坠找直吊正，并在砌筑砖墙时随时检查是否倾斜或移动。

2）后塞门窗框（后塞口）。后塞门窗框前要预先检查门窗洞口的尺寸、垂直度及木砖数量，如有问题，应事先修理好。门窗框应用钉子固定在墙内的预埋木砖上，每边的固定点应不少于两处，其间距应不大于1.2m。

在预留门窗洞口的同时，应留出门窗框走头（门窗框上、下坎两端伸出口外部分）的缺口。在门窗框调整就位后，封砌缺口。当受条件限制、门窗框不能留走头时，应采取可靠措施将门窗框固定在墙内木砖上。后塞门窗框时需注意水平线要直。多层建筑的门窗在墙中的位置，应在一条直线上。安装时，横竖均拉通线。当门窗框的一面需镶贴脸板，则门窗框应凸出墙面，凸出的厚度等于抹灰层的厚度。寒冷地区门窗框与外墙间的空隙，应填塞保温材料。

（3）木门窗扇的安装要点[①]

1）安装前检查门窗扇的型号、规格、质量是否合乎要求，如发现问题，应事先处理或更换。

2）安装前先量好门窗框的高低、宽窄尺寸，然后在相应的扇边上画出高低宽窄的线，双扇门要打叠（自由门除外），先在中间缝处画出中线，再画出边线，并保证梃宽一致，上下冒头要画线刨直。

3）画好高低、宽窄线后，用粗刨刨去线外部分，再用细刨刨至光滑平直，使其符合设计尺寸要求。

4）将扇放入框中试装合格后，在框上扇高的 1/10 ~ 1/8，按合页大小画线并剔出合页槽，槽深一定要与合页厚度相适应，槽底要平。

5）门窗扇安装的留缝宽度，应符合有关标准的规定。

2. 铝合金门窗工程施工

（1）铝合金门制作与安装

1）视门的大小选用 76mm×44mm、100mm×44mm 或 100mm×25mm 铝合金型材做门框架，按设计尺寸下料，具体做法同门扇制作，其横框与竖框的连接是

---

① 结合木门窗扇的安装要点融入【德育：做事要严谨细致】

通过铝角码和自攻螺钉固定的。

门扇上部转动定位轴销安装在门框的横向框料内。先把定位销从钻好的销孔中伸出，再用螺栓将定位销组件固定在门框上横料内。门框横竖料的连接用 3mm 厚的铝角码连接，每个铝角码的长度按框料内截面尺寸确定在门的上框和中框部位的边框上，钻孔安装铝角码，然后将中、上横框套在角铝上，钻孔后用自攻螺栓固定。

在门框上，左右设扁铁连接件，连接件与门框用自攻螺钉或铆钉固定，安装间距视门料情况和与墙体的间距确定。

2）门扇制作。选料要考虑表面色彩、料型、壁厚等因素，以保证足够的刚度、强度和装饰性；门扇下料时，要在门洞口尺寸中减掉安装缝隙的尺寸、门框尺寸，其余按扇数均分调整大小。

在竖梃上拟安装横档部位内侧用手电钻钻孔，用来安装钢筋螺栓，孔径略大于钢筋直径；上下横档一般用套螺纹的钢筋螺栓固定，一般钢筋螺栓长度只要比门扇内边尺寸（横方尺寸）长 25mm，固定时应先紧固外侧螺母，并用内侧螺母锁紧，钢筋螺栓应在地弹簧连杆与下横方安装完毕后再安装。中横方可直接通过角铝固定。在拟安装门锁部位钻孔，再伸入曲线锯切割成锁孔形状，在门边梃上，门锁两侧要对正，一般应在门扇安装后再安装门锁。安装门扇转动配件时，要使其转动销、地弹簧轴的轴线一致。

3）铝合金门安装。在门洞口墙体上弹出安装位置线时，同一层楼水平标高误差不大于 ±2.5mm，各洞口中心线从顶层到底层偏差不大于 ±5.0mm[①]。

铝框上的保护膜安装前不得撕掉或损坏；框子应安装在洞口的安装线上；组合门窗框应先进行预拼装，然后按先安装通长拼樘料，后安装分段拼樘料，最后按安装基本门框的顺序进行；缝隙应用密封胶条密封。组合门框拼樘料如需加强时，其加固型材应经防锈处理。当洞口是预埋铁件时，铝框上的镀锌铁脚可直接焊接在预埋件上；当洞口为混凝土墙体但未留预埋件或槽口时，其连接件可用射钉枪射钉紧固；当洞口墙体为砖石砌体时，应用冲击钻钻深孔，用膨胀螺栓紧固连接件，不宜采用射钉连接。

地弹簧安装采用地面预留洞口时，安装调整完毕应浇 C25 细石混凝土固定；铝门框埋入地下应为 20 ~ 50mm；组合门框间立柱上下端应各嵌入墙体（或梁）内 25mm 以上；转角处的主柱嵌入长度应在 36mm 以上；门框连接件采用射钉、膨胀螺栓、钢钉等时，离墙的边缘不得小于 50mm，且应错开墙体缝隙。

门框与洞口墙体应采用弹性连接，最后嵌填防水密封胶；铝门框上如沾上水泥浆或其他污物应立即用软布擦洗干净，切忌用金属工具刮洗。

---

① 结合铝合金门安装融入【德育：脚踏实地，积极进取的职业精神】

活动门扇的安装应先保证门扇上横料内的转动定位销定位,地弹簧埋设后其表面要与地面平齐。安装门扇时,要把地弹簧的转轴用扳手拧至门扇开启的位置,然后将门扇下横料内地弹簧连杆套在转轴上,再将上横料内的转动定位销用调节螺钉调出一些,待定位销孔与锁吻合后,再将定位销完全调出并插入定位销孔中。最后用双头螺杆或自攻螺钉将门拉手安装在门扇边框两侧。玻璃应配合门料的规格色彩及设计要求选用,大片玻璃与框扇接缝处要打入玻璃胶。整个门安装好后,清理干净交付使用。

(2)铝合金窗制作与安装

1)铝合金窗扇制作

① 组装。切口处理。在窗扇组装连接前,先在窗扇的边框上下两端进行切口处理,以便将其上下方插入其切口内进行固定。

② 安装滑轮。在下横的底槽内安装滑轮,两端备装一只滑轮。

③ 打孔。在窗扇边框和带钩边框与下横衔接端画线打孔,共三个孔,上下两个是连接固定孔,中间一个是调节滑轮框上调节螺钉的工艺孔;旋动滑轮上的调节螺钉能改变滑轮从下横槽中外伸高低尺寸,而且也能改变下横槽内两个滑轮之间的距离。

④ 安装横角码和窗扇钩锁。窗扇上锁口的位置有左右之分,特别注意不能开错。上密封毛条,长毛条装上横顶边和下横底边的槽内,短毛条装于带钩边框的钩部槽内。

2)窗框及上亮

① 上亮。上亮部分的偏方管型材通常采用铝角码和自攻螺钉连接,应先用一小段同规格的扁方管做模子(长 20mm 左右),取下模子,再将另一条竖向扁方管放到模子的位置上,在角码的另一方向打孔,固定即成。上亮的铝型材在四个角位置处衔接固定后,再用截面尺寸为 10mm×10mm 或 12mm×12mm 的铝槽做固定玻璃的压条,先用自攻螺钉把铝槽紧固在中心线外侧,留出大于玻璃厚度的距离,安装内侧铝槽,自攻螺钉不需上紧,上好玻璃后再紧固。

② 窗框。窗框组装先量出上滑道上面两条固紧槽孔的距离和高低位置尺寸,然后按这两个尺寸在窗框边封上部衔接处画线打孔,孔径在 5mm 左右,用专用的碰口胶垫放在边封的槽口内,自攻螺钉穿过边封和碰口胶垫上的孔,旋进上滑道的固紧槽孔内;在旋紧螺钉的同时,注意上滑道与边封对齐,各槽对正,最后再上紧螺钉,然后在边封内装毛条。按同样方法制作下滑道。

窗框的四个角衔接起来后,用直角尺测量并校正一个窗框的直角度,最后上紧各角上的衔接自攻螺钉。将校正并紧固好的窗框立放在墙边,防止碰撞。

切两小块厚木板,放在窗框上滑的顶面,再将上亮放在上滑的顶面,将两者前后左右边对正；然后从上滑下面向上打贯穿孔，用自攻螺钉将上滑与上亮连接起来，至此推拉窗的制作完成。

3）铝合金窗的安装

铝合金窗的安装一般是先将窗框安装固定在窗洞里，再安装窗扇与上亮玻璃。窗洞的尺寸应比铝合金窗框大 25 ~ 44mm，并应找平；在四周安装角码或木块窗框要进行水平和垂直度校正；洞口饰面固结后，便可进行窗扇安装，用螺丝刀拧旋边框侧的滑轮调节螺钉，使滑轮向下横槽内回缩，这样就可以托起窗扇，使其顶部插入窗框的上滑槽内，将滑轮卡在下滑的滑轮轨道上，使滑轮从下横内外伸，同时使窗扇在滑轨上移动顺畅。使长毛条刚好能与窗框下滑面相接触，起到良好的防尘效果。上亮玻璃的尺寸必须比上亮内框小 5mm 左右，留出热胀冷缩的余地；窗扇玻璃各方向通常比窗扇内侧大 25mm 左右，从一侧将玻璃放入槽中，紧固连接边框即可；在玻璃与窗扇之间用塔形橡胶条或玻璃胶密封。

窗钩锁的挂钩安装于窗框边封凹槽内，位置尺寸要与窗扇上挂钩锁洞的位置相对应。一般易出现的高低问题，只需将锁钩螺钉松动后调节再紧固即可。

5.3.4 涂料涂饰、裱糊、软包工程施工 ·······················●

1．涂料涂饰工程的施工方法

涂饰工程常用的施工方法有刷涂、滚涂、喷涂、抹涂等，每种施工方法都是在做好基层后施涂，不同的基层对涂料施工有不同的要求。

（1）刷涂

刷涂是指采用鬃刷或毛刷施涂。

1）施工方法。刷涂时，头遍横涂走刷要平直，有流坠马上刷开，回刷一次；蘸涂料要少，一刷一蘸，不宜蘸得太多，防止流淌；由上向下一刷紧挨一刷，不得留缝；第一遍干后刷第二遍，第二遍一般为竖涂。

2）施工注意事项

① 上道涂层干燥后，再进行下道涂层，间隔时间依涂料性能而定。

② 涂料挥发快的和流平性差的，不可过多重复回刷，注意每层厚薄一致。

③ 刷罩面层时，走刷速度要均，涂层要匀。

④ 第一道深层涂料稠度不宜过大，深层要薄，使基层快速吸收为佳。

（2）滚涂

滚涂是指利用涂料辊手工进行涂饰。

1）施工方法。先把涂料搅匀调至施工黏度，少量倒入平漆盘中摊开。用辊筒均匀蘸涂料后在墙面或其他被涂物上滚涂。

2）施工注意事项

① 平面涂饰时，要求流平性好、黏度低的涂料；立面滚涂时，要求流平性小、黏度高的涂料。

② 不要用力压滚，以保证涂料厚薄均匀。不要让辊中的涂料全部挤压出后才蘸料，应使辊内保持一定数量的涂料。

③ 接槎部位或滚涂一定数量时，应用空辊子滚压一遍，以保护滚涂饰面的均匀和完整，不留痕迹。

3）施工质量要求。滚涂的涂膜应厚薄均匀，平整光滑，不流挂，不漏底，表面图案清晰均匀，颜色和谐。

（3）喷涂

喷涂是指利用压力将涂料喷涂于物面墙面上的施工方法。

1）施工方法[①]

① 将涂料调至施工所需稠度，装入储料罐或压力供料筒中，关闭所有开关。

② 打开空气压缩机进行调节，使其压力达到施工压力。施工喷涂压力一般在 0.4 ~ 0.8MPa 范围内。

③ 喷涂作业时，手握喷枪要稳，涂料出口应与被涂面垂直；喷枪移动时应与被喷面保持平行；喷枪运行速度一般为 400 ~ 600mm/s。

④ 喷涂时，喷嘴与被涂面的距离一般控制在 400 ~ 600mm。

⑤ 喷枪移动范围不能太大，一般直线喷涂 700 ~ 800mm 后下移折返喷涂下一行，一般选择横向或竖向往返喷涂。喷嘴应与被涂面垂直且做平行移动，运行中速度保持一致，如图 5-9 所示。纵横方向做 S 形移动。当喷涂两个平面相交的墙角时，应将喷嘴对准墙角线，如图 5-10 所示。

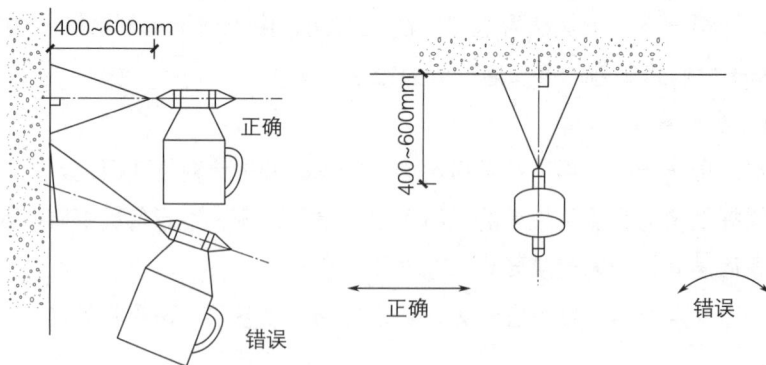

图 5-9　喷枪与喷涂面的相对位置

---

① 结合喷涂施工方法融入【德育：精益求精的工匠精神】

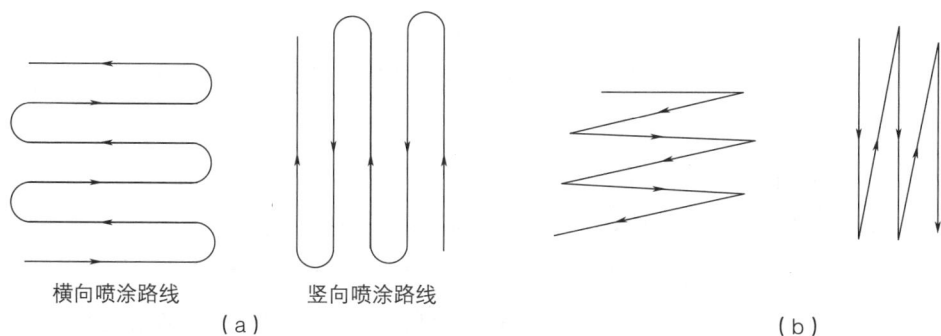

横向喷涂路线　　　　　竖向喷涂路线
（a）　　　　　　　　　　　　　　　　　（b）

图 5-10　喷涂路线
（a）正确的喷涂路线；（b）错误的喷涂路线

⑥ 喷涂面的上下或左右搭接宽度为喷涂宽度的 1/3 ～ 1/2。

⑦ 喷涂时应先喷门、窗附近，涂层一般要求两遍成活（横一竖一）。

⑧ 喷枪喷不到的地方应用油刷、排笔填补。

2）施工注意事项

① 涂料稠度要适中。

② 喷涂压力过高或过低都会影响涂膜的质感。

③ 涂料开桶后要充分搅拌均匀，有杂质要过滤。

④ 涂层接槎须留在分格缝处，以免出现明显的搭接痕迹。

3）施工质量要求。涂膜厚度均匀，颜色一致，平整光滑，不得出现露底、皱纹、流挂、针孔、气泡和失光等现象[1]。

（4）抹涂

抹涂是指用钢抹子将涂料抹压到各类物面上的施工方法。

1）施工方法

① 抹涂底层涂料。用刷涂、滚涂方法先刷一层底层涂料做结合层。

② 抹涂面层涂料。底层涂料涂饰后 2h 左右，即可用不锈钢抹压工具涂抹面层涂料，涂层厚度为 2 ～ 3mm；抹完后，间隔 1h 左右，用不锈钢抹子拍抹饰面压光，使涂料中的粘结剂在表面形成一层光亮膜；涂层干燥时间一般为 48h 以上，期间如未干燥，应注意保护。

2）施工注意事项

① 抹涂饰面涂料时，不得回收落地灰，不得反复抹压。

② 涂抹层的厚度为 2 ～ 3mm。

③ 工具和涂料应及时检查，如发现不干净或掺入杂物时，应清除或不用。

---

[1]　结合施工质量要求融入【德育：规范意识，法律意识】

外墙涂饰工程施工建筑涂料由于造价低，装饰效果好，施工方便，因此在外墙装饰中被广泛采用。外墙涂饰工程的一般要求：

① 涂饰工程所用涂料产品的品种应符合设计要求和现行有关国家标准的规定。

② 混凝土和抹灰表面施涂溶剂涂料时，含水率不得大于8%，施涂水性和乳液型涂料时含水率不得大于10%。

③ 涂料干燥前，应防止雨淋、尘土沾污和热空气的侵袭。

④ 涂料工程使用的腻子，应坚实牢固，不得发生粉化、起皮和裂纹现象。腻子干燥后，应打磨平整光滑并清理干净。外墙需要使用涂料的部位，应使用具有耐水性能的腻子。

⑤ 涂料的工作黏度和稠度，必须加以控制，使其在涂料施涂时不流坠，无刷痕；施涂过程中不得任意稀释。

⑥ 双组分或多组分涂料在施涂前，应按产品说明规定的配合比，根据使用情况分批混合，并在规定的时间内用完；所有涂料在施涂前和施涂过程中均应保持均匀。

⑦ 施涂溶剂型、乳液型和水性涂料时，后一遍涂料必须在前一遍涂料干燥后进行；每一遍涂料应施涂均匀，各层必须结合牢固。

⑧ 水性和乳液型涂料施涂时的环境温度，应按产品说明的温度控制，冬季在室内施涂时，应在采暖条件下进行，室温应保持均衡，不得突然变化。

⑨ 涂料施工分阶段进行时，应以分格缝、墙的阴角处或落水管处等为分界线。

⑩ 同一墙面应用同一批号的涂料，每遍涂料不宜施涂过厚，涂层应均匀、颜色一致。

（5）外墙涂饰工程的施工工序

外墙涂料饰面应根据涂料种类、基层材质、施工方法、表面花饰以及涂料的配比与搭配等来安排恰当的工序，以保证质量合格。

混凝土表面、抹灰表面基层处理。施涂前对基层认真处理是保证涂料质量的重要环节，要按设计和施工规范要求严格执行。

① 新建筑物的混凝土或抹灰基层在涂饰涂料前应先涂刷抗碱封闭底漆。

② 旧墙面在涂饰涂料前应清除疏松的旧装修层，并涂刷界面剂。

③ 施涂前应将基体或基层的缺棱掉角处进行修补，表面麻面及缝隙应用腻子补齐填平。

④ 基层表面上的灰尘、污垢、溅沫和砂浆流痕应清除干净。

⑤ 表面清扫干净后，最好用清水冲刷一遍，有油污处用碱水或肥皂水擦净。

2．涂料涂饰工程的施工方法

内墙涂料装饰是较为常用的装饰，与外墙涂料装饰基本相同。

（1）内墙涂料装饰的一般要求 [①]

1）涂料施工应在抹灰工程、木装饰工程、水暖工程、电气工程等全部完工并经验收合格后进行。

2）根据装饰设计的要求，确定涂饰施工的涂料材料，并根据现行材料标准，对材料进行检查验收。

3）要认真了解涂料的基本特性和施工特性。

4）了解涂料对基层的基本要求，包括基层材质、坚实程度、附着能力、清洁程度、干燥程度、平整度、酸碱度（pH 值）、腻子等，并按其要求进行基层处理。

5）涂料施工的环境温度不能低于涂料正常成膜温度的最低值，相对湿度也应符合涂料施工相应的要求。

6）涂料的溶剂（稀释剂、底层涂料、腻子等均应合理地配套使用，不得滥用）。

7）涂料使用前应调配好。双组分涂料的施工，必须严格按产品说明书规定的配合比，根据实际使用量分批混合，并在规定的时间内用完。其他涂料应根据施工方法、施工季节、温度、湿度等条件调整涂料的施工黏度或稠度，不应任意加稀释剂或水。施工黏度、稠度必须加以控制，使涂料在施涂时不流坠、不显刷纹。同一墙面的内墙涂料，应用相同品种和相同批号的涂料。

8）所有涂料在施涂前及施涂过程中，必须充分搅拌，以免沉淀，影响施涂操作和施工质量。

9）涂料施工前，必须根据设计要求做出样板或样板间，经有关人员认可后方可大面积施工。样板或样板间应一直保留到竣工验收为止。

10）一般情况下，后一遍涂料的施工必须在前一遍涂料表面干燥后进行。每一遍涂料应施涂均匀，各层涂料必须结合牢固。

11）采用机械喷涂时，应将不需施涂部位遮盖严实，以防沾污。

① 建筑物中的细木制品、金属构件和制品，如为工厂制作组装，其涂料宜在生产制作阶段施涂，最后一遍涂料宜在安装后施涂；如为现场制作组装，组装前应先涂一遍底子油（干性油、防锈涂料），安装后再施涂涂料。

② 涂料工程施工完毕，应注意保护成品，保护成膜硬化条件及已硬化成膜的部分不受沾污。其他非涂饰部位的涂料必须在涂料干燥前清理干净。

（2）内墙涂料的施涂工序

涂饰工程有普通涂饰和高级涂饰两个等级，涂饰施工的工序应根据涂料的种类、基层材质情况及设计要求的等级做适当调整，而且涂料的遍数应符合设计要求。

1）混凝土及抹灰基层的施涂工序。应用于混凝土抹灰基层的涂料有薄质涂料、厚质涂料和复层涂料。

① 薄质涂料。这包括水性涂料、合成树脂乳液涂料、溶剂型（包括油性）涂料、无机涂料等。薄质涂料的施工工序为：清扫→填补腻子、局部刮腻子→磨平→第一遍刮腻子→磨平→第二遍刮腻子→磨平→干性油打底→第一遍涂料→复补腻子→磨平（光）→第二遍涂料→磨平（光）→第三遍涂料→磨平（光）→第四遍涂料。

② 厚质涂料。这包括合成树脂乳液涂料、合成树脂乳液砂壁状涂料、合成树脂轻质厚涂料、无机涂料等。厚质涂料的施工工序为：基层清扫→填补腻子、局部刮腻子→磨平→第一遍满刮腻子→磨平→第二遍满刮腻子→磨平→第一遍喷涂厚涂料→第二遍喷涂厚涂料→局部喷涂厚涂料。

③ 复层涂料。这包括水泥系复层涂料、合成树脂乳液系复层涂料、硅酮胶系复层涂料和固化型合成树脂乳液等。复层涂料的施工工序为：基层清扫→填补缝隙、局部刮腻子→磨平→第一遍满刮腻子→磨平→第二遍满刮腻子→磨平→施涂封底涂料→施涂主层涂料→液压→第一遍罩面涂料→第二遍罩面涂料。如需要半球面点状造型时，可不进行滚压工序。

2）木材基层的施涂工序。内墙涂料装饰对于木基层的施涂部位包括木墙裙、木护墙、木隔断、木挂镜线及各种木装饰线等。所用的涂料有油性涂料（清漆、磁漆、调合漆）、溶剂型涂料等。

① 木材基层涂刷溶剂型混色涂料的施工工艺为：清扫、起钉子、除油污等→铲去脂囊、修补平整→磨砂纸→节疤处点漆片→干性油或带色干性油打底（局部刮腻子、磨光腻子、涂干性油）→第一遍满刮腻子→磨光→刷涂底层涂料→第一遍涂料→复补腻子→磨光→湿布擦净→第二遍涂料→磨光（高级涂料用水砂纸）→磨光→第二遍满刮腻子→湿布擦净→第三遍涂料。

② 木基层涂刷清漆涂料的施工工序为：清扫、起钉子、除去油污等→磨砂纸→润粉→磨砂纸→第一遍满刮腻子→磨光→第二遍满刮腻子→磨光→刷油色→第一遍清漆→拼色→复补腻子→磨光→第二遍清漆→磨光→第三遍清漆→水砂纸磨光→第四遍清漆→磨光→第五遍清漆→磨光→打砂蜡→打油蜡→擦亮。

3）金属基层的施涂工序。内墙涂料装饰中金属基层涂饰主要应用在金属花饰、金属护墙、栏杆、扶手、金属线角、黑白铁制品等部位，这些金属在大气中易生锈，为保护制品不被锈蚀，必须先涂以防锈涂料。金属基层涂料的施工工序为：除锈、扫、磨砂纸斗刷涂防锈涂料→局部刮腻子→磨光→第一遍刮腻子→磨光→第二遍满刮腻子→磨光→第一遍涂料→复补腻子→磨光→第二遍涂料→磨光→湿布擦净→第三遍涂料→磨光（用水砂纸）→湿布擦净→第四遍涂料。施工中应注意：

① 带锈防锈涂料可省去第一道工序。

② 薄钢板屋面、檐沟、水落管、泛水等施涂涂料可不刮腻子，施涂防锈涂料不得少于两遍。

③ 金属涂料和半成品安装前，应先检查防锈涂料有无损坏，损坏处应补刷。薄钢板制作的屋脊、檐沟和天沟等咬口处，应用防锈油腻子填补密实。

④ 钢结构施涂涂料，应符合现行国家标准《钢结构工程施工质量验收标准》GB 50205 的有关规定。

⑤ 防锈涂料和第一遍银粉涂料，应在设备管道就位前施涂，最后一遍银粉涂料应在刷浆工程完工后施涂。

3．裱糊工程施工

裱糊饰面工程，又称"裱糊工程"，是指在室内平整光洁的墙面、顶棚面、柱体面和室内其他构件表面，用壁纸 / 墙布等材料裱糊的装饰工程[①]。

（1）PVC 壁纸裱糊

PVC 壁纸裱糊施工工艺流程为：基层处理→封闭底涂一道→弹线→预拼→裁纸编号→润纸→刷胶→上墙裱糊→修整表面→养护。

1）裱糊壁纸的基层处理。裱糊壁纸的基层，要求坚实牢固，表面平整光洁，不疏松起皮、掉粉，无砂粒、孔洞、麻点和飞刺，污垢和尘土应消除干净，表面颜色要一致。裱糊前应先在基层刮腻子并磨平。裱糊壁纸的基层表面为了达到平整光滑、颜色一致的要求，应视基层的实际情况，取局部刮腻子、满刮一遍腻子或满刮两遍腻子处理，每遍干透后用 0 ~ 2 号砂纸磨平。以羧甲基纤维素为主要胶结料的腻子不宜使用，因为纤维素大白腻子强度太低、遇湿易胀。

不同基体材料的相接处，如石膏板和木基层相接处，应用穿孔纸带粘糊，以防止裱糊后的壁纸面层被撕裂或拉开，处理好的基层表面要喷或刷一遍汁浆。一般抹面基层可配制 801 胶：水 = 1：1 喷刷，膏板、木基层等可配制酚醛清漆：汽油 = 1：3 喷刷，汁浆喷刷不宜过厚，要均匀一致。

2）封闭底涂。腻子干透后，刷乳胶漆一道。若有泛碱部位，应用 9% 的稀醋酸中和。

3）弹线。按 PVC 壁纸的标准宽度找规矩，弹出水平及垂直准线。为了使壁纸花纹对称，应在窗户上弹好中线，再向两侧分弹。如果窗户不在中间，为保证窗间

---

① 结合认识裱糊饰面工程融入【德育：关注细节，细节决定成败】

墙的阳角花饰对称，应弹窗间墙中线，由中心线向两侧再分格弹线。

4）预拼、裁纸和编号。根据设计要求按照图案花色进行预拼，然后裁纸，裁纸长度应比实际尺寸大 20 ~ 30mm。裁纸下刀前，要认真复核尺寸有无出入，尺子压紧壁纸后不得再移动，刀刃贴紧尺边，一气呵成，中间不得停顿或变换持刀角度，手劲要均匀。

5）润纸。壁纸上墙前，应先在壁纸背面刷清水一遍，立即刷胶，或将壁纸浸入水中 3 ~ 5min，取出将水擦净，静置约 15min 后，再进行刷胶。因为 PVC 壁纸遇水或胶水即开始自由膨胀，干后自行收缩，其幅宽方向的膨胀率为 0.5% ~ 1.2%，收缩率为 0.2% ~ 0.8%（体积分数）。如在干纸上刷胶后立即上墙裱糊，纸虽被胶固定，但继续吸湿膨胀，因此墙面上的纸必然出现大量气泡、皱褶，不能成活。润纸后再贴到基层上，壁纸随着水分的蒸发而收缩、绷紧，这样，即使裱糊时有少量气泡，干后也会自行胀平。

6）刷胶。塑料壁纸背面和基层表面都要涂刷胶粘剂，为了能有足够的操作时间，纸背面和基层表面要同时刷胶，胶粘剂要集中调制，应除去胶中的疙瘩和杂物。调制后，应当日用完。刷胶时，基层表面涂刷胶粘剂的宽度要比上墙壁纸宽 30mm，涂刷要薄而均匀，不裹边，这样裱糊的墙面整洁、平整。

7）裱糊。裱糊时，应从垂直线起至阴角处收口，由上而下进行。上端不留余量，包角压实。上墙的壁纸要注意纸幅垂直，先拼缝、对花形，拼缝到底压实后再刮平大面。一般无花纹的壁纸，纸幅间可拼缝重叠 20mm，并用直钢尺在接缝上从上而下用活动剪纸刀切断。切割时要避免重割，有花纹的壁纸，则采取两幅壁纸花纹重叠，对好花，用钢尺在重叠处拍实，从上往下切。切割去余纸后，对准纸缝粘贴，阳角不得留缝，不足一幅的应裱糊在较暗或不明显的地方。基层阴角若遇不垂直现象，可做搭缝，搭缝宽度为 5 ~ 10mm，要压实，并不留空隙。

裱糊拼缝对齐后，用薄钢片刮板或胶皮刮板由上而下抹刮（较厚的壁纸必须用胶辊滚压，再由拼缝开始按向外向下的顺序刮平压实，多余的粘结剂挤出纸边，及时用湿毛巾抹去，以整洁为准，并要使壁纸与顶棚和角线交接处平直美观），斜视时无胶痕，表面颜色一致。

为了防止使用时碰蹭，使壁纸开胶，严禁在阳角处甩缝，壁纸要裹过阳角不小于 20mm。阴角壁纸搭缝时，应先裱糊压在里面的壁纸，再粘贴面层壁纸，搭接面应根据阴角垂直度而定，搭接宽度一般不小于 2 ~ 3mm，并且要保持垂直无毛边。

遇有墙面上卸不下来的设备或附件，裱糊时可在壁纸上剪口裱上去，其方法是将壁纸轻轻糊于突出的物件上，找到中心点，从中心往外剪，使壁纸舒平裱于墙面上，然后用笔轻轻标出物件的轮廓位置，慢慢拉起多余的壁纸，剪去不需要的部分，四周不得有缝隙。壁纸与挂镜线、贴脸和踢脚板接合处，也应紧接，不得有缝隙，以使接缝严密美观。

顶棚裱糊壁纸，先裱糊靠近主窗处，方向与墙平行。长度过短时，则可与窗户成直角粘贴。裱糊前，先在顶棚与墙壁交接处弹上一道粉线，将已刷好胶的壁纸用木柄撑起，将反复折叠好的壁纸托起，展开折叠部分，边缘靠齐粉线，然后从一端向另一端裱糊，直到贴好为止。多余的部分，再剪齐修整。

8）修整。壁纸上墙后，若发现局部不符合质量要求，应及时采取补救措施。如纸面出现皱纹、死褶时，应趁壁纸未干，用湿毛巾轻拭纸面，使壁纸潮湿，用手慢慢将壁纸铺平，无皱褶时，再用橡胶辊或胶皮刮板赶压平整。如壁纸已干结，则要将壁纸撕下，把基层清理干净后，再重新裱糊。

如果已贴好的壁纸边沿脱胶而卷翘起来，即产生张嘴现象时，要将翘边壁纸翻起，检查产生的原因，属于基层有污物的，应清理干净，补刷胶液粘牢；属于胶粘剂胶性小的，应换用胶性较大的胶粘剂粘贴；如果壁纸翘边已坚硬，应使用粘结力较强的胶粘剂粘贴，还应加压粘牢粘实。

如果已贴好的壁纸出现接缝不垂直，花纹未对齐时，应及时将裱糊的壁纸铲除干净，重新裱糊。对于轻微的离缝或亏纸现象，可用与壁纸颜色相同的乳胶漆点描在缝隙内，漆膜干后一般不易显露。较严重的部位，可用相同的壁纸补贴，不得看出补贴痕迹。另外，如纸面出现气泡，可用注射针管将气抽出，再注射胶液贴平贴实。也可以用刀在气泡表面切开，挤出气体用胶粘剂压实。若鼓泡内胶粘剂聚集，则用刀开口后将多余胶粘剂刮去压实即可。对于在施工中碰撞损坏的壁纸，可采取挖空填补的办法，将损坏的部分割去，然后按形状和大小，对好花纹补上，要求补后不留痕迹。

9）养护。壁纸在裱糊过程中及干燥前，应防止穿堂风劲吹，并应防止室温突然变化。冬期施工应在采暖条件下进行。白天封闭通行或将壁纸用透气纸张覆盖，除阴雨天外，需开窗通风，夜晚关门闭窗，防止潮气入侵。

（2）金属壁纸裱糊

金属壁纸属于室内高档装修材料，它以特种纸为基层，将很薄的金属箔压合于基层表面加工而成、金黄、古铜、红铜、咖啡、银白等色，并有多种图案。用以装饰墙面，雍容华贵、金碧辉煌。高级宾馆、娱乐建筑等多采用。如在室内一般造型面上，适当点缀一些金属壁纸装修，更有画龙点睛之妙用。

金属壁纸上面的金属箔非常薄，很容易折坏，故金属壁纸裱糊时须特别小心。基层必须特别平整洁净，否则可能将壁纸戳破，而且不平之处会非常明显地暴露出来。

金属壁纸的施工工艺流程为：基层表面处理→刮腻子→封闭底层→弹线→预拼→裁纸、编号→刷胶→上墙裱贴→修整表面→养护。

金属壁纸的施工要点为 [①]：

1）基层要求。阻燃型胶合板除设计有具体规定者外，应用厚为 9mm 以上（含 9mm）、两面打磨光的特等或一等胶合板。若基层为纸面石膏板，则贴缝的材料只能是穿孔纸带，不得使用玻璃纤维纱网胶带。

2）刮腻子。第一道腻子用油性石膏腻子将钉眼、接缝补平，并满刮腻子一遍，找平大面，干透后用砂纸打磨平整。第一道腻子彻底干后，用猪血料石膏粉腻子（石膏粉：猪血料 = 10：3，质量比）再满刮一遍。要求横向批刮，须刮抹平整和均匀，线脚及棱角等处应整齐。腻子干透后，用砂纸打磨平、扫净。第三道再满刮猪血料石膏粉腻子一遍，要求同上，但批刮方向应与第二道腻子垂直，干透后用砂纸打磨平、扫净。第四道、第五道腻子同第三道、第四道腻子。第五道腻子磨平、扫净后，须用软布将全部腻子表面仔细擦净，不得有漏擦之处。

3）刷胶。壁纸润湿后立即刷胶。金属壁纸背面及基层表面应同时刷胶。胶粘剂应用金属壁纸专用胶粉配制，不得使用其他胶粘剂。刷胶注意事项如下：

金属壁纸刷胶时应特别慎重，勿将壁纸上金属箔折坏。一边在裁好浸过水的壁纸的背面刷胶，一边将刷过胶的部分（使胶面朝上）卷在刚开封的发泡壁纸筒上（因发泡壁纸筒未曾开封，故圆筒上非常柔软平整，不致将金属箔折坏）。但卷前一定将发泡壁纸筒扫净擦净。刷胶应厚薄均匀，不得漏刷、裹边和起堆。基层表面的刷腔宽度，应较壁纸宽出 30mm 左右。

4）上墙裱贴。裱糊金属壁纸前须将基层再清扫一遍，并用洁净软布将基层表面仔细擦净。金属壁纸可采用对缝裱糊工艺。

金属壁纸带有图案，故须对花拼贴。施工时两人配合操作，一人负责对花拼缝，一人负责手托已上胶的金属壁纸卷，逐渐放展，一边对缝裱贴，一边用橡胶刮子将壁纸刮平。须从壁纸中部向两边压刮，使胶液向两边滑动而使壁纸裱贴均匀。刮平时应注意用力均匀、适中，避免刮伤金属壁纸表面。刮金属壁纸时，如两幅壁纸之间有小缝存在，则应用刮子将后粘贴的壁纸向先粘贴的壁纸一边轻刮，使缝逐渐缩小，直至小缝完全闭合为止。

（3）锦缎裱糊

锦缎作为"墙布"来装饰室内墙面，在我国古建筑中早已采用，锦缎柔软光滑，极易变形，不易裁剪，故很难直接裱糊在各种基层表面。因此，必须先在锦缎背面裱一层宣纸，使锦缎硬朗挺括以后再上墙。

1）施工工艺。基层表面处理→刮腻子→封闭底层、涂防潮底漆→弹线→锦缎上浆→锦缎裱纸→预拼→裁纸、编号→刷胶→上墙裱贴→修整墙面→涂防虫涂料→

---

① 结合金属壁纸的施工要点融入【德育：精益求精的工匠精神】

养护。

2）施工要点

① 锦缎上浆。将锦缎正面朝下、背面朝上，平铺于大"裱案"（裱糊案子是字画裱糊时的专用案子）上，并将锦缎两边压紧，用排刷蘸"浆"从锦缎中间向两边刷浆。刷浆（又名上浆）时应涂刷得非常均匀，浆液不宜过多，以打湿锦缎背面为准。"浆"的用料配合比如下：

面粉∶防虫涂料∶水 = 5∶40∶20（质量比）。面粉需用纯净的高级面粉，越细越好，防虫涂料可购成品。上述用料按质量比配好后，仔细搅拌，直至拌成稀薄适度的浆液为止（可视情况加温水）。

② 锦缎裱纸（俗称托纸）。在另一大"裱案"上，平铺上等宣纸一张（宣纸幅宽须较锦缎幅宽宽出 100mm 左右），用水打湿后将纸平贴于案面之上，以刚好打湿宣纸为宜。宣纸平贴于案面，不得有皱褶之处。

从第一张裱案上，由两人合作，将上好浆的锦缎从案上揭起，使浆面朝下，仔细粘裱于打湿的宣纸之上。然后用牛角刮子（裱纸的专用工具，也可用塑料刮子）从锦缎中间向四边刮压，以使锦缎与宣纸粘贴均匀。刮压时用力须恰当，动作须不紧不慢，恰到好处以免将锦缎刮褶刮皱或刮伤。待宣纸干后，可将裱好的锦缎取下备用。

③ 裁纸和编号。锦缎属高档装修材料，价格较高，裱糊困难，裁剪不易，故裁剪时应严格要求，避免裁错，导致浪费。同时为了保证锦缎颜色、花纹一致，裁剪时应根据锦缎的具体花色、图案及幅宽等仔细设计，认真裁剪。裁好的锦缎片子（俗称"开片"），应编号备用。

④ 刷胶。锦缎宣纸底面与基层表面应同时刷胶，胶粘剂可用专用胶粉。刷胶时应保证厚薄均匀，不得漏刷、裹边和起堆。基层上的刷胶宽度比锦缎宽 30mm。

⑤ 涂防虫涂料。因为锦缎为丝织品易被虫咬，故表面必须涂防虫涂料。

⑥ 其他施工工序同一般壁纸。

4．软包工程施工

（1）无吸声层软包墙面

1）施工工艺[①]。墙内预留防腐木砖→抹灰→涂防潮层→钉木龙骨→墙面软包。

2）施工要点

① 墙内预留防腐木砖。砖墙在砌筑时或混凝土墙、大模板混凝土墙浇筑时，

---

① 结合无吸声层软包墙面施工工艺融入【德育：团队协作，互帮互助的团队精神】

在墙内需预埋 60mm×60mm×120mm 防腐木砖，沿横、竖木龙骨中心线每隔 400 ～ 600mm 设置一块（或按具体设计）。

② 墙体抹灰（详见抹灰工程）。

③ 墙体表面涂防潮层。在找平层上满涂 3 ～ 4mm 厚防水建筑胶粉防潮层一道，须三遍成活，并须涂刷均匀，不得有厚薄不均及漏涂之处。

④ 钉木龙骨。30 ～ 40mm 横、竖木龙骨，正面刨光，背面刨防翘凹槽一道。满涂氟化钠防腐剂一道，防火涂料三道，中距 400 ～ 600mm（双向或按设计要求），钉于墙体内预埋防腐木砖之上，龙骨与墙面之间如有缝隙之处，须以防腐木片（或木块）垫平垫实。全部木龙骨安装时必须边钉边找平，各龙骨表面必须在同一垂直平面上，不得有凸出、凹进、倾斜、不平之处。整个墙面的木龙骨安装完毕，应进行最后检查、找平。

⑤ 墙面软包。软包墙面底层，将 8 ～ 12mm 厚阻燃型胶合板按软包墙面横、竖木龙骨中心间距（一般为 400 ～ 600mm，具体间距按设计要求）锯成方块（或矩形块），并将平行于竖龙骨的两条侧边整板满涂氟化钠防腐剂一道，涂后将板编号留存备用。软包墙面面层裁剪，将面层按下列尺寸裁成长条：横向尺寸 = 竖龙骨中心间距 + 50mm；竖向尺寸 = 软包墙面高度 + 上、下端压口长度之和。软包墙面施工：将胶合板底层就位，并将裁好的面料平铺于胶合板上，面料拉紧，用沉头木螺钉或圆钉将面料压钉于竖向木龙骨上，并将胶合板其余两条直边直接钉于横向木龙骨上。所有钉须沉入胶合板表面以内，钉孔用油性腻子嵌平，钉距为 80 ～ 150mm。胶合板底层及软包面料钉完一块，继续再钉下一块，直至全部钉完为止。软包墙面上下两端或四周，用高级金属饰条（如钛金饰条、8K 不锈钢饰条等）或其他饰条收口。全部软包墙面施工完毕后，须详加检查。如有面料褶皱、不平、松动、压缝不紧或其他质量问题，应加以修理。

（2）有吸声层软包墙面

1）软包墙面底层制作同无吸声层软包墙面底层。

2）软包墙面吸声层制作，可采用玻璃棉、超细玻璃棉或自熄型泡沫塑料等，按设计要求尺寸裁制成方形（或矩形）吸声块存放备用。

3）软包墙面面层裁剪。将面层按下列尺寸裁剪：横向尺寸 = 竖龙骨中心间距 + 吸声层厚度 +50mm；竖向尺寸 = 软包墙面高度 + 吸声层厚度上、下端压口长度之和。

4）软包墙面施工。将裁好的胶合板底层按编号就位，将制好的吸声块平铺于胶合板底层之上，将裁好的面料铺于吸声块上，并将面料绷紧，用钉将面料压钉于竖向木龙骨上，并将其余两条胶合板直接钉于横向木龙骨上。所有钉头须沉入胶合板表面以内，钉孔用油性腻子嵌平，钉距为 80 ～ 150mm，所有吸声层须铺均匀，包裹严密，不得有漏铺之处。胶合板及面料压紧钉牢以后，再在四角处加钉镜面不锈钢大帽头装饰钉一个。胶合板底层、吸声层及软包面料钉完一块，继续再钉下一块，直至全部钉完为止。

任务 5.4　安全施工措施 [①]

5.4.1 饰面作业

1．作业要点

（1）施工前班组长对所有人员进行有针对性的安全交底。

（2）外装饰为多工种立体交叉作业，必须设置可靠的安全防护隔离层。

（3）贴面使用预制件、大理石、瓷砖等，应堆放整齐平稳，边用边运。拆装要稳拿稳放，待灌浆凝固稳定后，方可拆除临时设施。

（4）瓷砖墙面作业时，瓷砖碎片不得向窗外抛扔。剔凿瓷砖应戴防护镜。

（5）使用电钻、砂轮等手持电动工具，必须装有漏电保护器，作业前应试机检查，作业时应戴绝缘手套。

（6）夜间操作应有足够的照明。

（7）遇有 6 级以上强风、大雨、大雾，应停止室外高处作业。

2．刷（喷）浆工程

（1）喷浆设备使用前应检查，使用后应洗净，喷头堵塞，疏通时不准对人。

（2）喷浆要戴口罩、手套和保护镜，穿工作服，手上、脸上最好抹上护肤油脂，如凡士林等。

（3）喷浆要注意风向，尽量减少污染及喷洒到他人身上。

（4）使用人字梯，拉绳必须结牢，并不得站在最上一层操作，不准站在梯子上移位，梯子脚下要绑胶布防滑。

（5）活动架子应牢固、平稳，移动时人要下来。移动式操作平台面积不应超过 10m²，高度不超过 5m。

[①]　结合安全施工措施融入【德育：安全意识，工作要认真仔细，及时发现问题，解决问题】

3．外檐装饰抹灰工程

（1）施工前对抹灰工进行必要的安全和技能培训，未经培训或考试不合格者不得上岗作业。更不得使用童工、未成年工、身体有疾病的人员作业。

（2）对脚手板不牢固之处和跷头板等及时处理，要铺有足够的宽度，以保证手推车运灰浆时的安全。

（3）脚手架上的材料要分散放稳，不得超过容许荷载。

（4）不准随意拆除、斩断脚手架软硬拉接，不准随意拆除脚手架上的安全设施，如妨碍施工，必须经施工负责人批准后，方能拆除妨碍部位。

（5）使用吊篮进行外墙抹灰时，吊篮设备必须具备"三证"（检验报告、生产许可证、产品合格证），并对抹灰人员进行吊篮操作培训，专篮专人使用，更换人员必须经安全管理人员批准并重新教育、登记，吊篮架上作业必须系好安全带，必须系在专用保险绳上。

（6）吊篮架子升降由架子工负责，非架子工不得擅自拆改或升降；作业过程中遇有脚手架与建筑物之间拉结，未经领导同意，严禁拆除。必要时由架子工负责采取加固措施后方可拆除。

（7）井架吊篮起吊或放下时，必须关好井架安全门，头、手不得伸入井架内，待吊篮停稳，方能进入吊篮内工作。采用井字架、龙门架、外用电梯垂直运送材料时，预先检查卸料平台通道的两侧边防护是否齐全、牢固，吊盘（笼）内小推车必须加挡车板，不得向井内探头张望。

（8）在架子上工作，工具和材料要放置稳当，不准随便乱扔。

（9）砂浆机应有专人操作维修、保养，电器设备应绝缘良好并接地，并做到二级漏电保护。

（10）用塔吊上料时，要有专职指挥，遇6级以上大风时暂停作业。

（11）高空作业时，应检查脚手架是否牢固，特别是大风及雨后作业。

4．室内水泥砂浆抹灰工程

（1）操作前应检查架子、高凳等是否牢固，如发现不安全地方立即做加固等处理，不准用50mm×100mm、50mm×200mm木料（2m以上跨度）、钢模板等作为立人板。

（2）搭设脚手架不得有跷头板，脚手板不得搭设在门窗、暖气片、洗脸池等非承重的物器上。阳台通廊部位抹灰，外侧必须挂设安全网。严禁踩踏脚手架的护身栏杆和阳台栏板进行操作。

（3）室内抹灰使用的木凳、金属支架应搭设平稳牢固，脚手板高度不大于 2m，架子上堆放材料不得过于集中，存放砂浆的灰斗、灰桶等要放稳。

（4）室内抹灰采用高凳上铺脚手板时，宽度不得少于两块脚手板，间距不得大于 2m，移动高凳时上面不得站人，作业人员最多不得超过 2 人。高度超过 2m 时，应由架子工搭设脚手架。

（5）在室内推运输小车时，特别是在过道中拐弯时要注意小车挤手。在推小车时不准倒退。

（6）在高大门、窗旁作业时，必须将门窗扇关好，并插上插销。

（7）严禁从窗口向下随意抛掷东西。

（8）搅拌与抹灰时（尤其在抹顶棚时），注意防止灰浆溅落眼内。

5.4.2 玻璃安装 ·· ●

1．玻璃安装安全技术

（1）切割玻璃，应在指定场所进行。切下的边角余料应集中堆放，及时处理，不得随地乱丢。

（2）搬运和安装玻璃时，注意行走路线，手戴手套，防止玻璃划伤。

（3）安装门、窗及安装玻璃时严禁操作人员站在樘子、阳台栏板上操作。门、窗临时固定，封填材料未达到强度时，严禁手拉门、窗进行攀登。

（4）使用的工具、钉子应装在工具袋内，不准口含铁钉。

（5）玻璃未钉牢固前，不得中途停工，以防掉落伤人。

（6）安装窗扇玻璃时，不能在垂直方向的上下两层间同时安装，以免玻璃破碎时掉落伤人。

（7）安装玻璃不得将梯子靠在门窗扇上或玻璃上。

（8）在高处安装玻璃，必须系安全带、穿软底鞋，应将玻璃放置平稳，垂直下方禁止通行。安装屋顶采光玻璃，应铺设脚手板。

（9）在高处外墙安装门、窗而无外脚手架时应张挂安全网。无安全网时，操作人员应系好安全带，其保险钩应挂在操作人员上方的可靠物件上，操作人员的重心应位于室内，不得在窗台上站立。

（10）施工时严禁从楼上向下抛撒物料，安装或更换玻璃要有防止玻璃坠落措施。

（11）施工中使用的电动工具及电气设备，均应符合国家现行标准《建筑与市政工程施工现场临时用电安全技术标准》JGJ/T 46 的规定。

（12）门窗扇玻璃安装完后，应随即将风钩或插销挂上，以免因刮风而打碎玻璃伤人。

（13）储存时，要将玻璃摆放平稳，立面平放。

2．玻璃幕墙安装安全技术

（1）安装构件前应检查混凝土梁柱的强度等级是否达到要求，预埋件焊接是否牢靠，不松动；不准使用膨胀螺栓与主体结构拉结。

（2）严格按照施工组织设计方案及安全技术措施施工。

（3）吸盘机必须有产品合格证和产品使用证明书，使用前必须检查电源电线，电动机绝缘应良好无漏电，重复接地和接保护零线牢靠，触电保护器动作灵敏，液压系统连接牢固无漏油，压力正常，并进行吸附力和吸持时间试验，符合要求，方可使用。

（4）遇有大雨、大雾或6级阵风及以上，必须立即停止作业。

5.4.3 涂料工程 ●

1．涂料工程安全注意事项 [①]

（1）施工前进行教育培训，严格执行安全技术交底工作，坚持特殊工种持证上岗制度，进场施工人员每人进行安全考试，考试合格后方可进场施工。

（2）漆材料（汽油、漆料、稀料）应单独存放在专用库房内，不得与其他材料混放，库房应通风良好。易挥发的汽油、稀料应装入密闭容器中，严禁在库内吸烟和使用任何烟火，照明灯具必须防爆。施工现场严禁吸烟、使用任何明火和可导致火灾的电器设备，并有专职消防员在现场监察旁站，现场设置足够的消防器材，确保使用满足灭火要求。

（3）库房应通风良好，并设置消防器材和"严禁烟火"标识。库房与其他建筑物应保持一定的安全距离。

（4）沾染油漆的棉纱、破布、油纸等废物，应收集存放在有盖的金属容器内，并及时处理。

（5）施工现场一切用电设施须安装漏电保护装置，施工用电动工具应正确使用。

（6）室内照明使用36V，地下室使用24V，电线不可拖地，严禁无证操作。

---

① 结合涂料工程安全注意事项融入【德育：树立安全意识，敬畏生命】

（7）配备足够的灭火器，一般情况按照 200m² / 个配备灭火器。消防器材要设在易发生火灾隐患或位置明显处，所有的消防器材均要涂上红油漆，设置标志牌。要保障消防道路的畅通。

（8）作业人员应注意如下事项：

1）严禁从高处向下方投掷或者从低处向高处投掷物料、工具。

2）清理楼内物料时，应设溜槽或使用垃圾桶或垃圾袋。

3）手持工具和零星物料应随手放在工具袋内。

4）如头痛、恶心、心闷和心悸等，应停止作业，到户外通风处换气。

5）从事有机溶剂、腐蚀和其他损坏皮肤的作业，应使用橡皮或塑料专用手套，不能用粉尘过滤器代替防毒过滤器，因为有机溶剂蒸气可以直接通过粉尘过滤器等。

2．涂料工程施工安全技术 [①]

（1）施工中使用油漆、稀料等易燃物品时，应限额领料。禁止交叉作业；禁止在作业场分装、调料。

（2）油工施工前，应将易弄脏部位用塑料布、水泥衣或油毡纸遮挡盖好，不得把白灰浆、油漆、腻子洒到地上，沾到门窗、玻璃和墙上。

（3）在施工过程中，必须遵守"先防护，后施工"的规定，施工人员必须佩戴安全帽、穿工作服、耐温鞋，严禁在没有任何防护的情况下违章作业。

（4）使用煤油、汽油、松香水、丙酮等调配油料，应戴好防护用品，严禁吸烟。熬胶、熬油必须远离建筑物，在空旷地方进行，严防发生火灾。

（5）在室内或容器内喷涂时，应戴防护镜。喷涂含有挥发性溶液和快干油漆时，严禁吸烟，作业周围不准有火种，并戴防护口罩和保持良好的通风。

（6）刷涂外开窗扇，将安全带挂在牢固的地方。刷涂封檐板、水落管等应搭设脚手架或吊架。在大于 25° 的铁皮屋面上刷油应设置活动板梯、防护栏杆和安全网。

（7）使用喷灯，加油不得过满，打气不应过足，使用时间不宜过长，点灯时火嘴不准对人，加油应待喷灯冷却后进行，离开工作岗位时，必须将火熄灭。

（8）喷砂机械设备的防护设备必须齐全可靠。

（9）用喷砂除锈，喷嘴接头要牢固，不准对人。喷嘴堵塞时，应停机消除压力后方可进行修理或更换。

（10）使用喷浆机，电动机接地必须可靠，电线绝缘良好。手上沾有浆水时，不准开关电闸，以防触电。通气管或喷嘴发生故障时，应关闭闸门后再进行修理。喷

---

① 结合涂料工程施工安全技术要求融入【德育：认识规律、尊重规律、实事求是】

嘴塞疏通时喷嘴不准对人。

（11）采用静电喷漆，为避免静电聚集，喷漆室（棚）应有接地保护装置。

（12）使用合页梯作业时，梯子坡度不宜过限或过直，梯子下档用绳子拴好，梯子脚应绑扎防滑物。在合页梯上搭设架板作业时，两人不得挤在一处操作，应分段顺向进行，以防人员集中发生危险。使用单梯坡度宜为 60°。

（13）使用人字梯应遵守以下规定：

1）高度 2m 以下作业（超过 2m 按规定搭设脚手架）使用的人字梯应四脚落地，摆放平稳，梯脚应设防滑皮垫和保险拉链。

2）在人字梯上搭铺脚手板时，脚手板两端搭接长度不得小于 20cm，脚手板中间不得同时两人操作，梯子挪动时，作业人员必须下来，严禁站在梯子上踩高跷式挪动。人字梯顶部铰轴不准站人、不准铺设脚手板。

3）人字梯应经常检查，发现开裂、腐朽、榫头松动、缺档等不得使用。

（14）空气压缩机压力表和安全阀必须灵敏有效。高压气管各种接头必须牢固，修理料斗气管时应关闭气门，试喷时不准对人。

（15）防水作业上方和周围 10m 内应禁止动用明火交叉作业。

（16）临边作业必须采取防坠落的措施。外墙、外窗、外楼梯等高处作业时，应系好安全带，安全带应高挂低用，挂在牢靠处。油漆窗户时，严禁站在或骑在窗栏上操作。刷封檐板或水落管时，应在脚手架或专用操作平台架上进行。

（17）在施工休息、吃饭收工后，现场油漆等易燃材料要清理干净，油料临时堆放处要派专人看守，防止无人看守易燃物品引起火灾隐患。

（18）作业后应及时清理现场遗料，运到指定位置存放。

3．油漆工程安全技术 [①]

（1）油漆涂料的配置应遵守以下规定：

1）调制油漆应在通风良好的房间内进行。调制有害油漆涂料时，应戴好防毒口罩、护目镜，穿好与之相适应的个人防护用品，工作完毕应冲洗干净。

2）操作人员应进行体检，患有眼病、皮肤病、气管炎、结核病者不宜从事此项工作。

3）高处作业时必须支搭平台，平台下方不得有人。

4）工作完毕，各种油漆涂料的溶剂桶（箱）要加盖封严。

（2）在用钢丝刷、板锉、气动、电动工具清除铁锈、铁鳞时，为避免眼睛沾污

---

① 结合油漆工程安全技术融入【德育：安全意识，规范意识】

和受伤，需戴上防护眼镜。

（3）在涂刷或喷涂对人体有害的油漆时，需戴上防护口罩，如对眼睛有害，需戴上密闭式眼镜进行保护。

（4）在涂刷红丹防锈漆及含铅颜料的油漆时，应注意防止铅中毒，操作时要戴口罩。

（5）在喷涂硝基漆或其他挥发性、易燃性溶剂稀释的涂料时不准使用明火。

（6）为了避免静电集聚引起事故，对罐体涂漆或喷涂应安装接地线装置。

（7）涂刷大面积场地时，（室内）照明和电气设备必须按防火等级规定进行安装。

（8）在配料或提取易燃品时严禁吸烟，浸擦过清油、清漆、油的棉纱、擦手布不能随便乱丢。

（9）油漆仓库明火不准入内，须配备灭火器。不准装小太阳灯。

【思政提升】

本项目介绍了建筑装饰装修工程涉及的抹灰工程、门窗工程、吊顶工程、轻质隔墙工程、饰面板（砖）工程、幕墙工程、涂饰工程、裱糊工程以及地面工程等的有关施工技术内容。通过本项目的学习，掌握各子分部及其分项工程施工工艺及施工要点，培养严谨细致、精益求精的工匠精神，树立安全和规范意识，塑造积极向上、互帮互助的工作态度。

【课后习题】

1. 建筑装饰装修工程包含哪些内容？
2. 抹灰层一般由哪几层组成？各有什么作用？
3. 室外抹灰顺序如何？
4. 一般抹灰工程主控项目有哪些？
5. 饰面砖粘贴工程主控项目有哪些？
6. 饰面板安装工程主控项目有哪些？
7. 说说铝合金门窗的安装流程和安装要点。
8. 写出水泥砂浆地面面层的工艺流程和施工要点。
9. 吊顶工程由哪三部分组成？
10. 说说木骨架罩面板吊顶的工艺流程和工艺要点。

项目6 建筑防水工程

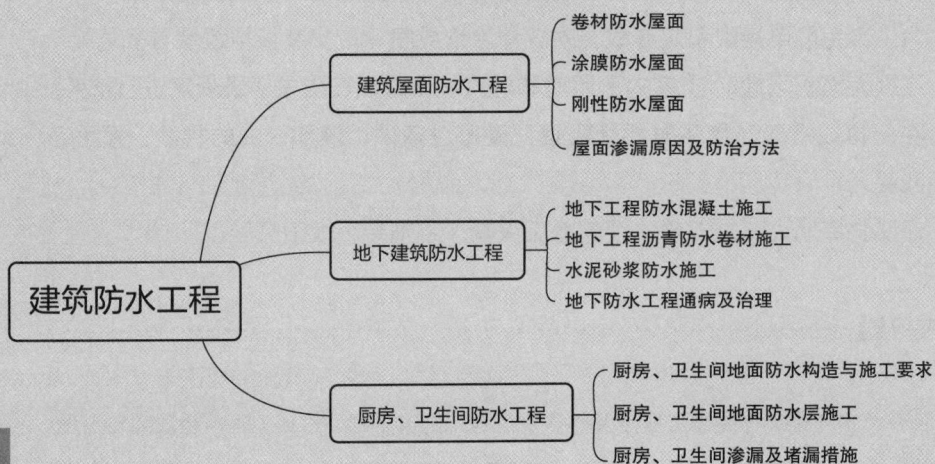

思 维 导 图

建筑防水工程

- 建筑屋面防水工程
  - 卷材防水屋面
  - 涂膜防水屋面
  - 刚性防水屋面
  - 屋面渗漏原因及防治方法
- 地下建筑防水工程
  - 地下工程防水混凝土施工
  - 地下工程沥青防水卷材施工
  - 水泥砂浆防水施工
  - 地下防水工程通病及治理
- 厨房、卫生间防水工程
  - 厨房、卫生间地面防水构造与施工要求
  - 厨房、卫生间地面防水层施工
  - 厨房、卫生间渗漏及堵漏措施

【学习目标】

1. 掌握涂膜防水屋面各种原材料的特性和施工工艺；

2. 掌握刚性防水屋面各种原材料的特性和施工工艺；

3. 了解地下防水工程的通病及治理方法；

4. 熟悉厨房、卫生间地面防水构造与施工要求。

任务 6.1　建筑屋面防水工程

屋面工程是房屋建筑的一个重要分部工程，主要由保温层、找平层、防水层、隔热层等组成。其中，防水层是重点，各层的施工都要围绕防水这一主题。根据建筑物的性质、重要程度、使用功能要求以及防水层耐用年限等，将屋面防水分为四个等级，不同的防水等级有不同的设防要求[①]（表 6-1）。屋面工程应根据工程特点、地区自然条件等，按照屋面防水等级设防要求，进行防水构造设计。

屋面防水等级和设防要求　　表 6-1

项目	层面防水等级			
	I	II	III	IV
建筑物类别	特别重要或对防水有特殊要求的建筑	重要的建筑和高层建筑	一般的建筑	非永久性的建筑
防水层合理使用年限	25 年	15 年	10 年	5 年
防水层选用材料	宜选用合成高分子防水卷材、高聚物改性沥青防水卷材、金属板材、合成高分子防水涂料、细石混凝土等材料	宜选用高聚物改性沥青防水卷材、合成高分子防水卷材、金属板材、合成高分子防水涂料、细石混凝土、平瓦、油毡瓦等材料	宜选用三毡四油沥青防水卷材、高聚物改性沥青防水卷材、合成高分子防水卷材、金属板材、高聚物改性沥青防水涂料、合成高分子防水涂料、细石混凝土、平瓦、油毡瓦等材料	可选用二毡三油沥青防水卷材、高聚物改性沥青防水涂料等材料
设防要求	三道或三道以上防水设防	二道防水设防	一道防水设防	一道防水设防

6.1.1 卷材防水屋面

卷材防水屋面属柔性防水屋面，其优点是：质量小，防水性能较好，尤其是防水层，具有良好的柔韧性，能适应一定程度的结构振动和胀缩变形。缺点是：造价高，特别是沥青卷材易老化、起鼓，耐久性差，施工工序多，工效低，维修工作量大，产生渗漏时修补、找漏困难等[②]。

卷材防水屋面一般由结构层、隔汽层、保温层、找平层、防水层和保护层组成，如图 6-1 所示。其中，隔汽层和保温层在一定的气温条件和使用条件下可不设。

---

① 结合屋面防水等级划分融入【德育：国家标准、正确选型】
② 结合卷材防水特点等级划分融入【德育：实践、辩证、勤俭持家】

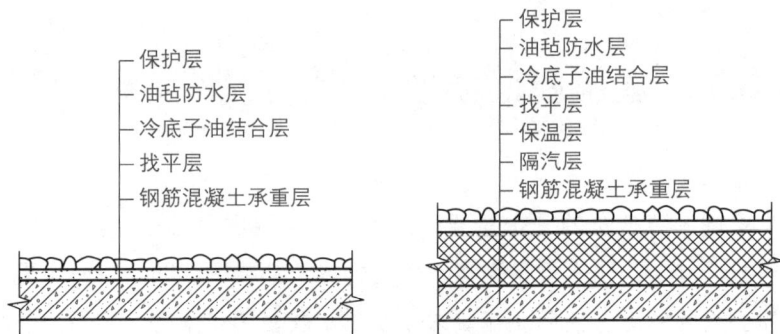

图 6-1　油毡屋面构造层次
（a）不保温油毡屋面；（b）保温油毡屋面

1．卷材防水屋面的材料要求

（1）卷材防水屋面的材料

1）沥青

沥青是一种有机胶凝材料。在土木工程中，目前常用的是石油沥青。石油沥青按其用途可分为建筑石油沥青、道路石油沥青和普通石油沥青。建筑石油沥青黏性较高，多用于建筑物的屋面及地下工程防水；道路石油沥青则用于拌制沥青混凝土和沥青砂浆或道路工程；普通石油沥青因其温度稳定性差，黏性较低，在建筑工程中一般不单独使用，而是与建筑石油沥青掺配，经氧化处理后使用。

2）卷材

① 沥青防水卷材。沥青防水卷材按制造方法不同，可分为浸渍（有胎）和辊压（无胎）两种。石油沥青卷材又称油毡和油纸。油毡是用高软化点的石油沥青涂盖油纸的两面，再撒上一层滑石粉或云母片而成；油纸是用低软化点的石油沥青浸渍原纸而成。建筑工程中常用的有石油沥青油毡和石油沥青油纸两种。油毡和油纸在运输、堆放时应竖直搁置，高度不宜超过两层；应储存在阴凉通风的室内，避免日晒、雨淋及高温、高热。

② 高聚物改性沥青防水卷材。高聚物改性沥青防水卷材是以合成高分子聚合物改性沥青为涂盖层，纤维织物或纤维毡为胎体，粉状、粒状、片状或薄膜材料为覆盖材料制成的可卷曲片状材料。

③ 合成高分子防水卷材。合成高分子防水卷材是以合成橡胶、合成树脂或两者的共混体为基料，加入适量的化学助剂和填充料等，经不同工序加工而成的可卷曲片状防水材料；或把上述材料与合成纤维等复合，形成两层或两层以上的可卷曲片状防水材料。

3）冷底子油

冷底子油是用 10 号或 30 号石油沥青加入挥发性溶剂配制而成的溶液。石油沥青与轻柴油或煤油以 4 : 3 的配合比调制而成的冷底子油为慢挥发性冷底子油，涂喷后 12 ~ 48h 干燥；石油沥青与汽油或苯以 3 : 7 的配合比调制而成的冷底子油为快挥发性冷底子油，涂喷后 5 ~ 10h 干燥。调制时先将熬好的沥青倒入料桶中，再加入溶剂，并不停地搅拌至沥青全部溶解为止。冷底子油具有较强的渗透性和憎水性，并使沥青胶结材料与找平层之间的粘结力增强。

4）沥青胶结材料

沥青胶结材料是用石油沥青按一定配合比掺入填充料（粉状和纤维状矿物质）混合熬制而成的，用于粘贴油毡做防水层或作为沥青防水涂层以及接头填缝。

在沥青胶结材料中加入填充料提高耐热度、增加韧性、增加抗老化能力，填充料可采用滑石粉、板岩粉、云母粉、石棉粉等。粒径大于 0.85mm 的颗粒不应超过 15%，含水率应在 3% 以内。

（2）进场卷材的抽样复验

1）同一品种、型号和规格的卷材，抽样数量大于 1000 卷抽取 5 卷；500 ~ 10000 卷抽取 4 卷；100 ~ 499 卷抽取 3 卷；小于 100 卷抽取 2 卷[①]。

2）将受检的卷材进行规格、尺寸和外观质量检验，全部指标达到标准规定时即为合格。其中若有一项指标达不到要求，允许在受检产品中另取相同数量卷材进行复检，全部达到标准规定为合格。复检时仍有一项指标不合格，则判定该产品外观质量为不合格。

3）在外观质量检验合格的卷材中，任取一卷做物理性能检验，若物理性能有一项指标不符合标准规定，应在受检产品中加倍取样进行该项复检；如复检结果仍不合格，则判定该产品为不合格。

（3）卷材胶粘剂、胶粘带

1）改性沥青胶粘剂的剥离强度不应小于 8N/10mm。

2）合成高分子胶粘剂的剥离强度不应小于 15N/10mm，浸水 168h 后的保持率不应小于 70%。

3）双面胶粘带的剥离强度不应小于 6N/10mm，浸水 168h 后的保持率不应小于 70%。

4）卷材胶粘剂和胶粘带的储运、保管。

① 不同品种、规格的卷材胶粘剂和胶粘带，应分别用密封桶或纸箱包装。

② 卷材胶粘剂和胶粘带应储存在阴凉、通风的室内，严禁靠近火源和热源。

2．卷材防水屋面的施工

（1）卷材防水的一般规定

1）卷材的铺贴方向。屋面坡度小于 3% 时，卷材宜平行屋脊铺贴；屋面坡度为 3% ~ 16% 时，卷材可平行或垂直屋脊铺贴；屋面坡度大于 16% 或屋面受振动时，沥青防水卷材应垂直屋脊铺贴。高聚物改性沥青防水卷材和合成高分子防水卷材可平行或垂直屋脊铺贴，上、下层卷材不得相互垂直铺贴。

2）卷材的铺贴方法。卷材防水层上有重物覆盖或基层变形较大时，应优先采用空铺法、点粘法、条粘法或机械固定法，但距屋面周边 800mm 内以及叠层铺贴的各层卷材之间应满粘；防水层采取满粘法施工时，找平层的分格缝处宜空铺，空铺的宽度宜为 100mm；卷材屋面的坡度不宜超过 26%，当坡度超过 26% 时应采取防止卷材下滑的措施。

3）卷材铺贴的施工顺序。屋面防水层施工时，应先做好节点、附加层和屋面排水比较集中等部位的处理，然后由屋面最低处向上进行。铺贴天沟、檐沟卷材时，宜顺天沟、檐沟方向，减少卷材的搭接。铺贴多跨和有高低跨的屋面时，应按先高后低、先远后近的顺序进行。等高的大面积屋面，先铺贴离上料地点较远的部位，后铺贴较近的部位。划分施工段时，其界限宜设在屋脊、天沟、变形缝处[①]。

4）搭接方法和宽度要求。卷材铺贴应采用搭接法。相邻两幅卷材的接头还应相互错开 300mm 以上，以免接头处多层卷材因重叠而粘结不实。叠层铺贴，上、下层两幅卷材的搭接缝也应错开 1/3 幅宽，如图 6-2 所示。当采用高聚物改性沥青防水卷材点粘或空铺时，两头部分必须全粘 500mm 以上。平行于屋脊的搭接缝，应顺水流方向搭接；垂直于屋脊的搭接缝，应顺年最大频率风向搭接。叠层铺设的各层卷材，在天沟与屋面的连接处应采用交叉接法搭接，搭接缝应错开，接缝宜留在屋面或天沟侧面，不宜留在沟底。

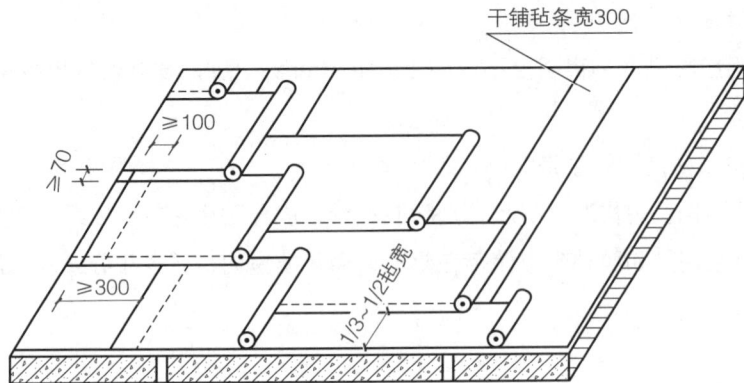

图 6-2　卷材水平铺贴搭接要求

---

① 结合卷材铺贴过程融入【德育：认真仔细、职业规范意识】

卷材搭接宽度应符合表 6-2 的要求。

<table>
<tr><td colspan="5" align="center">卷材搭接宽度</td><td align="right">表 6-2</td></tr>
<tr><td>搭接方向</td><td colspan="2" align="center">短边搭接宽度 /mm</td><td colspan="2" align="center">长边搭接宽度 /mm</td></tr>
<tr><td>卷材种类</td><td>满粘法</td><td>空铺法
点粘法
条粘法</td><td>满粘法</td><td>空铺法
点粘法
条粘法</td></tr>
<tr><td>沥青防水卷材</td><td>100</td><td>150</td><td>70</td><td>100</td></tr>
<tr><td>高聚物改性沥青防水卷材</td><td>80</td><td>100</td><td>80</td><td>100</td></tr>
<tr><td rowspan="4">合成高分子
防水卷材</td><td>胶粘剂</td><td>80</td><td>100</td><td>80</td><td>100</td></tr>
<tr><td>胶粘带</td><td>50</td><td>60</td><td>50</td><td>60</td></tr>
<tr><td>单焊缝</td><td colspan="4" align="center">60，有效焊接宽度不小于 25</td></tr>
<tr><td>双焊缝</td><td colspan="4" align="center">80，有效焊接宽度 10×2+ 空腔宽</td></tr>
</table>

（2）沥青防水卷材施工工艺

1）基层清理。施工前清理干净基层表面的杂物和尘土，并保证基层干燥。干燥程度的建议检查方法是将 1m² 卷材平整地干铺在找平层上，静置 3～4h 后掀开检查，找平层覆盖部位与卷材上未见水印，即可认为基层干燥。

2）喷涂冷底子油。先将沥青加热熔化，使其脱水至不起泡为止，然后将热沥青倒入桶内，冷却至 110℃，缓慢注入汽油，边注入边搅拌均匀。一般采用的冷底子油配合比（质量比）为 60 号道路石油沥青：汽油 =30 ：70；10 号（30 号）建筑石油沥青：轻柴油 =50 ：50。

冷底子油采用长柄棕刷进行涂刷，一般 1～2 遍成活，要求均匀一致，不得漏刷和出现麻点、气泡等缺陷；第二遍应在第一遍冷底子油干燥后再涂刷。冷底子油亦可采用机械喷涂。

3）油毡铺贴。油毡铺贴之前首先应拌制玛蹄脂，常用的为热玛蹄脂，其拌制方法为：按配合比将定量沥青破碎成 80～100mm 的碎块，放在沥青锅里均匀加热，随时搅拌，并用漏勺及时捞出杂物，熬至脱水无泡沫时，缓慢加入预热干燥的填充料，同时不停地搅拌至规定温度，其加热温度不高于 240℃，实用温度不低于190℃，制作好的热玛蹄脂应在 8h 之内用完。

油毡在铺贴前应保持干燥，其表面的撒布料应预先清扫干净，避免损伤油毡。在女儿墙、立墙、天沟、檐口、落水口、屋檐等屋面的转角处，均应加铺 1 或 2 层油毡附加层。

4）细部处理。细部处理主要包括以下几点：

① 天沟、檐沟部位。天沟、檐沟部位铺贴卷材应从沟底开始，纵向铺贴；如沟

底过宽，纵向搭接缝宜留设在屋面或沟的两侧。卷材应由沟底翻上至沟外檐顶部，卷材收头应用水泥钉固定，并用密封材料封严。沟内卷材附加层在天沟、檐口与屋面交接处宜空铺，空铺的宽度不应小于200mm。

② 女儿墙泛水部位。当泛水墙体为砖墙时，卷材收头可直接铺压在女儿墙压顶下，压顶应做防水处理。亦可在砖墙上预留凹槽，卷材收头端部应截齐压入凹槽内，用压条或垫片钉牢固定，最大钉距不大于900mm，然后用密封材料将凹槽嵌填封严，凹槽上部的墙体亦应抹水泥砂浆层做防水处理。

③ 变形缝部位。变形缝的泛水高度不应小于250mm，其卷材应铺贴到变形缝两侧砌体上面，并且缝内应填泡沫塑料，上部填放衬垫材料，并用卷材封盖，变形缝顶部应加扣混凝土盖板或金属盖板，盖板的接缝处要用油膏嵌封严密。

④ 落水口部位。落水口杯上口的标高应设置在沟底的最低处。铺贴时，卷材贴入落水口杯内不应小于50mm，并涂刷防水涂料1或2遍，且使落水口周围500mm的范围内的坡度不小于5%，并应在基层与落水口接触处留20mm宽、20mm深的凹槽，用密封材料嵌填密实。

⑤ 伸出屋面的管道。将管道根部周围做成圆锥台，管道与找平层相接处留20mm×20mm的凹槽，嵌填密封材料，并将卷材收头处用金属箍箍紧，将密封材料封严。

⑥ 无组织排水。排水檐口800mm范围内卷材应采取满粘法，卷材收头压入预留的凹槽内，采用压条或带垫片钉子固定，最大钉距不应大于900mm，凹槽内用密封材料嵌填封严，并应注意在檐口下端抹出鹰嘴和滴水槽。

（3）高聚物改性沥青防水卷材施工工艺

1）清理基层。基层要保证平整，无空鼓、起砂，阴阳角应呈圆弧形，坡度符合设计要求，尘土、杂物要清理干净，保持干燥。

2）涂刷基层处理剂。基层处理剂是利用汽油等溶液稀释胶粘剂制成，应搅拌均匀，用长把辊刷均匀涂刷在基层表面上，涂刷时要均匀一致。

3）高聚物改性沥青防水卷材施工。高聚物改性沥青防水卷材施工，有冷粘法铺贴卷材、热熔法铺贴卷材和自粘法铺贴卷材三种方法（表6-3）。

高聚物改性沥青防水卷材施工　　　　　　　　　　表6-3

项次	项目名称	基本内容
1	冷粘法铺贴卷材	（1）胶粘剂涂刷应均匀，不露底、不堆积。卷材空铺、点粘、条粘时，应按规定的位置及面积涂刷胶粘剂； （2）根据胶粘剂的性能，应控制胶粘剂涂刷与卷材铺贴的间隔时间； （3）铺贴卷材时应排出卷材下面的空气，并辊压粘贴牢固； （4）铺贴卷材时应平整顺直，搭接尺寸准确，不得扭曲、折皱，搭接部位的接缝应满涂胶粘剂，辊压粘贴牢固； （5）搭接缝口应用材性相容的密封材料封严

续表

项次	项目名称	基本内容
2	热熔法铺贴卷材	（1）火焰加热器的喷嘴距卷材面的距离应适中，幅宽内加热应均匀，以卷材表面熔融至光亮黑色为度，不得过分加热卷材。厚度小于 3mm 的高聚物改性沥青防水卷材，严禁采用热熔法施工； （2）卷材表面热熔后应立即滚铺卷材，滚铺时应排出卷材下面的空气，使之平展并粘贴牢固； （3）搭接缝部位宜以溢出热熔的改性沥青为度，溢出的改性沥青宽度以 2mm 左右并均匀顺直为宜。当接缝处的卷材有铝箔或矿物粒（片）料时，应清除干净后再进行热熔和接缝处理； （4）铺贴卷材时应平整顺直，搭接尺寸准确，不得扭曲； （5）采用条粘法时，每幅卷材与基层粘结面不应少于两条，每条宽度不应小于 150mm
3	自粘法铺贴卷材	（1）铺贴卷材前，基层表面应均匀涂刷基层处理剂，干燥后及时铺贴卷材； （2）铺贴卷材时应将自粘胶底面的隔离纸完全撕净； （3）铺贴卷材时应排出卷材下面的空气，并辊压粘贴牢固； （4）铺贴的卷材应平整顺直，搭接尺寸准确，不得扭曲、折皱。低温施工时，立面、大坡面及搭接部位宜采用热风机加热，加热后随即粘贴牢固； （5）搭接缝口应采用材性相容的密封材料封严

（4）合成高分子防水卷材施工工艺

1）基层处理。基层表面为水泥浆找平层，找平层要求表面平整。当基层面有凹坑或不平时，可用 108 胶水、水泥砂浆嵌平或抹层缓坡。基层在铺贴前做到洁净、干燥。

2）高分子防水卷材的铺贴[①]。高分子防水卷材的铺贴为冷粘法和热焊法两种施工方法，使用最多的是冷粘法。冷粘法施工是以合成高分子卷材为主体材料，配以与卷材同类型的胶粘剂及其他辅助材料，用胶粘剂贴在基层形成防水层的施工方法。

冷粘法施工工序如下：

① 刷底胶。将高分子防水材料胶粘剂配制成的基层处理剂或胶粘带，均匀地涂刷在基层的表面，在干燥 4 ~ 12h 后进行后道工序。胶粘剂涂刷应均匀，不露底，不堆积。

② 卷材上胶。先把卷材在干净、平整的面层上展开，用长辊刷蘸满搅拌均匀的胶粘剂，涂刷在卷材的表面，涂胶的厚度要均匀且无漏涂，但在沿搭接部位留出100mm 宽的无胶带。静置 10 ~ 20min，当胶膜干燥且手指触摸基本不粘手时，用纸筒芯重新卷好带胶的卷材。

③ 滚铺。卷材的铺贴应从流水口下坡开始。先弹出基准线，然后将已涂刷胶粘剂的卷材一端先粘贴固定在预定部位，再逐渐沿基线滚动展开卷材，将卷材粘贴在基层上。

卷材滚铺施工中应注意：铺设同一跨屋面的防水层时，应先铺排水口、天沟、檐口等处排水比较集中的部位，按标高由低向高的顺序铺；在铺多跨或高低跨屋面

---

① 结合合成高分子防水卷材与普通防水卷材区别融入【德育：比较意识、科学精神】

防水卷材时，应按先高后低、先远后近的顺序进行；应将卷材顺长方向铺，并使卷材长面与流水坡度垂直，卷材的搭接要顺流水方向，不应逆向。

④ 上胶。在铺贴完成的卷材表面再均匀地涂刷一层胶粘剂。

⑤ 复层卷材。根据设计要求可再重复上述施工方法，再铺贴一层或数层的高分子防水卷材，达到屋面防水的效果。

⑥ 着色剂。在高分子防水卷材铺贴完成、质量验收合格后，可在卷材表面涂刷着色剂，起到保护卷材和美化环境的作用。

安全施工，警钟长鸣——防水工程施工安全事故

6.1.2 涂膜防水屋面

涂膜防水屋面是在屋面基层上涂刷防水涂料，经固化后形成一层有一定厚度和弹性的整体涂膜，从而达到防水目的的一种防水屋面形式。防水涂料的特点：防水性能好，固化后无接缝；施工操作简便，可适应各种复杂的防水基面；与基面粘结强度高；温度适应性强；施工速度快，易于修补等。

涂膜防水屋面构造与卷材防水屋面基本相同。

1．涂膜防水屋面的材料要求

（1）进场防水涂料和胎体增强材料的抽样复检

1）同一规格、品种的防水涂料，每 10t 为一批，不足 10t 者按一批进行抽样。胎体增强材料，每 3000m² 为一批，不足 3000m² 者按一批进行抽样。

2）防水涂料和胎体增强材料的物理性能检验，全部指标达到标准规定时，即为合格。若有一项指标达不到要求，允许在受检产品中加倍取样进行该项复检；如复检结果仍不合格，则判定该产品为不合格。

（2）防水涂料和胎体增强材料的储运、保管[①]

1）防水涂料包装容器必须密封，容器表面应标明涂料名称、生产厂名、执行标准号、生产日期和产品有效期，并分类存放。

2）反应型和水乳型涂料储运和保管的环境温度不宜低于 5℃。

3）溶剂型涂料储运和保管的环境温度不宜低于 0℃，并不得日晒、碰撞和渗漏；保管环境应干燥、通风，并远离火源；仓库内应有消防设施。

4）胎体增强材料储运、保管环境应干燥、通风，并远离火源。

---

① 结合防水涂料和胎体增强材料的储运、保管融入【德育：国家标准、绿色环保、生态文明】

2．涂膜防水屋面的施工

（1）基层清理

涂膜防水层施工前，先将基层表面的杂物、砂浆硬块等清扫干净，基层表面平整，无起砂、起壳、龟裂等现象。

（2）涂刷基层处理剂

基层处理剂常采用稀释后的涂膜防水材料，其配合比应根据不同防水材料按要求配置。涂刷时应涂刷均匀，覆盖完全。

（3）附加涂膜层施工

涂膜防水层施工前，在管根部、落水口、阴阳角等部位必须先做附加涂层，附加涂层的做法是：在附加层涂膜中铺设玻璃纤维布，用板刷涂刮排出气泡，将玻璃纤维布紧密地贴在基层上，不得出现空鼓或折皱，可以多次涂刷涂膜。

（4）涂膜防水层施工

涂膜防水层应根据防水涂料的品种分层分遍涂布，不得一次涂成；应待先涂的涂层干燥成膜后，方可涂后一遍涂料；需铺设胎体增强材料时，屋面坡度小于15%时可平行屋脊铺设，屋面坡度大于15%时应垂直屋脊铺设；胎体长边搭接宽度不应小于50mm，短边搭接宽度不应小于70mm；采用两层胎体增强材料时，上下层不得相互垂直铺设，搭接缝应错开，其间距不应小于幅宽的1/3。

涂膜防水层的厚度：高聚物改性沥青防水涂料，在屋面防水等级为Ⅱ级时不应小于3mm；合成高分子防水涂料，在屋面防水等级为Ⅲ级时不应小于1.5mm。

施工要点：防水涂膜应分层分遍涂布，第一层一般不需要刷冷底子油，待先涂的涂层干燥成膜后，方可涂布下一遍涂料。在板端、板缝、檐口与屋面板交接处，先干铺一层宽度为150～300mm的塑料薄膜缓冲层。铺贴玻璃丝布或毡片应采用搭接法，长边搭接宽度不小于70mm，短边搭接宽度不小于100mm，上下两层及相邻两幅的搭接缝应错开1/3幅宽，但上下两层不得互相垂直铺贴。

铺加衬布前，应先浇胶料并刮刷均匀，然后立即铺加衬布，再在上面浇胶料刮刷均匀，纤维不露白，用碾子滚压实，排尽布下空气。必须待上道涂层干燥后，方可进行后道涂料施工，干燥时间视当地温度和湿度而定，一般为4～24h。

（5）保护层施工

涂膜防水屋面应设置保护层[①]。保护层材料可采用绿豆砂、云母、蛭石、浅色涂料、水泥砂浆、细石混凝土或块材等。当采用水泥砂浆、细石混凝土或块材保护层时，应在防水涂膜与保护层之间设置隔离层，以防止因保护层的伸缩变形，将涂膜

---

① 结合保护层的作用融入【德育：善假于物、小人物大能量】

防水层破坏而造成渗漏。当用绿豆砂、云母、蛭石时，应在最后一遍涂料涂刷后随即撒上，并用扫帚轻扫均匀、轻拍粘牢。当用浅色涂料作保护层时，应在涂膜固化后进行。

6.1.3 刚性防水屋面 ●

刚性防水屋面用细石混凝土、块体材料或补偿收缩混凝土等材料作屋面防水层，依靠混凝土密实并采取一定的构造措施，以达到防水的目的。

刚性防水屋面所用材料容易取得，价格低廉、耐久性好、维修方便，但是对地基不均匀沉降、温度变化、结构振动等因素都非常敏感，容易产生变形开裂，且防水层与大气直接接触，表面容易碳化和风化，如果处理不当，极易发生渗漏水现象，所以刚性防水屋面不适用于设有松散材料保温层以及受较大振动或冲击的和坡度大于 15% 的建筑屋面。

刚性防水屋面构造如图 6-3 所示。

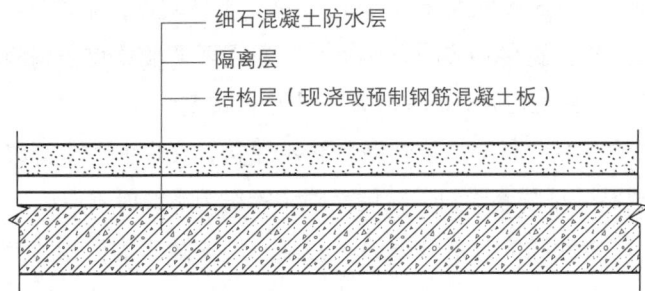

图 6-3　刚性防水屋面构造

1．刚性防水屋面材料要求

（1）防水层的细石混凝土宜用普通硅酸盐水泥或硅酸盐水泥，不得使用火山灰质硅酸盐水泥；当采用矿渣硅酸盐水泥时，应采取减少泌水性的措施。

（2）防水层内配置的钢筋宜采用冷拔低碳钢丝。

（3）防水层的细石混凝土中，粗集料的最大粒径不宜大于 15mm，含泥量不应大于 1%；细集料应采用中砂或粗砂，含泥量不应大于 2%。

（4）防水层细石混凝土使用的外加剂，应根据不同品种的适用范围、技术要求选择。

（5）水泥储存时应防止受潮，存放期不得超过 3 个月。当超过存放期限时，应重新检验确定水泥强度等级。受潮结块的水泥不得使用。

（6）外加剂应分类保管，不得混杂，并应存放于阴凉、通风、干燥处。运输时应避免雨淋、日晒和受潮。

2．刚性防水屋面施工

（1）基层要求

刚性防水屋面的结构层宜为整体现浇的钢筋混凝土。当屋面结构层采用装配式钢筋混凝土板时，应用强度等级不小于 C20 的细石混凝土灌缝，灌缝的细石混凝土宜掺膨胀剂。当屋面板板缝宽度大于 40mm 或上窄下宽时，板缝内必须设置构造钢筋，灌缝高度与板面平齐，板端缝应用密封材料进行嵌缝密封处理。

（2）隔离层施工

为了消除结构变形对防水层的不利影响，可将防水层和结构层完全脱离，在结构层和防水层之间增加一层厚度为 10 ～ 20mm 的黏土砂浆，或者铺贴卷材隔离层。

1）黏土砂浆隔离层施工。将石灰膏：砂：黏土 =1 ：2.4 ：3.6 的材料均匀拌和，铺抹 10 ～ 20mm 厚，压平抹光，待砂浆基本干燥后，进行防水层施工。

2）卷材隔离层施工。用 1 ：3 的水泥砂浆找平结构层，在干燥的找平层上铺一层干细砂后，再在其上铺一层卷材隔离层，搭接缝用热沥青玛蹄脂。

（3）细石混凝土防水层施工

1）混凝土水胶比不应大于 0.55，每立方米混凝土的水泥与掺和料用量不应小于 330kg，砂率宜为 35% ～ 40%，灰砂比宜为 1 ：（2 ～ 2.5）。

2）细石混凝土防水层中的钢筋网片，施工时应放置在混凝土的上部。

3）分格条安装位置应准确，起条时不得损坏分格缝处的混凝土；当采用切割法施工时，分格缝的切割深度宜为防水层厚度的 3/4。

4）普通细石混凝土中掺入减水剂、防水剂时，应计量准确、投料顺序得当、搅拌均匀。

5）混凝土搅拌时间不应少于 2min，混凝土运输过程中应防止漏浆和离析；每个分格板块的混凝土应一次浇筑完成，不得留施工缝；抹压时不得在表面洒水、加水泥浆或撒干水泥，混凝土收水后应进行二次压光。

6）防水层的节点施工应符合设计要求；预留孔洞和预埋件位置应准确；安装管件后，其周围应按设计要求嵌填密实。

7）混凝土浇筑后应及时进行养护，养护时间不宜少于 14d，养护初期屋面不得上人。

⑥.①.④ 屋面渗漏原因及防治方法 ·························· ●

造成屋面渗漏的原因是多方面的，包括设计、施工、材料质量、维修管理等。要提高屋面防水工程的质量，应以材料为基础、以设计为前提、以施工为关键，并加强维护，对屋面工程进行综合治理。

1. 屋面渗漏的原因 [①]

（1）山墙、女儿墙和突出屋面的烟囱等墙体与防水层相交部渗漏雨水。其原因是节点做法过于简单，垂直面卷材与屋面卷材没有很好地分层搭接，或卷材收口处开裂，在冬季不断冻结，夏季因天气炎热熔化，使开口增大，并延伸至屋面基层，造成漏水。此外，由于卷材转角处未做成圆弧形、钝角等，女儿墙压顶砂浆等级低，滴水线未做或没有做好等原因，也会造成渗漏。

（2）天沟漏水。其原因是天沟长度大，纵向坡度小，雨水口少，雨水斗四周卷材粘贴不严，排水不畅。

（3）屋面变形缝（伸缩缝、沉降缝）处漏水。其原因是处理不当，如薄钢板凸棱安反了，薄钢板安装不牢，泛水坡度不当。

（4）挑檐、檐口处漏水。其原因是檐口砂浆未压住卷材，封口处卷材张口，檐口砂浆开裂，下口滴水线未做好。

（5）雨水口处漏水。其原因是雨水口处的雨水斗安装过高，泛水坡度不够，使雨水沿雨水斗外侧流入室内。

（6）厕所、厨房的通气管根部漏水。其原因是防水层未盖严，或包管高度不够，在油毡上口未缠麻丝或钢丝，油毡没有做压毡保护层，使雨水沿通气管进入室内。

（7）大面积漏水。其原因是屋面防水层找坡不够，表面凹凸不平，造成屋面积水而渗漏。

2. 屋面渗漏的预防及治理办法

遇上女儿墙压顶开裂时，可铲除开裂压顶的砂浆，重抹 1 :（2～2.5）水泥砂浆，并做好滴水线，有条件者可换成预制钢筋混凝土压顶板。突出屋面的烟囱、山墙、管根等与屋面交界处、转角处做成钝角，垂直面与屋面的卷材应分层搭接。对已漏水的部位，可将转角渗漏处的卷材割开，并分层将旧卷材烤干剥离，清除原有

[①] 结合屋面渗漏的原因融入【德育：追求进步、正确选型、技术创新】

沥青胶。

（1）出屋面管道：管根处做成钝角，并建议设计单位加做防雨罩，使油毡在防雨罩下收口。

（2）檐口漏雨：将檐口处旧卷材掀起，用 24 号镀锌薄钢板将其钉于檐口，将新卷材贴于薄钢板上。

（3）雨水口漏雨渗水：将雨水斗四周卷材铲除，检查短管是否紧贴基层板面或铁水盘。如短管浮搁在找平层上，则将找平层凿掉，清除后安装好短管，再用搭接法重做三毡四油防水层，然后进行雨水斗附近卷材的收口和包贴。

如用铸铁弯头代替雨水斗，则需将弯头凿开取出，清理干净后安装弯头，再铺卷材一层，其伸入弯头内应大于 50mm，最后防水层至弯头内并与弯头端部搭接顺畅，抹压密实。

对于大面积渗漏屋面，针对不同原因可采用不同方法治理。一般是将原豆石保护层清扫一遍，去掉松动的浮石，抹 20mm 厚水泥砂浆找平层，然后做卷材防水层和黄砂（或粗砂）保护层。

任务 6.2　地下建筑防水工程

地下建筑防水工程是防止地下水对地下构筑物或建筑物基础的长期浸透，保证地下构筑物或地下室正常发挥使用功能的一项重要工程。由于地下工程长期受到潮湿和地下水的有害影响，所以对地下工程防水的处理比屋面防水工程要求更高，防水技术难度更大。如何正确选择合理有效的防水方案，是地下防水工程中的首要问题，国家标准《地下防水工程质量验收规范》GB 50208—2011，根据工程的重要性和使用中对防水的要求，分为四个等级，各级标准应符合表 6-4 的规定。

地下工程防水等级标准[①]　　　　　　　　　　表 6-4

防水等级	防水标准
一级	不允许渗水，结构表面无湿渍
二级	不允许漏水，结构表面可有少量湿渍； 房屋建筑地下工程：总湿渍面积不应大于总防水面积（包括顶板、墙面、地面）的 1/1000；任意 100m² 防水面积上的湿渍不超过 2 处，单个湿渍的最大面积不大于 0.1m²； 其他地下工程：总湿渍面积不应大于总防水面积的 2/1000；任意 100m² 防水面积上的湿渍不超过 3 处，单个湿渍的最大面积不大于 0.2m²；其中，隧道工程平均渗水量不大于 0.05L/m²d，任意 100m² 防水面积上的渗水量不大于 0.15L/m²d

① 结合地下工程防水等级标准融入【德育：国家标准、正确选型、集思广益、技术创新】

续表

防水等级	防水标准
三级	有少量漏水点，不得有线流和漏泥砂； 任意 100m² 防水面积上的漏水或湿渍点数不超过 7 处，单个漏水点的最大漏水量不大于 2.5L/d，单个湿渍的最大面积不大于 0.3m²
四级	有漏水点，不得有线流和漏泥砂，整个工程平均漏水量不大于 2L/m²d； 任意 100m² 防水面积上的平均漏水量不大于 4L/m²d

6.2.1 地下工程防水混凝土施工 ·· ●

1．地下工程防水混凝土的设计要求

防水混凝土又称抗渗混凝土[①]，是以改进混凝土配合比、掺加外加剂或采用特种水泥等手段提高混凝土密实性、憎水性和抗渗性，使其满足抗渗等级大于或等于 P6（抗渗压力为 0.6MPa）要求的不透水性混凝土。

（1）防水混凝土抗渗等级的选择

防水混凝土的设计抗渗等级应符合表 6-5 的规定。

防水混凝土的设计抗渗等级   表 6-5

工程埋置深度 /m	10	10 ~ 20	20 ~ 30	30 ~ 40
设计抗渗等级	P6	P8	P10	P12

注：本表适用于Ⅳ、Ⅴ级围岩（土层及软弱围岩）。山岭隧道防水混凝土的抗渗等级可按铁道部门的相关规范执行。

由于建筑地下防水工程配筋较密，不允许渗漏，其防水要求一般高于水工混凝土，故防水混凝土抗渗等级最低定为 P6，一般多采用 P8。水池的防水混凝土抗渗等级不应低于 P6，重要工程的防水混凝土的抗渗等级宜定为 P8 ~ P20。

（2）防水混凝土的最小抗压强度和结构厚度

1）地下工程防水混凝土结构的混凝土垫层，其抗压强度等级不应低于 C15，厚度不应小于 100mm。

2）在满足抗渗等级要求的同时，其抗压强度等级一般可控制为 C20 ~ C30。

3）防水混凝土结构厚度须根据计算确定，但其最小厚度应根据部位、配筋情况及施工是否方便等因素，按表 6-6 选定。

---

① 结合抗渗混凝土的产生历程融入【德育：积极探索、科学精神、物质现代化】

防水混凝土的结构厚度（单位：mm） 表 6-6

结构类型	最小厚度	结构类型	最小厚度
无筋混凝土结构	>150	钢筋混凝土立墙：单排配筋 双排配筋	>200 >250
钢筋混凝土底板	>150		

（3）防水混凝土的配筋及其保护层

1）设计防水混凝土结构时，应优先采用变形钢筋，配置应细而密，直径宜用 $\phi 8 \sim \phi 25$，中距 ≤ 200mm，分布应尽可能均匀。

2）钢筋保护层厚度，处在迎水面应不小于 35mm；当直接处于侵蚀性介质中时，保护层厚度不应小于 50mm。

3）在防水混凝土结构设计中，应按照裂缝展开进行验算。一般处于地下水及淡水中的混凝土裂缝的允许厚度，其上限可定为 0.2mm；在特殊重要工程、薄壁构件或处于侵蚀性水中，裂缝允许宽度应控制在 0.1 ~ 0.15mm；当混凝土在海水中并经受反复冻融循环时，控制应更严，可参照有关规定执行。

2．防水混凝土的搅拌

（1）准确计算、称量用料量

严格按选定的施工配合比，准确计算并称量每种用料。外加剂的掺加方法应遵从所选外加剂的使用要求。水泥、水、外加剂、掺和料计量允许偏差不应大于 1%，砂、石计量允许偏差不应大于 2%。

（2）控制搅拌时间

防水混凝土应采用机械搅拌，搅拌时间一般不少于 2min，掺入引气型外加剂，则搅拌时间为 2 ~ 3min，掺入其他外加剂应根据相应的技术要求确定搅拌时间。掺 UEA 膨胀剂防水混凝土搅拌的最短时间，按表 6-7 采用。

掺 UEA 膨胀剂防水混凝土搅拌的最短时间（单位：s） 表 6-7

混凝土坍落度 /mm	搅拌机机型	搅拌机出料量 / L		
		250	250 ~ 500	>500
40	强制式	60	90	120
>40，且 ≤ 100	强制式	60	60	90
>100	强制式	60		

需要注意以下几点：

1）混凝土搅拌的最短时间是指自全部材料装入搅拌筒中起，到开始卸料止的时间。

2）当掺有外加剂时，搅拌时间应适当延长（表6-7中的搅拌时间为已延长的搅拌时间）。

3）全轻混凝土宜采用强制式搅拌机搅拌，砂轻混凝土可采用自落式搅拌机搅拌，但搅拌时间应延长60～90s。

4）采用强制式搅拌机搅拌轻集料混凝土的加料顺序是：当轻集料在搅拌前预湿时，先加粗、细集料和水泥搅拌30s，再加水继续搅拌；当轻集料在搅拌前未预湿时，先加1/2的总用水量和粗、细集料搅拌60s，再加水泥和剩余用水量继续搅拌。

5）当采用其他形式的搅拌设备时，搅拌的最短时间应按设备说明书的规定或经试验确定。

3．防水混凝土的浇筑 [①]

浇筑前，应将模板内部清理干净，木模用水湿润模板。浇筑时，若入模自由高度超过1.5m，则必须用串筒、溜槽或溜管等辅助工具将混凝土送入，以防离析和造成石子滚落堆积，影响质量。

在防水混凝土结构中有密集管群穿过处、预埋件或钢筋稠密处，浇筑混凝土有困难时，应采用相同抗渗等级的细石混凝土浇筑；预埋大管径的套管或面积较大的金属板时，应在其底部开设浇筑振捣孔，以利于排气、浇筑和振捣，如图6-4所示。

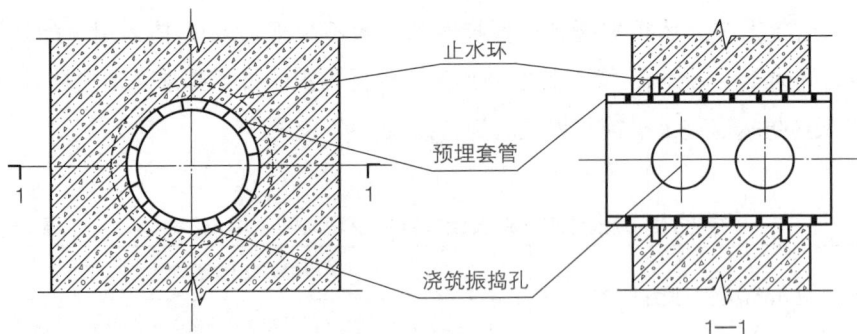

图6-4 浇筑振捣孔

随着混凝土龄期的增长，水泥继续水化，内部可冻结水大量减少，同时水中溶解盐的浓度增加，因而冰点也会随龄期的增加而降低，使抗渗性能逐渐提高。为了

---

① 结合防水混凝土的浇筑要求融入【德育：术业有专攻、精益求精】

保证早期免遭冻害，不宜在冬期施工，而应选择在气温为 15℃以上的环境中施工。因为气温在 4℃时，强度增长速度仅为 15℃时的 50%；而混凝土表面温度降到 −4℃时，水泥水化作用停止，强度也停止增长。如果此时混凝土强度低于设计强度的 50%，冻胀使内部结构遭到破坏，造成强度、抗渗性急剧下降。为防止混凝土早期受冻，北方地区对于施工季节的选择安排十分重要。

4．防水混凝土的振捣

防水混凝土应采用混凝土振动器进行振捣。当用插入式混凝土振动器时，插点间距不宜大于振动棒作用半径的 1.5 倍，振动棒与模板的距离不应大于其作用半径的 0.5 倍。振动棒插入下层混凝土内的深度不应小于 50mm，每一振点均应快插慢拔，将振动棒拔出后，混凝土会自然地填满插孔。当采用表面式混凝土振动器时，其移动间距应保证振动器的平板能覆盖已振实部分的边缘。混凝土必须振捣密实，每一振点的振捣延续时间应使混凝土表面呈现浮浆和不再沉落。

施工时的振捣是保证混凝土密实性的关键，浇筑时必须分层进行，按顺序振捣。采用插入式振捣器时，分层厚度不宜超过 30cm；用平板振捣器时，分层厚度不宜超过 20cm。一般应在下层混凝土初凝前接着浇筑上一层混凝土。振捣时，不允许用人工振捣，必须采用机械振捣，做到不漏振、不欠振，又不重振、多振。防水混凝土密实度要求较高，振捣时间宜为 10 ~ 30s，直到混凝土开始泛浆和不冒气泡为止。掺引气剂、减水剂时应采用高频插入式振捣器振捣。振捣器的插入间距不得大于500mm，贯入下层不小于50mm。这对保证防水混凝土的抗渗性和抗冻性更有利。

5．防水混凝土施工缝的处理

（1）施工缝留置要求 [①]
防水混凝土应连续浇筑，宜少留施工缝。顶板、底板不宜留施工缝，顶拱、底拱不宜留纵向施工缝。当留设施工缝时，应遵守下列规定：

1）墙体水平施工缝不宜留在剪力与弯矩最大处或底板与侧墙的交界处，应留在高出底板表面不小于 300mm 的墙体上。拱（板）墙结合的水平施工缝，宜留在拱（板）墙接缝线以下 150 ~ 300mm 处。墙体有预留孔洞时，施工缝距孔洞边缘不宜小于 300mm。

2）垂直施工缝应避开地下水和裂隙水较多的地段，并宜与变形缝相结合。

[①]　结合施工缝留置要求融入【德育：科学应变、甘于奉献、团队协作】

（2）施工缝防水的构造形式

施工缝防水的构造形式如图6-5所示。

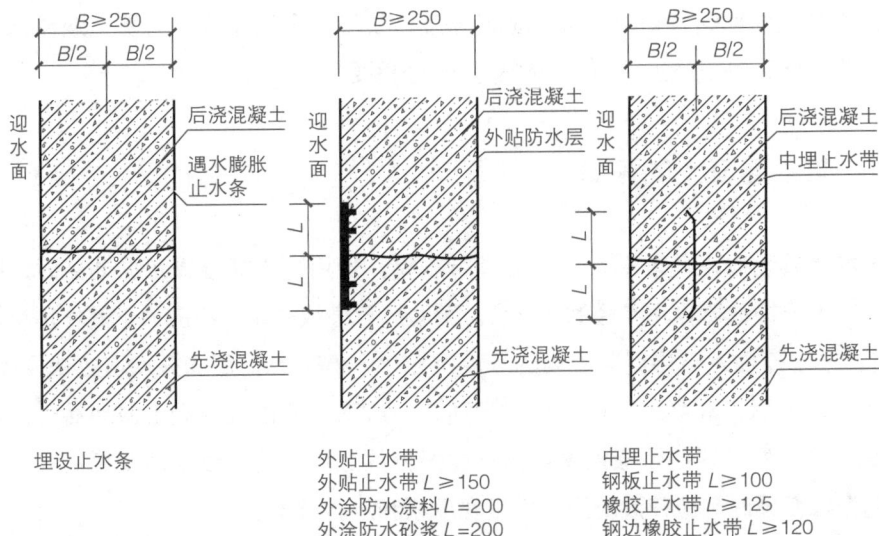

图 6-5　施工缝防水的构造形式

（3）施工缝的施工要求

1）水平施工缝浇筑混凝土前，应将其表面浮浆和杂物清除，先铺净浆，再铺30 ~ 50mm厚的1：1水泥砂浆或涂刷混凝土界面处理剂，同时要及时浇筑混凝土。

2）垂直施工缝浇筑混凝土前，应将表面清理干净，并涂刷水泥净浆或混凝土界面处理剂，并及时浇筑混凝土。

3）选用的遇水膨胀止水条应具有缓胀性能，其7d的膨胀率不应大于最终膨胀率的60%。

6.2.2 地下工程沥青防水卷材施工 ·················●

1．材料要求

（1）宜采用耐腐蚀油毡。油毡选用要求与防水屋面工程施工相同。

（2）沥青胶粘材料和冷底子油的选用、配制方法与石油沥青油毡防水屋面工程施工基本相同。沥青的软化点，应较基层及防水层周围介质可能达到的最高温度高出 20 ~ 25℃，且不低于 40℃。

2．平面铺贴卷材 ①

（1）铺贴卷材前，宜使基层表面干燥，先喷冷底子油结合层两道，然后根据卷材规格及搭接要求弹线，按线分层铺设。

（2）粘贴卷材的沥青胶粘材料的厚度一般为 1.5 ~ 2.5mm。

（3）卷材搭接长度，短边不应小于 100mm，长边不应小于 150mm。上下两层和相邻两幅卷材的接缝应错开，上下层卷材不得相互垂直铺贴。

（4）在平面与立面的转角处，卷材的接缝应留在平面上距立面不小于 600mm 处。

（5）在所有转角处均应铺贴附加层。附加层应按加固处的形状仔细粘贴紧密。

（6）粘贴卷材时应展平压实。卷材与基层和各层卷材间必须粘结紧密，多余的沥青胶粘材料应挤出，搭接缝必须用沥青胶粘料仔细封严。最后一层卷材贴好后，应在其表面上均匀地涂刷一层厚度为 1 ~ 1.5mm 的热沥青胶粘材料，同时撒拍粗砂，以形成防水保护层的结合层。

（7）平面与立面结构施工缝处，防水卷材接槎的处理如图 6-6 所示。

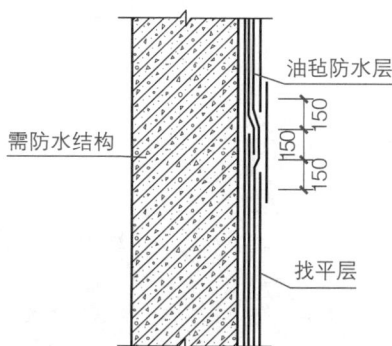

图 6-6　防水卷材的错槎接缝

3．立面铺贴卷材

（1）铺贴前宜使基层表面干燥，满喷冷底子油两道，干燥后即可铺贴。

（2）先铺贴平面，后铺贴立面，平、立面交界处加铺附加层。

（3）在结构施工前，应将永久性保护墙砌筑在与需防水结构同一垫层上。保护墙贴防水卷材面应先抹 1：3 水泥砂浆找平层，干燥后喷涂冷底子油，干燥后再铺贴油毡卷材。卷材铺贴必须分层，先铺贴立面，后铺贴平面，铺贴立面时应先铺转角，后铺大面；卷材防水层铺完后，应按规范或设计要求做水泥砂浆或混凝土保护层②，一般在立面上应在涂刷防水层最后一层沥青胶粘材料时，粘上干净的粗砂，待冷却后，抹一层 10 ~ 20mm 厚的 1：3 水泥砂浆保护层；在平面上可铺设一层 30 ~ 50mm 厚的细石混凝土保护层。外防内贴法保护墙铺设转折处卷材的方法如图 6-7 所示。

（4）防水卷材与管道埋设件连接处的做法如图 6-8 所示。

（5）采用埋入式橡胶或塑料止水带的变形缝做法如图 6-9 所示。

① 结合平面铺贴卷材融入【德育：科学精神、认真仔细】
② 结合保护层作用融入【德育：实践、同力协契、协作精神】

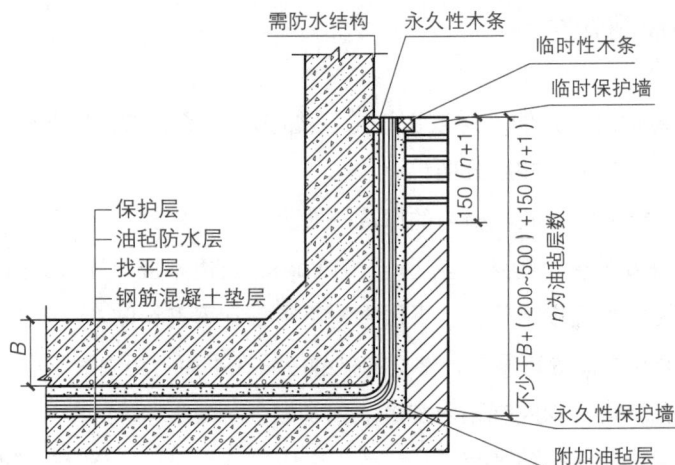

图 6-7 保护墙铺设转折处油毡的方法

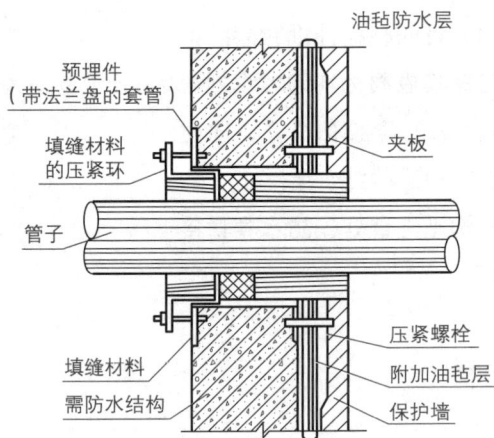

图 6-8 防水卷材与管道埋设件连接处的做法

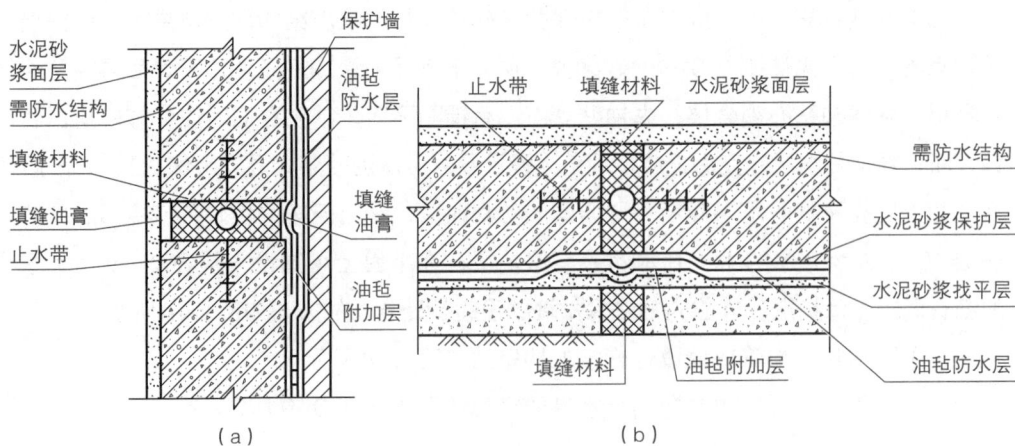

（a）   （b）

图 6-9 采用埋入式橡胶或塑料止水带的变形缝做法
（a）墙体变形缝；（b）底板变形缝

4．采用外防外贴法铺贴卷材

（1）铺贴卷材应先铺平面、后铺立面，交界处应交叉搭接。

（2）临时性保护墙应用石灰砂浆砌筑，内表面应用石灰砂浆做找平层，并刷石灰浆。如用模板代替临时性保护墙，应在其上涂刷隔离剂。

（3）从底面折向立面的卷材与永久性保护墙的接触部位，应采用空铺法施工。与临时性保护墙或围护结构模板接触的部位，应临时黏附在该墙上或模板上，卷材铺好后，其顶端应临时固定。

（4）当不设保护墙时，从底面折向立面的卷材的接槎部位应采取可靠的保护措施。

（5）主体结构完成后，铺贴立面卷材时，应先将接槎部位的各层卷材揭开，并将其表面清理干净，如卷材有局部损伤，应及时进行修补。

当使用两层卷材时，卷材应错槎接缝[①]，上层卷材应盖过下层卷材。卷材接槎的搭接长度，高聚物改性沥青卷材为 150mm，合成高分子卷材为 100mm。

卷材防水层甩槎、接槎的做法如图 6-10 所示。

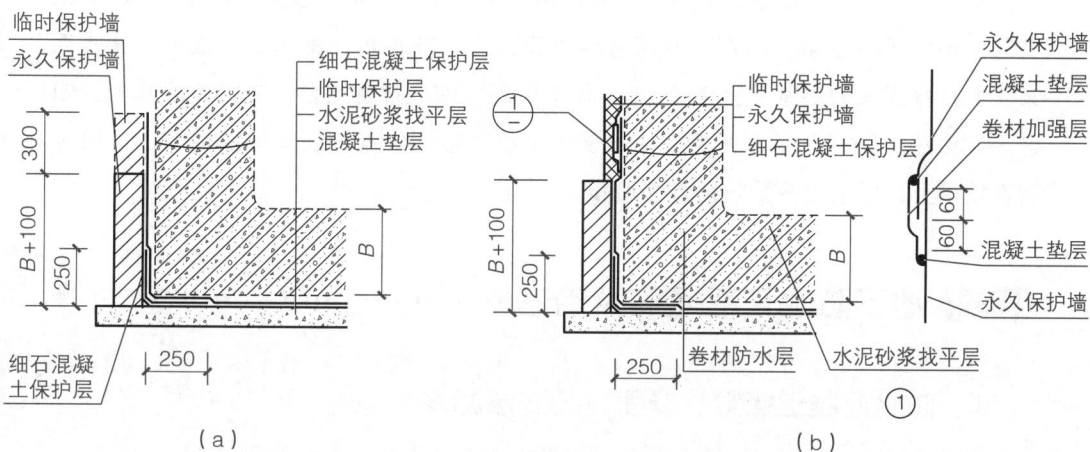

图 6-10　卷材防水层甩槎、接槎的做法
（a）甩槎；（b）接槎

5．外防内贴法铺贴卷材

（1）主体结构的保护墙内表面应抹 1：3 水泥砂浆找平层，然后铺贴卷材，并根据卷材特性选用保护层。

（2）卷材宜先铺立面，后铺平面。铺贴立面时，应先铺转角，后铺大面。

---

① 结合卷材的错槎接缝融入【德育：科学应变、辩证思维、实践】

6．保护层

卷材防水层经检查合格后，应及时做保护层。保护层应符合以下规定：

（1）顶板卷材防水层上的细石混凝土保护层厚度不应小于 70mm，防水层为单层卷材时，在防水层与保护层之间应设置隔离层。

（2）底板卷材防水层上的细石混凝土保护层厚度不应小于 50mm。

（3）侧墙卷材防水层宜采用软保护或铺抹 20mm 厚的 1：3 水泥砂浆。

6.2.3 水泥砂浆防水施工

水泥砂浆防水施工属刚性防水附加层的施工。如地下室工程以混凝土结构自防水为主，并不意味着其他防水做法不重要。因为大面积的防水混凝土难免会存在一些缺陷。另外，防水混凝土虽然不渗水，但透湿量还是相当大的，故对防水、防湿要求较高的地下室，还必须在混凝土的迎水面或背水面抹防水砂浆附加层。

水泥砂浆防水层所用的材料及配合比应符合规范规定。水泥砂浆防水层由水泥砂浆层和水泥浆层交替铺抹而成，一般需做 4 或 5 层，其总厚度为 15 ~ 20mm。施工时分层铺抹或喷射，水泥砂浆每层厚度宜为 5 ~ 10mm，铺抹后应压实，表面提浆压光；水泥浆每层厚度宜为 2mm。防水层各层间应紧密结合，并宜连续施工。如必须留设施工缝时，平面留槎采用阶梯坡形槎，接槎位置一般宜留在地面上，也可留在墙面上，但须离开阴阳角处 200mm。

6.2.4 地下防水工程通病及治理

1．防水混凝土蜂窝、麻面、孔洞渗漏水 [①]

（1）现象

混凝土表面局部缺浆粗糙、有许多小凹坑，但无露筋；混凝土局部疏松，砂浆少，石子多，石子间形成蜂窝；混凝土内有空腔，没有混凝土。

（2）治理

根据蜂窝、麻面、孔洞及渗漏水、水压大小等情况，查明渗漏水的部位，然后进行堵漏和修补处理。堵漏和修补处理可依次进行或同时穿插进行。可采用促凝灰浆、氰凝灌浆、集水井等堵漏法。蜂窝、麻面不严重的，可采用水泥砂浆抹面法。

---

① 结合防水混凝土蜂窝、麻面、孔洞渗漏事故案例融入【德育：责任意识、法治意识、社会公德】

蜂窝、孔洞面积不大但较深，可采用水泥砂浆捻实法；蜂窝、孔洞严重的，可采用水泥压浆和混凝土浇筑方法。

2．防水混凝土施工缝渗漏水

（1）现象

施工缝处混凝土松散，集料集中，接槎明显，沿缝隙处渗漏水。

（2）治理

1）根据渗漏、水压大小情况，采用促凝胶浆或氰凝灌浆堵漏。

2）不渗漏的施工缝，可沿缝剔成八字形凹槽，松散石子剔除，用水泥素浆打底，抹 1：2.5 水泥砂浆找平压实。

3．防水混凝土裂缝渗漏水

（1）现象

混凝土表面有不规则的收缩裂缝，且贯通于混凝土结构，有渗漏水现象。

（2）治理

1）采用促凝胶浆或氰凝灌浆堵漏。

2）对不渗漏的裂缝，可用灰浆或用水泥压浆法处理。

3）对于结构所出现的环形裂缝，可采用埋入式橡胶止水带、后埋式止水带、粘贴式氯丁胶片以及涂刷式氯丁胶片等方法。

4．水泥砂浆防水层局部潮湿与渗漏水

（1）现象

防水层上有一块块潮湿痕迹，在通风不良、水分蒸发缓慢的情况下，潮湿面积会徐徐扩展或形成渗漏，地下水从某一漏水点以不同渗水量自墙上流下或由地上冒出。

（2）治理

把渗漏部位擦干，立即均匀撒上一层干水泥粉，表面出现的湿点为漏水点，然后采用快凝砂浆或胶浆堵漏。

5．水泥砂浆防水层空鼓、裂缝、渗漏水

（1）现象

防水层与基层脱离，甚至隆起，表面出现交叉裂、裂缝。处于地下水位以下的裂缝处，有不同程度的渗漏。

（2）治理

1）无渗漏水的空鼓裂缝，必须全部剔除，其边缘剔成斜坡，清洗干净后，再按各层次重新修补平整。

2）有渗漏水的空鼓裂缝，先剔除，后找出漏水点，并将该处剔成凹槽，清洗干净，最后用直接堵塞法或下管引水法堵塞。砖砌基层则应用下管引水法堵漏，并重新抹上防水层。

3）对于未空鼓、不漏水的防水层收缩裂缝，可沿裂缝剔成八字形边坡沟槽，按防水层做法补平。对于渗漏水的裂缝，先堵漏，经查无漏水后按防水层做法分层补平。

4）对于结构开裂的防水层裂缝，应先进行结构补强，征得设计单位同意，可采用水泥压浆法处理，再抹防水层。

6．地下室墙面漏水

（1）原因

地下室未做防水或防水没做好，内部不密实，有微小孔隙，形成渗水通道，地下水在压力作用下进入这些通道，造成墙面漏水。

（2）治理

将地下水位降低，尽量在无水状态下进行操作，先将漏水墙面刷洗干净，空鼓处去除补平，墙面凿毛，用防水快速止漏材料涂抹墙面，待凝固后，用合适的防水涂料或新型防水材料再涂刷一遍。根据墙面漏水情况，可采用多种方法治漏，如氯化铁防水砂浆抹面处理、喷涂水泥密封剂、氰凝剂处理法等。

任务 6.3　厨房、卫生间防水工程

厨房、卫生间一般有较多穿过楼地面或墙体的管道，平面形状复杂且面积较小。如果采用卷材防水施工，因剪口和接缝较多，很难粘结牢固、密封严密，故多采用涂膜防水。

卫生间防水层的要求和施工工序基本同屋面、地下防水层。保证卫生间防水质量的关键是合理安排工序，并做好成品保护工作。

6.3.1 厨房、卫生间的地面防水构造与施工要求 ·············· ●

厨房、卫生间地面防水构造的一般做法如图 6–11 所示。卫生间的防水构造剖面图如图 6–12 所示。

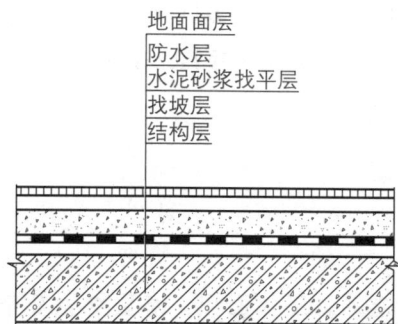

图 6–11 厨房、卫生间地面防水构造的一般做法

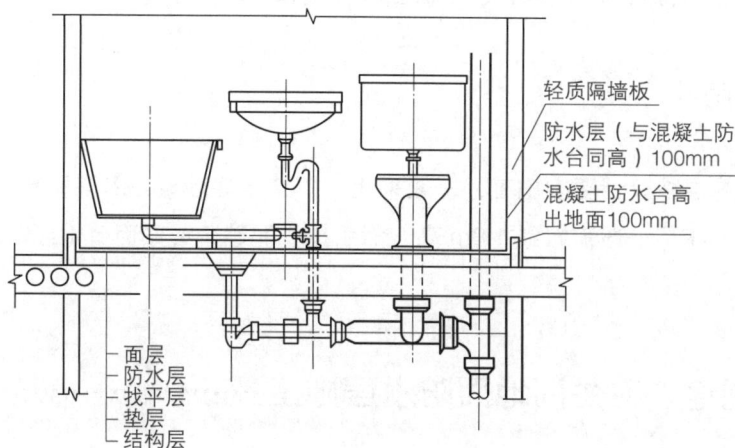

图 6–12 卫生间防水构造剖面图

1．结构层

卫生间地面结构层宜采用整体现浇钢筋混凝土板或预制整块开间钢筋混凝土板。如设计有板缝，则板缝应用防水砂浆堵严，表面 20mm 深处宜嵌填沥青基密封材料，也可在板缝嵌填防水砂浆并抹平表面后附加涂膜防水层，即铺贴 100mm 宽玻璃纤维布一层，涂刷两道沥青基涂膜防水层，其厚度不小于 2mm。

2．找坡层

地面坡度应严格按照设计要求施工，做到坡度准确、排水通畅。找坡层厚度小于30mm时，可用水泥混合砂浆（水泥：石灰：砂=1：1.5：8）；厚度大于30mm时，宜用1：6水泥炉渣材料，此时炉渣粒径宜为5～20mm，要求严格过筛。

3．找平层

找平层要求采用1：（2.5～3）水泥砂浆，找平前清理基层并浇水湿润，但不得有积水，找平时边扫水泥浆边抹水泥砂浆，做到压实、找平、抹光，水泥砂浆宜掺防水剂，以形成一道防水层。

4．防水层

由于厨房、卫生间管道多，工作面小，基层结构复杂，故一般采用涂膜防水材料较为适宜[①]。常用的涂膜防水材料有聚氨酯防水涂料、氯丁胶乳沥青防水涂料、SBS橡胶改性沥青防水涂料等，应根据工程性质和使用标准选用。

5．面层

地面装饰层按设计要求施工，一般采用1：2水泥砂浆、陶瓷马赛克和防滑地砖等。墙面防水层一般需做到1.8m高，然后抹水泥砂浆或贴面砖（或贴面砖到顶）装饰层。

6.3.2 厨房、卫生间地面防水层施工 ·································●

1．施工准备

（1）材料准备

1）进场材料复验。供货时必须有生产厂家提供的材料质量检验合格证。材料进场后，使用单位应对进场材料的外观进行检查，并做好记录。材料进场一批，应抽样复验一批。复验项目包括拉伸强度、断裂伸长率、不透水性、低温柔性、耐热度。

---

① 结合厨房卫生间防水方式的比选融入【德育：科学应变、实践、辩证】

各地也可根据本地区主管部门的有关规定，适当增减复验项目。各项材料指标复验合格后，该材料方可用于工程施工。

2）防水材料储存。材料进场后，设专人保管和发放。材料不能露天放置，必须分类存放在干燥通风的室内，并远离火源，严禁烟火。水溶性涂料在 0℃ 以上储存，受冻后的材料不能用于工程。

（2）机具准备

一般应备有配料用的电动搅拌器、拌料桶、磅秤，涂刷涂料用的短把棕刷、油漆毛刷、滚动刷，油漆小桶、油漆嵌刀、塑料或橡皮刮板，铺贴胎体增强材料用的剪刀、压碾辊等。

（3）基层要求

1）卫生间现浇混凝土楼面必须振捣密实，随抹压光，形成一道自身防水层，这是十分重要的。

2）穿楼板的管道孔洞、套管周围缝隙用掺膨胀剂的绿豆石混凝土浇灌严实抹平，孔洞较大的，应吊底模浇灌。禁用碎砖、石块堵填。一般单面临墙的管道，离墙应不小于 50mm；双面临墙的管道，一边离墙不小于 50mm，另一边离墙不小于80mm。

3）为保证管道穿楼板孔洞位置准确和灌缝质量，可采用手持金刚石薄壁钻机钻孔。经应用测算，这种方法的成孔和灌缝工效是芯模留孔方法工效的 2.5 倍。

4）在结构层上做厚 20mm 的 1：3 水泥砂浆找平层，作为防水层基层。

5）基层必须平整坚实，表面平整度用 2m 长直尺检查，基层与直尺间最大间隙不应大于 3mm。基层有裂缝或凹坑，用 1：3 水泥砂浆或水泥胶腻子修补平滑。

6）基层所有转角做成半径为 10mm 均匀一致的平滑小圆角。

7）所有管件、地漏或排水口等部位，必须就位正确，安装牢固。

8）基层含水率应符合各种防水材料对含水率的要求。

（4）劳动组织

为保证质量，应由专业防水施工队伍施工，一般民用住宅厕浴间的防水施工以 2～3 人为一组较合适。操作工人要穿工作服、戴手套、穿软底鞋操作。

2．聚氨酯防水涂料施工

（1）施工程序

清理基层→涂刷基层处理剂→涂刷附加增强层防水涂料→涂刮第一遍涂料→涂刮第二遍涂料→涂刮第三遍涂料→第一次蓄水试验→稀撒砂粒→质量验收→饰面层施工→第二次蓄水试验。

（2）操作要点

1）清理基层。将基层清扫干净；基层应做到找坡正确，排水顺畅，表面平整、坚实，无起灰、起砂、起壳及开裂等现象。涂刷基层处理剂前，基层表面应达到干燥状态。

2）涂刷基层处理剂。将聚氨酯与二甲苯按规定的比例配合搅拌均匀即可使用。先在阴阳角、管道根部用滚动刷或油漆刷均匀涂刷一遍，然后大面积涂刷，材料用量为 0.15 ~ 0.2kg/m^2。涂刷后干燥 4h 以上，才能进行下一道工序施工。

3）涂刷附加增强层防水涂料。在地漏、管道根、阴阳角和出入口等容易漏水的薄弱部位，应先用聚氨酯防水涂料按规定的比例配合，均匀涂刮一次做附加增强层处理。

按设计要求，细部构造可按带胎体增强材料的附加增强层处理。胎体增强材料宽度为 300 ~ 500mm，搭接缝为 100mm，施工时，边铺贴平整，边涂刮聚氨酯防水涂料。

4）涂刮第一遍涂料。将聚氨酯防水涂料按规定的比例混合，开动电动搅拌器，搅拌 3 ~ 5min，用胶皮刮板均匀涂刮一遍。操作时要厚薄一致，用料量为 0.8 ~ 1.0kg/m^2，立面涂刮高度不应小于 100mm。

5）涂刮第二遍涂料。待第一遍涂料固化干燥后，要按相同方法涂刮第二遍涂料。涂刮方向应与第一遍相垂直，用料量与第一遍相同。

6）涂刮第三遍涂料。待第二遍涂料涂膜固化后，再按上述方法涂刮第三遍涂料，用料量为 0.4 ~ 0.5kg/m^2。涂刮聚氨酯涂料三遍后，用料量总计为 2.5kg/m^2，防水层厚度不小于 1.5mm。

7）第一次蓄水试验。待涂膜防水层完全固化干燥后即可进行蓄水。蓄水 24h 后观察，无渗漏为合格。

8）饰面层施工。涂膜防水层蓄水试验不渗漏[①]，质量检查合格后，即可抹水泥砂浆或粘贴陶瓷锦砖、防滑地砖等。施工时应注意成品保护，不得破坏防水层。

9）第二次蓄水试验。卫生间装饰工程全部完成后，工程竣工前还要进行第二次蓄水试验，以检验防水层完工后是否被水电或其他装饰工程损坏。蓄水试验合格后，厕浴间的防水施工才算圆满完成。

3．氯丁胶乳沥青防水涂料施工

氯丁胶乳沥青防水涂料，根据工程需要，防水层可采用一布四涂、二布六涂或只涂三遍防水涂料三种做法，其用量参考表 6-8。

---

① 结合蓄水试验的重要性融入【德育：细致严谨、精益求精】

材料	三遍涂料	一布四涂	二布六涂
氯丁胶乳沥青防水涂料 /（kg/m²）	1.2 ~ 1.5	1.5 ~ 2.2	2.2 ~ 2.8
玻璃纤维布 /m²	—	1.13	2.25

氯丁胶乳沥青涂膜防水层用量参考　　表 6-8

（1）施工程序

以一布四涂为例，其施工程序如下：

清理基层→满刮一遍氯丁胶乳沥青水泥腻子→涂刷第一遍涂料→做细部构造增强层→铺贴玻璃纤维布同时涂刷第二遍涂料→涂刷第三遍涂料→涂刷第四遍涂料→蓄水试验→饰面层施工→质量验收→第二次蓄水试验。

（2）操作要点

1）清理基层[①]。将基层上的浮灰、杂物清理干净。

2）满刮一遍氯丁胶乳沥青水泥腻子。在清理干净的基层上，满刮一遍氯丁胶乳沥青水泥腻子。管道根部和转角处要厚刮，并抹平整。腻子的配制方法是，将氯丁胶乳沥青防水涂料倒入水泥中，边倒边搅拌至稠浆状，即可刮涂于基层表面，腻子厚度为 2 ~ 3mm。

3）涂刷第一遍涂料。待上述腻子干燥后，再在基层上满刷一遍氯丁胶乳沥青防水涂料（在大桶中搅拌均匀后再倒入小桶中使用）。操作时涂刷不得过厚，但也不能漏刷，以表面均匀、不流淌、不堆积为宜。立面需刷至设计高度。

4）做细部构造增强层。在阴阳角、管道根、地漏、大便器等细部构造处分别做一布二涂附加增强层，即将玻璃纤维布（或无纺布）剪成相应部位的形状，铺贴于上述部位，同时刷氯丁胶乳沥青防水涂料，要贴实、刷平，不得有折皱、翘边现象。

5）铺贴玻璃纤维布同时涂刷第二遍涂料。待附加增强层干燥后，先将玻璃纤维布剪成相应尺寸，铺贴于第一道涂膜上，然后在上面涂刷防水涂料，使涂料浸透布纹网眼并牢固地粘贴于第一道涂膜上。玻璃纤维布搭接宽度不宜小于 100mm，并顺流水接槎，从里面往门口铺贴，先做平面后做立面，立面应贴至设计高度，平面与立面的搭接缝留在平面上，距立面边宜大于 200mm，收口处要压实贴牢。

6）涂刷第三遍涂料。待上一遍涂料实干后（一般宜在 24h 以上），再满刷第三遍防水涂料，涂刷要均匀。

7）涂刷第四遍涂料。上一遍涂料干燥后，可满刷第四遍防水涂料，一布四涂防水层施工即告完成。

8）蓄水试验。防水层实干后，可进行第一次蓄水试验。蓄水 24h 无渗漏水为合格。

9）饰面层施工。蓄水试验合格后，可按设计要求及时粉刷水泥砂浆或铺贴面砖

等饰面层。

10）质量验收。

11）第二次蓄水试验。方法与目的同聚氨酯防水涂料。

4．地面刚性防水层施工

厨房、卫生间用刚性材料做防水层的理想材料是具有微膨胀性能的补偿收缩混凝土和补偿收缩水泥砂浆。

补偿收缩水泥砂浆用于厨房、卫生间的地面防水，对于同一种微膨胀剂，应根据不同的防水部位，选择不同的加入量，可基本上起到不裂、不渗的防水效果。

下面以 U 型混凝土膨胀剂（UEA）为例，介绍其砂浆配制和施工方法。

（1）材料要求 [①]

1）水泥：42.5 级普通硅酸盐水泥、32.5 级或 42.5 级矿渣硅酸盐水泥。

2）UEA：符合《混凝土膨胀剂》GB/T 23439-2017 的规定。

3）砂子：中砂，含泥量小于 2%。

4）水：饮用自来水或洁净非污染水。

（2）UEA 砂浆的配制

在楼板表面铺抹 UEA 防水砂浆，应按不同的部位，配制含量不同的 UEA 防水砂浆。不同防水部位 UEA 防水砂浆的配合比见表 6-9。

不同防水部位 UEA 防水砂浆的配合比　　　　　　表 6-9

防水部位	厚度 /mm	C+UEA/kg	$\frac{UEA}{C+UEA}$（%）	配合比			水胶比	稠度 / cm
				水泥	UEA	砂		
垫层	20 ~ 30	550	10	0.90	0.10	3.0	0.45 ~ 0.50	5 ~ 6
防水层（保护层）	15 ~ 20	700	10	0.90	0.10	2.0	0.40 ~ 0.45	5 ~ 6
管件接缝	—	700	15	0.85	0.15	2.0	0.30 ~ 0.35	2 ~ 3

（3）防水层施工

1）基层处理。施工前，应对楼面板基层进行清理，除净浮灰、杂物，对凹凸不平处用 10% ~ 12%UEA（灰砂比为 1 : 3）砂浆补平，并应在基层表面浇水，使基层保持湿润，但不能积水。

2）铺抹垫层。按 1 : 3 水泥砂浆垫层配合比，配制灰砂比为 1 : 3 的 UEA 垫层砂浆，将其铺抹在干净、湿润的楼板基层上。铺抹前，按照坐便器的位置，准确

① 结合刚性防水层材料的要求融入【德育：法治意识、生产标准】

地将地脚螺栓预埋在相应的位置上。垫层的厚度为 20 ~ 30mm，必须分 2 或 3 层铺抹，每层应揉浆、拍打密实，垫层厚度应根据标高而定。在抹压的同时，应完成找坡工作，地面向地漏口找坡为 2%，地漏口周围 50mm 范围内向地漏中心找坡为 5%，穿楼板管道根部向地面找坡为 5%，转角墙部位的穿楼板管道向地面找坡为 5%。分层抹压结束后，在垫层表面用钢丝刷拉毛。

3）铺抹防水层。待垫层强度达到上人标准时，把地面和墙面清扫干净，并浇水充分湿润，然后铺抹四层防水层，第一、第三层为 10%UEA 水泥素浆，第二、第四层为 10% ~ 12%UEA（水泥：砂 ~ 1：2）水泥砂浆层。铺抹方法如下：

第一层，先将 UEA 和水泥按 1：9 的配合比准确称量后，充分干拌均匀，再按水胶比加水拌合成稠浆状，然后可用辊刷或毛刷涂抹，厚度为 2 ~ 3mm。

第二层，UEA 水泥砂浆灰砂比为 1：2，UEA 掺量为水泥质量的 10% ~ 12%，一般可取 10%。待第一层素水泥浆初凝后即可铺抹，厚度为 5 ~ 6mm，凝固 20 ~ 24h 后，适当浇水湿润。

第三层，掺 10%UEA 的水泥素浆层，其拌制要求、涂抹厚度与第一层相同，待其初凝后，即可铺抹第四层。

第四层，UEA 水泥砂浆的配合比、拌制方法、铺抹厚度均与第二层相同。铺抹时应分次用铁抹子压 5 ~ 6 遍，使防水层坚固、密实，最后再用力抹压光滑，经硬化 12 ~ 24h，即可浇水养护 3d。

以上四层防水层的施工，应按照垫层的坡度要求找坡，铺抹的操作方法与地下工程防水砂浆施工方法相同。

4）管道接缝防水处理。待防水层达到强度要求后，拆除捆绑在穿楼板部位的模板条，清理干净缝壁的浮渣、碎物，并按节点防水做法的要求涂布素灰浆和填充管件接缝防水砂浆，最后蓄水养护 7d。蓄水期间，如不发生渗漏现象，可视为合格；如发生渗漏，找出渗漏部位，及时修复。

5）铺抹 UEA 砂浆保护层。保护层 UEA 的掺量为 10% ~ 12%，灰砂比为 1：（2 ~ 2.5），水灰比为 0.4。铺抹前，对要求用膨胀橡胶止水条做防水处理的管道、预埋螺栓的根部及需用密封材料嵌填的部位要及时做防水处理。然后就可分层铺抹厚度为 15 ~ 25mm 的 UEA 水泥砂浆保护层，并按坡度要求找坡，待硬化 12 ~ 24h 后，浇水养护 3d。最后，根据设计要求铺设装饰面层。

应注意以下几点：

1）厨房、卫生间施工一定要严格按规范操作，因为一旦漏水，维修会很困难。在厨房、卫生间施工不得吸烟，并要注意通风。

2）到养护期后一定要做厕浴间闭水试验，如发现渗漏，应及时修补。

3）操作人员应穿软底鞋，严禁踩踏尚未固化的防水层。铺抹水泥砂浆保护层时，脚下应铺无纺布走道。

4）防水层施工完毕，应设专人看管保护，并不准在尚未完全固化的涂膜防水层上进行其他工序的施工。

5）防水层施工完毕，应及时进行验收，及时进行保护层的施工，以减少不必要的损坏返修。

6）在对穿楼板管道和地漏管道进行施工时，应用棉纱或纸团暂时封口，防止杂物落入管道，堵塞管道，留下排水不畅或泛水的后患。

7）进行刚性保护层施工时，严禁在涂膜表面拖动施工机具、灰槽，施工人员应穿软底鞋在铺有无纺布的隔离层上行走。铲运砂浆时应精心操作，防止铁锹铲伤涂膜；抹压砂浆时，铁抹子不得在涂膜防水层上磕碰。

8）厨房、卫生间大面积防水层也可采用 JS 复合防水涂料、防水宝、堵漏灵、防水剂等刚性防水材料做防水层，其施工方法必须严格按生产厂家的说明书及施工指南进行施工。

6.3.3 厨房、卫生间渗漏及堵漏措施 ⋯⋯⋯⋯⋯⋯⋯⋯⋯⋯ ●

厨房、卫生间用水频繁，防水处理不当就会发生渗漏，主要表现在楼板管道滴漏水、地面积水、墙壁潮湿渗水，甚至下层顶板和墙壁也出现滴水等现象。治理卫生间的渗漏，必须先查找渗漏的部位和原因，然后采取有效的针对性措施。

1．板面及墙面渗水

（1）渗水原因

板面及墙面渗水的主要原因是混凝土、砂浆施工的质量不良，在其表面存在微孔渗漏；板面、隔墙出现轻微裂缝；防水涂层施工质量不好或损坏都会造成渗水现象。

（2）处理方法

首先，将厨房、卫生间渗漏部位的饰面材料拆除，在渗漏部位涂刷防水涂料进行处理。但发现防水层存在开裂现象时，应对裂缝先进行增强防水处理，再涂刷防水涂料。其增强处理一般可采用贴缝法、填缝法和填缝加贴缝法。贴缝法主要适用于微小的裂缝，可刷防水涂料并加贴纤维材料或布条，做防水处理。填缝法主要用于较显著的裂缝，施工时要先进行扩缝处理，将缝扩成 15mm×15mm 左右的 V 形槽，清理干净后刮填缝材料。填缝加贴缝法除采用填缝处理外，还应在缝的表面再涂刷防水涂料，并粘纤维材料处理。当渗漏不严重时，饰面板拆除困难，也可直接在其表面刮涂透明或彩色聚氨酯防水涂料。

2．卫生洁具及穿楼板管道、排水管口等部位渗漏

（1）渗漏原因

卫生洁具及穿楼板管道、排水管口等部位发生渗漏的原因主要是细部处理方法不当，卫生洁具及管口周围填塞不严；管口连接件老化；由于振动及砂浆、混凝土收缩等原因，出现裂缝；卫生洁具及管口周边未用弹性材料处理，或施工时嵌缝材料及防水涂料粘结不牢；嵌缝材料及防水涂层被拉裂或拉离粘结面。

（2）处理方法

先将漏水部位及周围清理干净，再填塞弹性嵌缝材料，或在渗漏部位涂刷防水涂料并粘贴纤维材料进行增强处理。如渗漏部位在管口连接部位，管口连接件老化现象比较严重，则可直接更换老化管口的连接件[①]。

【思政提升】

本项目主要介绍了防水施工技术。通过本项目的学习，掌握防水施工技术，牢固树立标准意识与规范意识，做事条理分明、实事求是，主动学习、紧跟时代技术更迭。

学习模范——屋面防水大国工匠翁庭峰

【课后习题】

1. 卷材的铺贴方向和顺序如何确定？
2. 卷材防水屋面施工时，卷材搭接方法和宽度要求有哪些？
3. 简述涂膜防水屋面的施工工艺流程。
4. 常见的屋面渗漏原因及防治方法有哪些？
5. 地下防水混凝土施工缝留置要求有哪些？
6. 地下防水工程通病及治理方法有哪些？

---

① 结合卫生洁具及穿楼板管道、排水管口等部位发生渗漏的原因融入【德育：责任意识、法治意识、社会公德】

项目7　BIM 技术应用

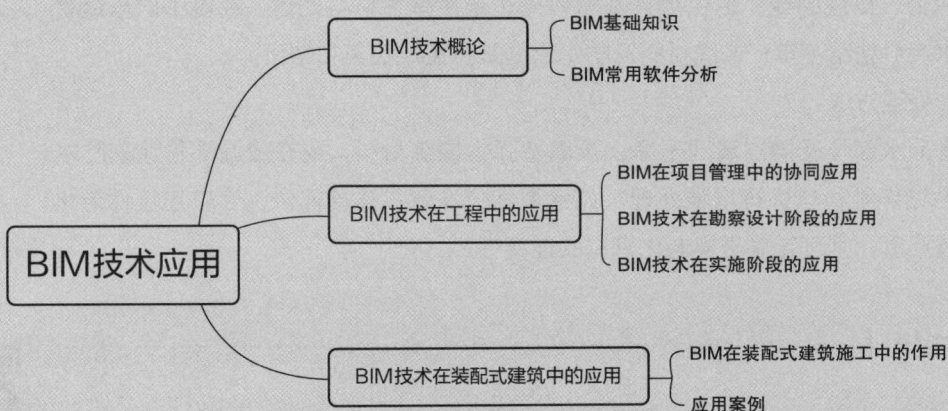

【学习目标】

1. 知识目标

了解 BIM 的起源；熟知其应用领域和基本作用；了解 BIM 在建筑工程领域应用和发展现状。

2. 思政目标

学习国家在建筑领域对科技发展方向，树立科技强国精神，做到工程科技化、合理化、人性化。

任务 7.1　BIM 技术概论

7.1.1 BIM 基础知识 ●

1．概述

BIM 由西方发达国家兴起，在 BIM 技术领域的研究与实践起步较早，实践证实了 BIM 技术的应用潜力。自 BIM 技术引进国内，在设计、施工、运维方面带来很大程度的改变。通过项目信息共享、协同合作、沟通协调，使项目成本、进度、质量安全进一步提高，将数据信息化，从而大大提高人力、物料、设备的使用效率。

随着我国建筑业发展，BIM 技术起着关键作用；也将成为建筑领域实现技术创新、转型升级的突破口。根据住房和城乡建设部《关于推进建筑信息模型应用的指导意见》（建质函〔2015〕159 号），在建设工程项目规划设计、施工项目管理、绿色建筑等方面，推动建筑信息化建设作为行业发展重要目标之一。继而各省、市行业主管部门，陆续出台关于推进 BIM 技术推广应用的指导意见，这标志着我国工程项目建设生产进入信息化时代。

2．发展趋势

随着建设工程发展，我国 BIM 应用软件基础逐步提高，而专业应用软件已具有较高的市场覆盖率，基于这些软件的专业功能、系统架构、市场发展等，解决各软件间信息交互性问题，提升它们之间的通用能力和专业功能，是 BIM 技术的核心。BIM 不是一个具体的软件，而是一种流程和技术。BIM 的实现需要依赖于多种软件产品的相互协作。不同功能的软件间能有效匹配是未来 BIM 技术核心之一，单个软件完成所有工作既不现实，效果也不理想，BIM 技术关键是所有的软件都应该能进行数据交流，以支持 BIM 流程的实现[①]。

学科"交叉"，
技能"复合"

---

① 结合交叉学科发展融入【德育：着重发展科技在建筑工程中的应用，全面培养复合型技术人才】

7.1.2 BIM 常用软件分析 ·····························●

1．常用软件简述

工程中常用的 BIM 建模软件如图 7-1 所示。

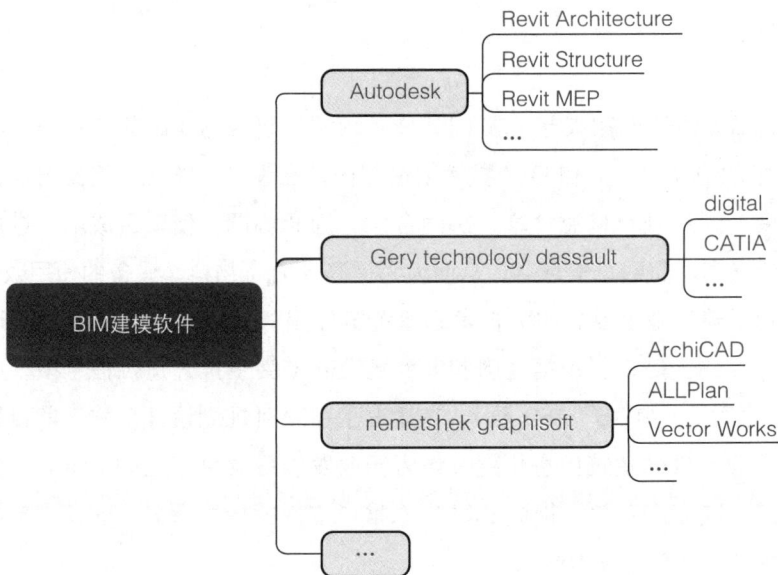

图 7-1　常用 BIM 建模软件

2．全周期各阶段应用软件分析

（1）方案设计应用

由于建设工程"一次性"的特点，相比于建筑使用寿命，建设周期仅有几年，应用 BIM 软件在设计初期，将建筑的几何形体转换成数字信息，可以帮助设计师验证设计方案和业主的设计项目要求是否相匹配。

主要的 BIM 方案设计软件有 Onuma Planning System 和 Affinity 等。另外，协助方案设计的几何造型软件则用于创作建筑形体和体量研究，甚至于复杂的造型分析。主要的有 Sketchup、Rhino 和 FormZ 等。同时，这类软件的成果可以很容易地输入 BIM 核心建模软件中。

（2）专业分析软件

分析软件包括：绿色分析软件、机电分析软件以及结构分析软件。绿色分析软件可以使用 BIM 模型的信息对项目进行日照、风环境、热工、噪声等方面的分析，常用软件有 IES、Green Building Studio 以及 PKPM 等。

水暖等设备和电气分析软件主要有鸿业、博超、IES Virtual Environment 等。

结构分析软件目前比较成熟，与 BIM 核心建模软件的信息交换基本已经实现双向传递。主要软件有 STAAD、Robot 以及 PKPM 等。

（3）深化设计软件

BIM 核心建模软件的一个特点是：通用性强、专业性有所欠缺。因此，很多专业领域都会有专业的深化设计工具。例如，在钢结构领域，比较著名的就是 Tekla 旗下的 Xsteel 钢结构深化设计软件；幕墙领域则是 Athena。

Xsteel 是世界通用的钢结构详图设计软件，使用了它就奠定了与国际接轨的基础。Xsteel 是一个三维智能钢结构模拟、详图的软包。用户可以在一个虚拟的空间中搭建一个完整的钢结构模型，模型中不仅包括各个零部件的几何尺寸，也包括了材料规格、横截面、节点类型、材质、用户批注语等在内的所有信息。而且可以用不同的颜色表示各个零部件，它有用鼠标连续旋转功能，用户可以从不同方向连续旋转观看模型中任意零部件。

（4）可视化软件

将 BIM 模型导入此类软件进行视觉效果分析，通过高度逼真的渲染图及动画效果，来进行有效的项目沟通。基于 BIM 模型的可视化的优点如下：

1）实景渲染的重复建模工作量减少，可以直接使用项目的 BIM 模型信息；

2）3D 实景渲染的精度提高，可以不断地向设计精度靠近；

3）可以在设计更改后或者不同的阶段的变化快速产生可视化效果。

常用的可视化软件包括：3ds Max、Artlantis、AccuRender 和 Lightscape 等，可以从 BIM 核心建模软件中导出信息执行可视化。

（5）模型检查软件

一般来说，主流的 BIM 核心建模软件都会有一些与其配套的模型检查工具，但是侧重点会各有不同，这些检测都是基于一些检测规则"Rule Sets"来完成，SMC 本身提供了一些各个领域的"Rule Sets"，而且一直在开发完善中，当然由于全世界各个地方的标准不同，用户可以自己修改这些"Rule Sets"来满足本地化需求。Solibri 公司提供的 Solibri Model viewer 和 Solibri IFC Optimizer 等来方便用户的使用。此外，除了模型检测的功能外，SMC 还提供了一些常用功能如模型可视化、步行穿越（walkthrough）、模型比较、算量等。和另外一款常用的模型检测器 Navisworks 相比，SMC 最大的特点在于它是基于规则的检测，而 Navisworks 是基于几何形状的检测。

（6）BIM 模型综合碰撞检查软件

由于 BIM 核心建模软件有不同的侧重点，各专业领域又存在专业的 BIM 深化设计软件。这些相互"独立"的 BIM 模型需要在一个软件环境里面集成起来，才能完成整个项目的 BIM 应用。另外，对于一个大型项目，通常会进行局部建模，也需要通过综合软件将局部模型进行整合以完成项目的设计、施工及运营状态。

任务 7.2　BIM 技术在工程中的应用

7.2.1 BIM 在项目管理中的协同应用 ·································

各利益相关方在项目实施过程中，既是项目管理的主体，同时也是 BIM 技术的应用主体。不同的利益相关方，因为在项目管理过程中的责任、权利、职责的不同，针对同个项目的 BIM 技术应用，各自的关注点和职责也不尽相同。

1. 业主单位的项目管理

业主单位是建设工程生产过程的总集成者、总组织者，是建设项目管理的核心。业主单位也是建设项目的发起者及项目建设的最终责任者，作为建设项目的总组织者、总集成者，业主单位的项目管理任务繁重、涉及面广且责任重大，其管理水平与管理效率直接影响建设项目的增值。

2. 业主单位 BIM 项目管理的应用需求

业主单位的项目管理是所有各利益相关方中唯一涵盖建筑全生命周期各阶段的项目管理，业主单位的项目管理在建筑全生命周期项目管理各阶段均有体现。作为项目发起方，业主单位应将建设工程的全生命过程以及建设工程的各参与单位集成对建设工程进行管理，应站在全方位的角度来设定各参与方的权责利的分工。

3. 业主单位 BIM 项目管理的应用阶段

根据项目管理的全过程，业主单位 BIM 项目管理的应用点可包含投资决策阶段、设计管控阶段、招标管理阶段、施工管理阶段、运营维护管理阶段。各阶段的 BIM 应用点如下：

（1）投资决策阶段

1）初步规划；2）数据分析。

（2）设计管控阶段

业主单位在设计管理阶段，BIM 技术应用主要体现在以下几个方面：

1）协同工作

基于 BIM 的协同设计平台，能够让业主与各参与方实时观测设计数据更新、施工进度和施工偏差查询，实现图纸、模型的协同。

2）精细化设计与数字化模拟和评估

基于 BIM 数字模型，可以利用计算机仿真技术对拟建造工程进行性能分析，如日照分析、绿色建筑运营、风环境、空气流动性、噪声云图等指标。

3）表达复杂空间

在面对建筑物内部复杂空间和外部复杂曲面时，利用 BIM 软件可视化、有理化的特点，能够更好地表达设计和建筑曲面，为建筑设计创新提供了更好的技术工具。

4）查审图纸

基于 BIM 技术的可视化功能，图纸检查审核的效率将大幅度提高，同时，利用 BIM 软件的碰撞检测功能，也可快速发现复杂困难节点。

5）工程量统计

利用 BIM 技术辅助工程计算，能大大减轻工程造价工作中算量阶段的工作强度。首先，利用计算机软件的自动统计功能，即可快速实现 BIM 算量。其次，由于是设计模型的传递，完整表达了设计意图，可以有效减少错项、漏项。同时，根据模型能够自动生成快速统计和查询各专业工程量，对材料计划、使用做精细化控制，避免材料浪费。利用 BIM 技术提供的参数更改技术，能够将更改自动反映到其他位置，从而可以帮助工程师们提高工作效率、协同效率以及工作质量。

（3）招标管理阶段

业主单位在招标管理阶段，应用 BIM 技术主要体现在以下几个方面：

1）通过 BIM 模型可视化，能够直观让投标方快速地深入了解招标方所提出的条件、预期目标。

2）运用 BIM 技术避免建筑面积、限高以及工程量的不确定性，提高经济指标的精确性与准确性。

3）无纸化招标能增加信息透明度，还能而节约大量纸张，实现绿色低碳环保。

4）基于 BIM 技术的可视化和信息化，利用互联网受区域影响小、效率高的特性，实现招投标的跨区域、跨地域进行，使招投标过程更透明、更现代化，同时能降低成本。

（4）施工管理阶段

在施工管理阶段，业主单位更多的是施工阶段的风险控制，包含安全风险、进度风险、质量风险和投资风险等。其中安全风险包含施工中的安全风险和竣工交付后运营阶段的安全风险。业主单位还要考虑变更风险。在这一阶段，基于各种风险的控制，业主单位需要对现场目标的控制、承包商的管理、设计者的管理、合同管理、手续办理、项目内部及周边管理协调等问题进行重点管控。

（5）运营维护管理阶段

1）信息管理

根据《中华人民共和国城镇国有土地使用权出让和转让暂行条例》第十二条规定，土地使用权出让最高年限按下列用途确定：居住用地 70 年；工业用地 50 年；教育、科技、文化、卫生、体育用地年限为 50 年；商业、旅游、娱乐用地 40 年；综合或者其他用地 50 年。

工程项目有一次性、独特性的特点，相比于长期的运营维护期相比，施工建设期则要短很多。在漫长的建筑物运营维护期间内，建筑物结构设施（如墙、楼板、屋顶等）和设备设施（如设备、管道等）都需要不断得到维护。一个成功的维护方案将提高建筑物性能，降低能耗和修理费用，进而降低总体维护成本。

BIM 模型结合运营维护管理系统，能发挥空间定位和数据记录的优势，合理制订维护计划，分配专人专项维护工作，以提高建筑物在使用过程中出现突发状况后的应急处理能力。BIM 辅助业主单位进行运维管理主要体现在以下几个方面：

设备信息的三维标注，可在设备管道上直接标注名称规格、型号，三维标注跟随模型移动、旋转；

属性查询，在设备上右击鼠标，可以显示设备部具体规格、参数、厂家等信息；

外部链接，在设备上点击，可以调出有关设备设施的其他格式文件，如图片、维修状况，仪表数值等；

隐蔽工程，工程结束后，各种管道可视性降低，给设备维护，工程维修或二次装饰工程带来一定难度，BIM 清晰记录各种隐蔽工程，避免错误施工的发生；

模拟监控，物业对一些净空高度、结构有特殊要求，BIM 提前解决各种要求，并能生成 VR 文件，可以让客户互动阅览。

2）空间管理

空间管理是业主单位为节省空间成本、有效利用空间、为最终用户提供良好工作、生活环境而对建筑空间所做的管理。BIM 可以帮助管理团队记录空间的使用情况，处理最终用户要求空间变更的请求，分析现有空间的使用情况合理分配建筑物空间，确保空间资源的最大利用率。

（6）决策数据库

决策是对若干可行方案进行决策，即是对若干可行方案进行分析、比较、判断、选优的过程。决策过程一般可分为四个阶段：①信息收集。对决策问题和环境进行分析，收集信息，寻求决策条件。②方案设计。根据决策目标条件，分析制定若干行动方案。③方案评价。进行评价，分析优缺点，对方案排序。④方案选择。综合方案的优劣，择优选择。

建设项目投资决策在全生命期中处于十分重要的地位。传统的投资决策环节，决策主要根据经验获得。但由于项目管理水平差异较大，信息反馈的及时性、系统性不一，经验数据水平差异较大；同时由于运维阶段信息化反馈不足，传统的投资决策主要依据很难覆盖到项目运维阶段。

7.2.2 BIM 技术在勘察设计阶段的应用

1．设计方的项目管理

作为项目建设的一个参与方，设计方的项目管理是主要服务于项目的整体利益和设计方本身的利益。设计方项目管理的目标包括设计的成本目标、进度目标、质量目标和项目建设的投资目标。项目建设的投资目标能否实现与设计工作密切相关。设计方的项目管理工作主要在设计阶段进行，但它也会向前延伸到设计前的准备阶段，向后延伸至设计后的施工阶段、动用前准备阶段和保修期等。设计方项目管理的内容包括：①与设计有关的安全管理（提供的设计文件需符合安全法规）；②设计本身的成本控制和与设计工作有关的项目建设投资成本控制；③设计进度控制；④设计质量控制；⑤设计合同管理；⑥设计信息管理；⑦与设计工作有关的组织和协调。

2．设计方 BIM 项目管理的应用需求

BIM 在设计管理工作中，一般来说，可以实现的需求如下：

（1）三维设计

BIM 技术是由三维立体模型表述，初始就是可视化的、协调的，基于 BIM 的三维设计能够精确表达建筑的几何特征。在传统的设计模式中，方案设计和扩初设计、施工图设计之间是相对独立。而应用 BIM 技术之后，模型创建完成后自动生成平立剖面及大样详图，许多工作在模型的创建过程中已经完成。相对于二维绘图，三维设计不存在几何表达障碍，对任意复杂的建筑造型均能表现。

（2）协同设计

协同设计是设计方技术更新的重要方向。通过协同技术建立一个交互式协同平台。在该平台上，所有专业设计人员协同设计，不仅能看到和分享本专业的设计成果，还能及时查阅其他专业的设计进程，从而减少目前较为常见的各专业之间（以及专业内部）由于沟通不畅或沟通不及时从而导致的错、漏、碰、缺，真正实现所

有图纸信息元的单一性，实现一处修改其他自动修改，提升设计效率和设计质量。

效果图及动画展示设计方常常需要效果图和动画等工具来进行辅助设计成果表达。BIM系列软件的工作方式是完全基于三维模型的，软件本身已具有强大的渲染和动画功能，可以将专业、抽象的二维建筑表达直接三维直观化、可视化呈现，使得业主等非专业人员对项目功能性的判断更为明确、高效，决策更为准确。

碰撞检测BIM技术在三维碰撞检查中的应用已经比较成熟，国内外也都有相关软件可以实现，在建造之前就可以对项目的土建、管线、工艺设备等进行管线综合及碰撞检查，不但能够彻底消除硬碰撞、软碰撞，优化工程设计，减少在建筑施工阶段可能存在的错误，避免损失和返工，而且能够优化净空和管线排布方案[①]。

3．设计方 BIM 技术应用形式

目前，全国设计方BIM技术发展水平并不一致，有的设计方BIM设计中心已发展为数字服务机构，专职为建设方提供信息化咨询和技术服务，包括软件研发和平台研发，有的才刚刚开始了解BIM技术。BIM技术在设计方主营业务领域应用形式主要是：①已成立BIM设计中心多年，基本具备设计人直接使用BIM技术进行设计的能力；②成立了BIM设计中心，由BIM设计中心与设计所结合，二维设计与BIM设计阶段应用同步进行；③刚开始接触BIM技术，由咨询公司提供BIM技术培训、提供二维设计完成后的BIM翻模和咨询工作。上述三种形式分别称为BIM设计（设计BIM2.0）、BIM同步建模（设计BIM1.5）和BIM翻模（设计BIM1.0）。各种应用形式优缺点见表7-1。

设计各方 BIM 应用形式的优缺点　　　　　　　　　表 7-1

序号	优点	缺点
1	设计师直接用BIM进行设计，模型和设计意图一致，设计质量高，效果好，项目成本低	企业前期需要大量积累，积累应用经验和技术人员，建立流程、制度和标准，前期投入大
2	二维出图流程、时间不受影响，BIM能为二维设计及时提供意见和建议，设计质量较高	二维设计成本没有降低，同时增加BIM设计人员投入，成本较高
3	二维出图流程、时间不受影响，投入低	模型和设计意图容易出现偏差

上述三种形式是现阶段设计方BIM技术应用的必经之路，待软件将流程、制度和标准固化到软件模块内，软件成熟以后，设计方有可能直接进入BIM设计的环节。

① 结合建筑工程设计与科技不断更新融入【德育：活到老学到老、主动学习、紧跟时代技术更迭】

4．设计方的 BIM 技术的应用流程

与其他行业相比，建筑物的生产是基于项目协作的，通常由多个平行的利益相关方在较长的生命周期中协作完成。因此，建筑信息模型尤其依赖于在不同阶段、不同专业之间的信息传递标准，就是要建立一个在整个行业中通用的语义和信息交换标准，使不同工种的信息资源在建筑全生命周期中各个阶段都能得到很好的利用，保证业务协作可以顺利地进行。

BIM 技术的提出给设计流程带来了很大的改变。在传统的设计过程中各个设计阶段的设计沟通都是以图纸为介质，不同的设计阶段的不同内容都分别体现在不同的图纸中，经常会出现信息不流通、设计不统一的问题。传统的设计流程，各个阶段各个专业之间信息是有限共享的，无法实时更新。而通过 BIM 技术，从设计初期就将不同专业的信息模型整合到一起，改变了传统的设计流程，通过 BIM 模型这个载体，实现了设计过程中信息的实时共享。

BIM 技术促使设计过程从各专业点对点的滞后协同改变为通过同一个平台实时互动的信息协同方式。这种方式带来的改变不仅仅在交互方式上有着巨大优势，也同样带来了专业间配合的前置，使更多问题在设计前期得到更多的关注，从而大幅提高设计质量。

5．设计方的 BIM 技术应用的核心

设计方无论采用何种 BIM 技术应用形式和技术手段、技术工具，应用的核心在于用 BIM 技术提高设计质量，完成 BIM 设计或辅助设计表达，为业主单位整体的项目管理提供有力有效的技术支撑。所以，设计方 BIM 技术应用的核心是模型完整表达设计意图，与图纸内容一致，部分细节的表达深度，可能模型要优于二维图纸。

6．勘察单位与 BIM 技术应用

勘察单位主要是野外土工作业与室内试验，与 BIM 技术的衔接主要是勘察基础资料和勘察成果文件提交，目前 BIM 应用于这块的案例较少，有待于 BIM 技术应用普及后，勘察单位将逐渐参与到 BIM 技术应用工作中来。

7.2.3 BIM 技术在实施阶段的应用 ·································· ●

1．BIM 技术在招标投标阶段的应用

基于 BIM 技术的信息化、参数化、可视化等特点，并结合的网络技术、云技术、大数据、自动化设备等先进的软硬件设施，使 BIM 技术的特点得到充分的发挥，使其在招投标阶段得到广泛的应用，大大提高招投标工作的效率和质量。基于以上特点，BIM 技术在施工企业投标阶段的主要应用优势体现在以下几方面：

通过可视化，可以使标书得到更好的展示和表达，提升标书的表现力；

通过数据化，可以提高投标算量的速度和准确性，节省大量的人力物力；

通过信息化，可以提升技术标、商务标编制的联动性，促进技术方案和商务报价的协调统一；

通过 BIM 技术的综合应用，可以优化技术标方案选型，提升质量、安全、工期文明施工等多方面的施工水平，进而提升履约品质、降低施工成本，提升竞标实力和中标率。

2．BIM 技术辅助商务标编制

宏观上概括商务标的编制，可以总结为两方面的核心内容，其一：准确的计算工程量；其二；合理地进行清单项的报价，进而确定工程总价。由于市场竞争日趋透明、激烈，同时施工的不确定性因素日益增多，使得报价技巧在商务标编制中显得更加重要，投标人员必须将更多的时间花费在投标报价技巧上。这就给商务标编制提出了两方面要求，一方面是算量工作要更加快速；另一方面是投标报价要更加合理。

基于 BIM 模型可以快速地提取各类工程量，并且方便地对各类工程量进行整理、合并和拆分，以满足投标中不同参与人员对工程量的不同需求。与传统的手动计算工程量相比，基于 BIM 技术的商务标算例具有以下明显的优势：

（1）算量效率大大提高：在模型精度能够满足投标需要的情况下，可通过软件自动提取各类工程量，整个工程量提取过程仅需数分钟，较手动算量节约大量的时间。

（2）算量准确性提高：软件自动算量可以精准地计算到每个构件的工程量，既不会有重复也不会出现遗漏，可达到与模型 100% 的吻合。同时生成的工程量清单与模型存在内在的数据关系，当模型发生变化时，相应的工程量会随之改变，不会

出现因更新不及时造成的工程量偏差情况出现。

但是目前国内基于 BIM 的商务标算量往往也存在种种问题：

首先，投标阶段业主很少提供 BIM 模型给投标单位，投标单位需要基于二维图纸重新建模，在考虑到算量准确的基础上重新建模所花时间较长，从而影响投标效率。

其次，国内目前投标阶段 BIM 模型建立人员往往为技术人员或 BIM 专职人员，普遍缺乏商务知识，建模规则往往无法满足商务算量需求。

另外，国内目前商务算量普遍采用图形算量，即根据二维图纸通过建立三维模型来得到工程算量。故商务系统在投标阶段通常会建立三维算量模型。但此三维模型仅具备算量所需的几何信息与材质信息，不能算作真正意义上的 BIM 模型。但考虑到投标阶段的 BIM 工作以可视化为主，投标团队可使用商务算量模型作技术标的可视化展示用。所以在使用 BIM 技术辅助商务标算量技术系统与商务系统时需进行协同，确定建模标准，避免重复建模的线性发生。

基础 BIM 技术的商务标报价是商务标编制中极为重要的工作内容，该报价将对投标结果起到决定性的影响，因此必须足够准确。同时商务标报价也是体现施工企业技术水平、管理水平的重要指标，因此该报价数据更多地取决于企业自身。传统的商务报价多是商务人员根据自身从业经验及对分包的询价进行填报，这种填报方法对投标人的经验有很大的依赖性，往往会因为投标人经验的局限性不能真实体现企业的真实管理水平。而投标期间的频繁询价，也会对投标效率产生相应影响。基于 BIM 技术的商务标报价是以大数据为核心的报价方式。

3．BIM 技术辅助技术标编制

宏观上概括技术标的编制，可以总结为两方面的核心内容，一是根据招标图纸的内容和招标文件的要求选择合适施工部署、工艺方案和管理方法；二是将所选的部署、方案和方法通过直观的、准确的、简明的方法表达给招标人。

传统的施工单位投标过程中，受技术手段和表现方法的限制，这两方面工作始终面临很大的困难，尤其是在面对结构复杂、体量大、技术难度大的工程和业主对技术标的苛刻要求时，这种困难就更加明显。一方面是施工工艺和管理方法更加复杂，难以攻破；另一方面通过传统的文字和二维图纸也难以简明、清晰地对复杂工艺进行准确的表达。这就使得技术标编制的质量在很长一段时间没有明显的改观。而 BIM 技术的应用恰好能够帮助投标人员解决这两方面问题。

首先，BIM 技术可视化能力能够方便投标人员进行施工部署和方案选型工作，通过方法推敲、验证得到最优化的施工部署；其次，BIM 技术的综合应用能为项目管理提供更有效的方法和更高效的协同机制，能够发挥各部门、各岗位人员的作用，通过协同和联动解决管理上的难题。最后，BIM 技术能够进行直观、美观的可视化表达，方便生成有关的图表、数据提高标书的表现力。

4．施工图 BIM 模型建立及图纸会审

建立施工图 BIM 模型是施工阶段 BIM 应用的第一步，也是所有 BIM 工作的基础。在理想状态下，设计院应直接将 BIM 作为设计的工具，利用模型出图，并在施工阶段将 BIM 模型传递给施工单位。但目前大部分中小规模设计院还无 BIM 应用的能力，或无法直接利用 BIM 出图。所以施工单位往往在施工阶段无法收到设计院 BIM 模型，需自己建模；或因设计院提供的 BIM 模型为翻模所建，故存在大量的图模不一致的情况。

由于施工在建模过程中需要对图纸进行反复查阅，所以施工管理人员应在施工图 BIM 模型建立过程中同时对图纸进行会审，将两者工作结合起来。如设计院提供 BIM 模型，施工管理人员需对模型的准确性、标准性进行审核，在对模型进行审核的过程中，施工管理人员也可结合图纸，利用 BIM 可视化的优势对图纸进行会审。

根据 BIM 建立人员的不同情况，施工准备阶段施工图 BIM 模型建立及图纸会审可分为以下几种情况：

（1）设计院提供模型

部分项目业主会要求设计院建立施工图 BIM 模型，并提交给总包单位在施工时进行应用。针对此情况，总包单位在接收到 BIM 模型后，应组织各分包单位对 BIM 模型进行模型会审，模型会审与图纸会审可同时进行，协助工作团队发现图纸中的问题。与传统的图纸审核不同，结合设计院提供的施工图 BIM 模型与二维图纸的叠合，利用 BIM 的可视化优势，项目管理人员可检查单专业二维图纸的准确性、多专业图纸的协调性。发现并解决图纸中的问题，提前在图纸会审中反映，减少后期设计变更。检查设计院模型以及利用设计院模型辅助图纸会审的主要工作内容。

组织各专业分包对各自 BIM 模型进行模型审核。审核内容包括模型与图纸是否一致、设计模型深度和精度是否满足业主对施工图 BIM 模型的要求，以及自身对施工模型的要求、各专业之间的冲突、配合图纸会审查找图纸中存在的问题。

总包需要起到 BIM 总协调的作用，综合各专业模型，协调机电、钢结构、幕墙等专业分包单位间的冲突、配合图纸会审查找图纸中存在的问题。

模型的标准化的程度。根据后期的 BIM 实施点，检查设计院的模型是否满足后期总包单位应用要求。

检查图纸的可施工性。BIM 的一个优势就是将各个专业的设计成果以三维可视

化的形式综合在一起，通过综合的三维模型，施工人员可根据所需施工方法来检查设计的可施工性，如构件安装的操作空间等。

因为目前大部分设计单位还是先出图再翻模，所以在模型审核时，模型与图纸是否一致是重要工作内容。另外由于设计院对施工工艺理解的不足，部分专业的设定：如管线的排布、劲性结构的节点设置等会有不合理现象。项目在收到设计院模型时不可直接使用设计模型，必须结合图纸先开展模型审核工作再进行模型的使用。

（2）BIM 人员自建模型

如果设计院不提供模型，项目需要自行建立施工图模型。在建立模型前项目需做好建模的标准化工作。

1）确定好各个专业建模所使用的软件，确立模型成果文件间的协同规则和交付格式。

2）根据后期所需要的 BIM 应用点，统一各专业模型的坐标点、文件架构、模型名称、构件名称、模型深度、建模规则等内容。

3）制定模型划分原则，包括本专业的模型划分原则、按照施工区域的划分原则等。制定模型设定，如过滤器、制图标准等。

4）模型建立参照依据，过程中模型修改及管理标准等。

BIM 建模人员需具备专业知识，在模型建立过程中实时记录建模过程中发现的图纸、设计问题，形成图纸会审记录。

（3）使用商务算量模型

目前国内大部分工程项目使用图形算量软件进行工程量计算，图形算量的过程即通过对二维图纸的识别进行三维建模，通过三维模型得到材质工程量。故国内大部分项目均有三维算量模型。目前国内主流图形算量均可通过 IFC 格式将算量模型导入至 BIM 平台生成相应的 BIM 模型。项目可使用算量转化的 BIM 模型进行施工阶段的应用。但在使用算量模型时需注意以下几点：

1）商务建立算量模型时以工程量计量准确为主，部分标高、位置等信息不会着重关注，所以项目技术员如要使用商务模型，必须对模型的正确性进行核对。

2）算量模型能保证大部分几何信息的正确，但缺乏项目其他信息。算量模型可用于综合协调、碰撞检测等基本应用，在深层次应用中效果较为一般，模型后期处理工作量较大。

3）商务人员普遍缺乏施工技术知识，图纸中相关的设计缺陷和可施工性问题商务人员无法在建模过程中发现。故项目人员在使用商务模型时必须重新将图模进行比对，以发现图纸问题。

5．BIM 技术在施工阶段的应用

施工准备阶段的工作是指工程施工前所做的一切工作。它不仅在开工前要做，开工后也要做，它是有组织、有计划、有步骤、分阶段地贯穿于整个工程建设的始终。在施工准备阶段应用 BIM 技术的主要目的是辅助做好施工准备工作，充分发挥各方面的积极因素，合理利用资源，加快施工速度、提高工程质量、确保施工安全、降低工程成本及获得较好的经济效益。

BIM 技术在项目建造阶段的应用主要体现在虚拟施工的管理。虚拟施工的管理指的是通过 BIM 技术结合施工方案、施工模拟和现场视频监测进行基于 BIM 技术的虚拟施工，其施工本身不消耗施工资源，却可以根据可视化效果看到并了解施工的过程和结果，可以较大程度地降低返工成本和管理成本，降低风险，增强管理者对施工过程的控制能力。

虚拟施工管理在项目实施过程中带来的好处可以总结为以下内容：

（1）施工方法可视化

虚拟施工使施工变得可视化，随时随地直观快速地将施工计划与实际进展进行对比同时进行有效的协同，施工方、监理方甚至非工程行业出身的业主领导都对工程项目的各种问题和情况了如指掌。施工过程的可视化，使 BIM 成为一个便于施工方参与各方交流的沟通平台。通过这种可视化的模拟缩短了现场工作人员熟悉项目施工内容、方法的时间，减少了现场人员在工程施工初期因为错误施工而导致的时间和成本的浪费，还可以加快、加深对工程参与人员培训的速度及深度，真正做到质量、安全、进度、成本管理和控制的人人参与。

5D 全真模型平台虚拟原型工程施工，对施工过程进行可视化的模拟，包括工程设计、现场环境和资源使用状况，具有更大的可预见性，将改变传统的施工计划、组织模式。施工方法的可视化使所有项目参与者在施工前就能清楚地知道所有施工内容以及自己的工作职责，能促进施工过程中的有效交流，它是目前评估施工方法、发现问题、评估施工风险最简单、经济、安全的方法。

（2）施工方法验证过程化

BIM 技术能全真模拟运行整个施工过程，项目管理人员、工程技术人员和施工人员可以了解每一步施工活动。如果发现问题，工程技术人员和施工人员可以提出新的施工方法，并对新的施工方法进行模拟来验证其是否可行，即判断施工过程，它能在工程施工前识别绝大多数的施工风险和问题，并有效地解决。

（3）施工组织控制化

施工组织是对施工活动实行科学管理的重要手段，它决定了各阶段的施工准备工作内容，协调施工过程中各施工单位、各施工工种以及各项资源之间的相互关系。

BIM 可以对施工的重点或难点部分进行可见性模拟，按网络时标进行施工方案的分析和优化。对一些重要的施工环节或采用施工工艺的关键部位、施工现场平面布置等施工指导措施进行模拟和分析，以提高计划的可执行性。利用 BIM 技术结合施工组织设计进行电脑预演，以提高复杂建筑体系的可施工性。

借助 BIM 对施工组织的模拟，项目管理者能非常直观地理解间隔施工过程的时间节点和关键工序情况，并清晰地把握在施工过程中的难点和要点，也可以进一步对施工方案进行优化完善，以提高施工效率和施工方案的安全性。可视化模型输出的施工图片，可作为可视化的工作操作说明或技术交底分发给施工人员，用于指导现场的施工，方便现场的施工管理人员拿图纸进行施工指导。

BIM 在虚拟施工管理中根据设计和现场施工环境的五维模型、根据构件选择施工机械及机械的运行方式、确定施工的方式和顺序、确定所需临时设施及安装位置等施工信息进行。场地布置方案、专项施工方案、关键工艺展示、施工模拟（土建主体及钢结构部分）、装修效果模拟等内容模拟。

（4）BIM 技术辅助施工组织设计

施工组织设计一般包括：工程概况、施工部署及施工方案、施工进度计划、施工平面图、主要技术经济指标等内容。BIM 技术辅助施工组织设计是在施工准备阶段利用 BIM 作为工具直接设计方案节点或依托 BIM 技术对施工过程中的各项工作进行复核校对。BIM 建模的过程就是虚拟施工的过程，是先试后建的过程，施工过程的顺利实施是在有效的施工方案指导下进行的，施工方案的制定主要是根据项目经理、项目总工程师及项目部的经验，施工方案的可行性一直受到业界的关注，由于建筑产品的单一性和不可重复性，施工方案具有不可重复性。一般情况，当某个工程即将结束时，一套完整的施工方案才展现于面前。虚拟施工技术不仅可以检测和比较施工方案，还可以优化施工方案。

6．BIM 技术辅助进度编制

与 BIM 技术辅助全过程的进度管理不一样，施工准备阶段的 BIM 技术应用更侧重于进度计划的编排中，利用 BIM 技术可视化信息化的优势，优化进度的编排，使其逻辑性和专业穿插性更强、资源分配更合理。

利用 BIM 技术辅助进度编制，根据工作方式的不同，可分为以 Autodesk Navisworks 为代表的进度挂接模型的工作方式，以及以 Trimble vico Office 为代表的直接利用 BIM 模型辅助计划编排的工作方式。

（1）进度挂接模型工作方式

进度挂接模型工作方式是一种利用 BIM 手段对已有进度计划进行可视化表达

的工作方法，其工作发生在计划编制完成后，目的在于通过三维展现，帮助管理人员判别出二维计划中不易发现的问题，进而优化二维计划并重新挂接模型。例如通过 Microsoft Project 编制而成的施工进度计划与施工现场 3D 模型集成一体，引入时间维度，能够完成对工程主体结构施工过程的 4D 施工模拟，如图 7-2 所示。

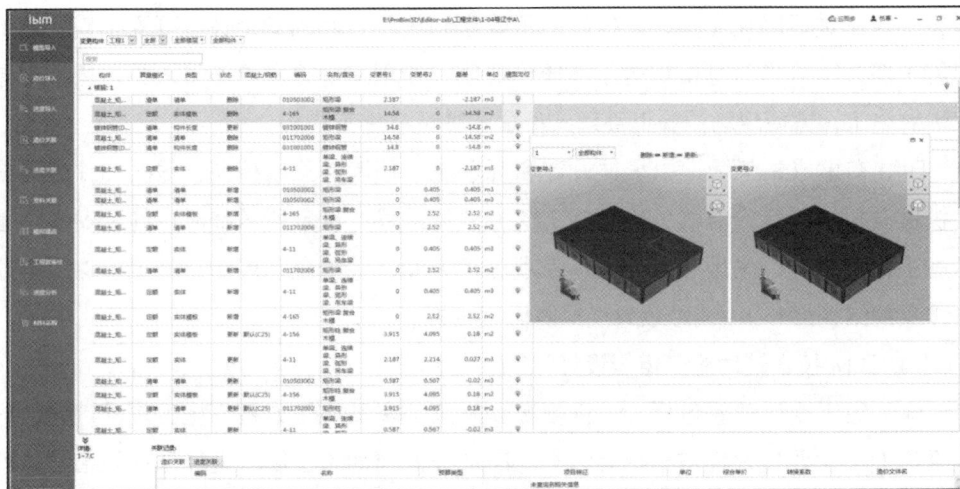

图 7-2　进度挂接模型工作方式

因此其主要目的在于宏观展示，工作内容可能需要多次重复，因此在开展该项工作中应注意以下方面：

1）确立统一的 WBS 分解：该工作模式下，计划的编制与挂接是两个独立的工作步骤，二者之间通过统一的 WBS 分解进行关联，因此需在计划工作开始前根据计划应用的目的和精度，确定统一的 WBS 分解，并在使用过程中尽量保持 WBS 分解不变。二维进度的编制和模型的拆分建立均应以此 WBS 分解为准。

2）确定合适的模型深度：该工作模式下，进度挂接的主要目的在于宏观上的进度展现，个别情况下可能会使用该进度进行工程量提取，因此应根据不同目标选取合适的模型深度。对于只做宏观展示的进度，模型只需体现主要轮廓和重要构件即可，或以颜色划分各专业工作，而不必追求模型的完全精准。

3）确定合适的计划细度：二维计划中，根据计划目的的不同可能有多种细度的计划体系，而在进度挂接模型的工作方式中，该计划细度还应考虑与模型精度相对应，计划中的部分工作项在模型中没有实体与之对应或不能对实体产生实质性的变化时，在该工作模型下可不予考虑。

4）进度逻辑要畅通、全面：传统的二维计划中，常常仅是表象上与原设想一致，但在实际逻辑上常出现缺陷和漏洞，该种计划在与模型挂接后进行计划调整时，常常因为逻辑链不贯通，造成进度计划出现逻辑偏差，且调整不便，因此在进度计划编制过程中要注意保持逻辑的畅通、全面，如图 7-3 所示。

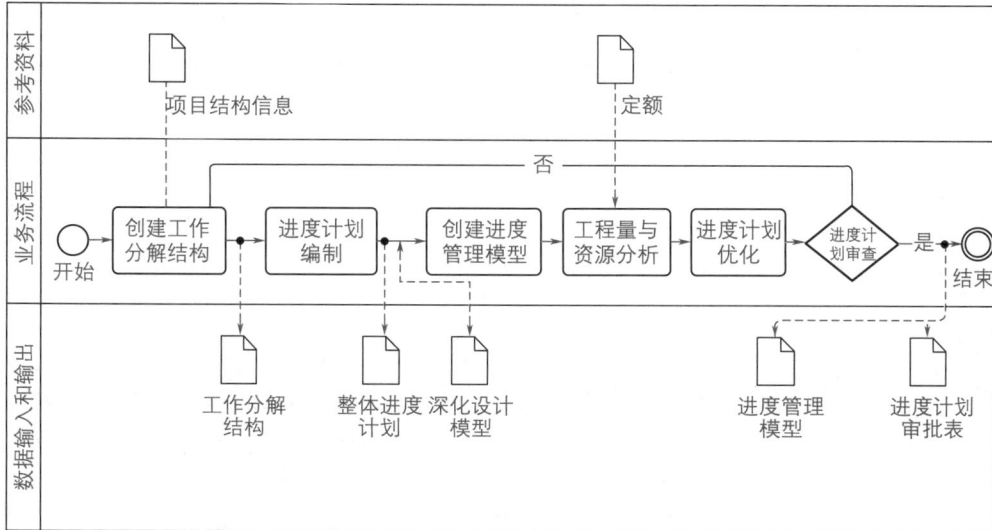

图 7-3 BIM 技术辅助进度编制工作流程

目前部分 BIM 平台，如广联达 BIM5D 平台，除通过进度挂接模型进行 4D 施工模拟外，还可以通过挂接商务、物资、合约等资料，使设备材料进场、劳动力配置、机械排班等各项工作安排得更加经济合理，从而加强了对施工进度、施工质量的控制。

（2）BIM 直接编排计划工作方式

如上文所阐述，目前国内外大部分 BIM4D 工作流程仅仅是将进度和模型进行挂接，4D 流程进度计划编制与 BIM 过程为两条工作路径，通过 Project 等工具编制计划，计划编制完成后再将计划挂接到模型中。所以大部分 BIM4D 平台没有把 BIM 模型中包含的大量建筑信息作为计划编排的依据，包括：材质、工程量、施工区域等。进度挂接模型的工作方法一方面增加了管理人员的工作量，另一方面计划与 BIM 模型的脱节使得 4D 不能很好地作为检查计划合理性的工具。虽然部分 BIM4D 平台能够通过挂接商务、物资等其他信息以查看计划合理性，但是无法做到在编排计划前就利用 BIM 模型的信息来编制合理的计划。

目前国内施工企业直接使用 BIM 作为工具编排计划的情况较少，而在欧美等发达国家，此类工作方式已较为常见。使用 BIM 编排计划对企业的工作标准化要求较高，对 BIM 模型的 LOD 规划、企业进度 WBS 架构、企业定额等都需要有一套标准化的标准来支持。将 BIM 模型与进度编制结合成整体，使编制的进度计划具有了充分的数据基础和逻辑关系，并能够将各参与方的进度计划合成整体，所产生的进度不仅能够从时间、资源、逻辑等多方面全面反映计划进度情况，同时能够根据实时进度和工程量变化不断推算和调整后续进度，是一种精细化的进度管理方法，符合进度管理的原理。对改善大型项目进度管理、促进进度目标的实现、辅助资源成本的管控具有重大的积极意义。随着国内 BIM 技术应用水平的整体提高，利用 BIM 技术编排计划的工作方式在我国建筑行业中会得到更好地推广与普及，如图 7-4 所示。

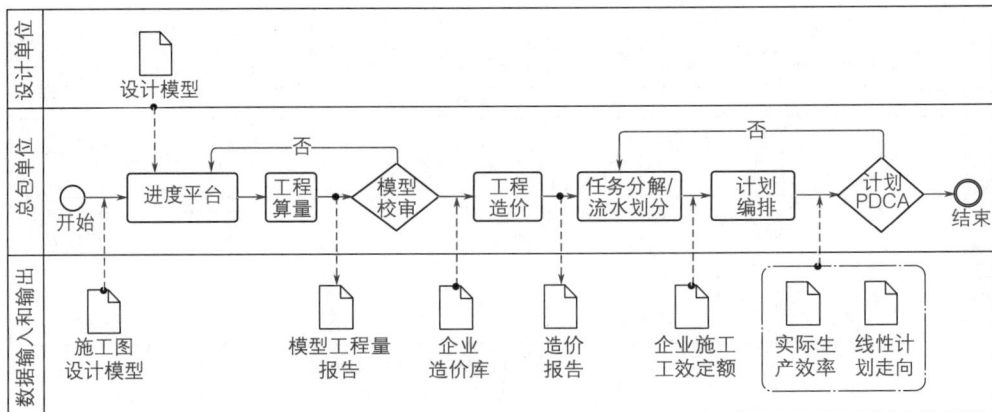

图 7-4　BIM 模型编排进度计划工作流程

7．BIM 技术辅助工程量及造价管理

在传统的造价管理中，都是以造价软件作为整个造价管理的平台，在造价软件中进行相关的造价活动，但是整个的管理过程无法与项目实施实时链接，整个进度的管理中时效性较差。基于 BIM 技术的过程造价管控，将造价信息和模型结合，实现模型变化与工程量变化同步，充分利用建筑模型进行造价管理（图 7-5）。

（1）工程量管理

造价管理的核心工作就是工程量管理，基于 BIM 的三维算量，就是利用施工图 BIM 模型，直接得到工程量。项目可使用 BIM 模型工程量来辅助进行工程对量。

在对 BIM 建模规则和模型深度有着针对性的提前策划，且执行较好的情况下，项目可直接使用 BIM 工程量作为前期造价管理的依据，但应根据施工图预算要求，对施工图设计模型进行检查和调整。工程量 BIM 应用中，在施工图设计模型基础上所附加或关联预算信息内容应符合表 7-2 的规定。

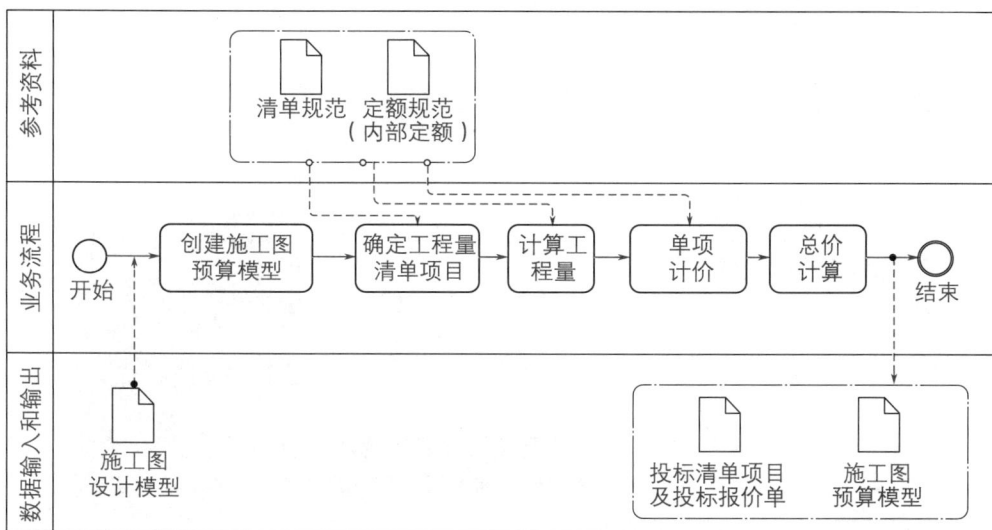

图 7-5　工程量及造价管理工作流程

工程量 BIM 应用模型元素及信息　　　　　表 7-2

模型元素类型	模型元素及信息
上游模型	施工图设计模型元素及信息
土建	混凝土浇筑方式（现浇、预制）、钢筋连接方式、钢筋预应力张拉类型（无预应力、先张、后张）、预应力粘结类型（有粘结、无粘结）、预应力锚固类型、混凝土添加剂、混凝土搅拌方法等。 脚手架模型元素信息：脚手架类型、脚手架获取方式（自有、租赁）。 混凝土模板模型元素信息：模板类型、模板材质、模板获取方式等
钢结构	钢材型号和质量等级；连接件的型号、规格；加劲肋做法；焊缝质量等级；防腐及防火措施；钢构件与下部混凝土构件的连接构造；加工精度；施工安装要求等
机电	机电设备规格、型号、材质、安装或敷设方式等信息，大型设备还应具有相应的荷载信息
工程量清单项目	措施项目、规费、税金、利润等。 工程量清单项目的预算成本，工程量清单项目与模型元素的对应关系，工程量清单项目对应的定额项目，工程量清单项目对应的人机材量，工程量清单项目的综合单价

（2）造价管理

完成项目管理的计算之后，将工程量与项目造价定额库进行匹配，形成项目的造价清单，施工单位利用该造价清单进行项目的造价管理。

利用 BIM 进行施工准备阶段的造价管理的优势不仅仅是快速提取模型工程量，BIM 的 5D 应用是指 BIM 结合项目建设时间轴与工程造价控制的应用模式，即 3D+ 时间 + 费用的应用模式。在该模式下，建筑信息模型集成了建设项目所有的几何、物理、性能、成本、管理等信息，在应用方面为建设项目各方提供了施工计划对于造价控制的所有数据。项目各方人员在施工之前就可以通过信息模型确定不同时间节点的施工进度、施工成本资源分配，可以直观地按月、周、日或单体、楼层、流水段查看到项目的具体实施情况及所需投入的资源情况，方便快捷地进行施工进度资源配置优化，优化项目实施方案，实现项目精细化成本管控，如图 7-6 所示。[①]

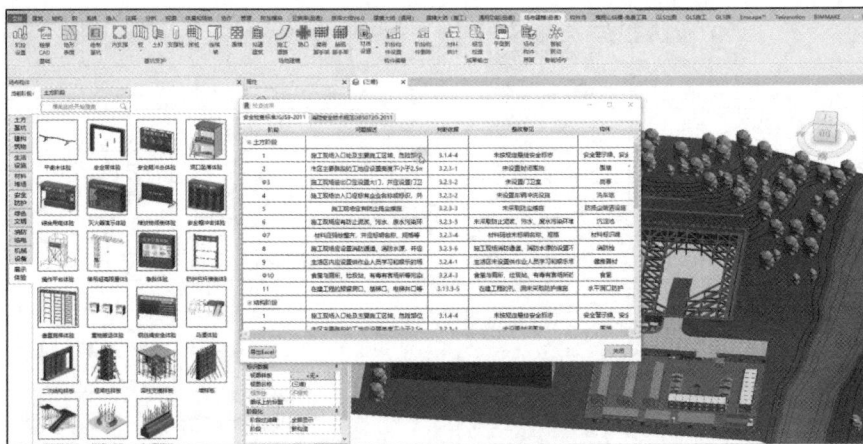

图 7-6　基于 5D 模型的资源管理

任务 7.3　BIM 技术在装配式建筑中的应用

　　装配式建筑是指把传统建造方式中的大量现场作业工作转移到工厂进行，在工厂加工制作好建筑用构件和配件（如楼板、墙板、楼梯、阳台等），运输到建筑施工现场，通过可靠的连接方式在现场装配安装而成的建筑。

　　装配式建筑主要包括预制装配式混凝土结构、钢结构、现代木结构建筑等，因为采用标准化设计、工厂化生产、装配化施工、信息化管理、智能化应用，是现代工业化生产方式的代表。由于装配式工程集成化程度高，各专业工程相互穿插，为避免产生功能缺陷，使用 BIM 技术在各阶段模拟项目全过程实施和运行，为更好地服务于社会提供有利条件。

7.3.1 BIM 在装配式建筑施工中的作用 ·····················●

　　施工应用 BIM 可以解决施工各阶段的协同作业和信息共享问题，使不同岗位的工程人员可以从 BIM 模型中获取、更新与本岗位相关的信息，既能指导实际工作，又能将相应工作的成果更新到模型中，使工程人员对结构施工信息做出正确理解和高效共享，起到提升施工管理水平的作用。

----

① 　结合造价标准学习融入【德育：标准意识、规范意识、做事细致入微 】

在施工全过程中，在深化设计阶段通过三维建模软件快速准确创建 BIM 模型，并生成深化设计图纸、零构件材料清单、零构件加工图；在构件加工阶段，利用深化设计模型输出成果进行材料采购、监督构件加工进度；在构件运输阶段，通过 BIM 数据平台对构件运输进行实时管控；在构件安装阶段，利用 BIM 模型顺利实现钢结构构件的进场、安装及验收工作。

7.3.2 应用案例

1．BIM 应用流程

装配式结构施工应用 BIM 技术应达到以下几个方面的效果：模型信息共享、资源集约化管理、工程可视化管控等。

（1）模型信息共享

通过深化设计模型将工程进度、造价等信息进行整合，形成 BIM 模型，实现工程在深化设计、构件加工、构件运输、构件安装业务上的信息共享。

（2）资源集约化管理

工程施工中的资源需求、材料库存等信息，通过模型的归集，按材质、类型等进行筛分、汇总，实现施工过程中的资源需求分析、订单下达、资源接收、存量分析等集约化管理功能，并进一步实现施工资源的有效调度。

（3）工程可视化管控

BIM 技术在装配式工程进度控制等方面表现出巨大的潜力和优势，利用信息系统内标准化和结构化的信息在施工全过程中为各参与方提供数据支持。通过向系统内导入进度管理信息（如 Project、Excel 文件），系统自动将信息附加到 3D 模型上，并根据设定的参数自动分解推算施工过程中各工序的计划工期。实际的施工进度信息被采集到系统中，通过计划进度与实际进度的对比实现进度预警，进行工程可视化进度管理。

装配式结构施工 BIM 应用从以下几个阶段分别考虑：深化设计、构件加工、构件运输、构件安装，通过 BIM 实现多个专业和业务部门的信息共享和协同作业，主要应用流程如图 7-7、图 7-8 所示。

2．深化设计 BIM 应用

装配式结构二次设计，是以设计院的施工图、计算书及其他相关资料（包括招标文件、答疑补充文件、技术要求、制造厂制造条件、运输条件、现场拼装与安装

成本管理	项目部	深化设计	生产管理	物资管理	工艺管理	质量管理	生产车间
维护成本基本数据信息			维护项目和人员信息				
	划分项目批次，确定工期计划		接收项目工期计划				
		接照批次组织深化设计及相关深化设计管理工作			接收项目批次图纸文件并进行图纸文件的管理		
导入工程量清单，进行估算，生成估算报表	根据批次材料清单，与工艺管理部门配合编制项目批次主材计划	将深化设计模型数据信息关联到BIM系统中	编制生产计划，下发生产指令	维护材料供应商信息和项目材料采购信息	根据批次图纸信息编制项目辅材计划		
				接收材料采购计划并组织材料采购	编制工艺文件		
根据项目合同的执行情况进行实际成本的归集，生成实际成本报表			项目整体进度查看	材料验收入库		材料质量验收	材料领用
			进行构件实际生产加工	材料库存盘点		产品全过程质量管理	构件的实际生产加工
							产品入库
	构件现场验收						
	构件安装						
	对项目整体实施过程进行过程管理						

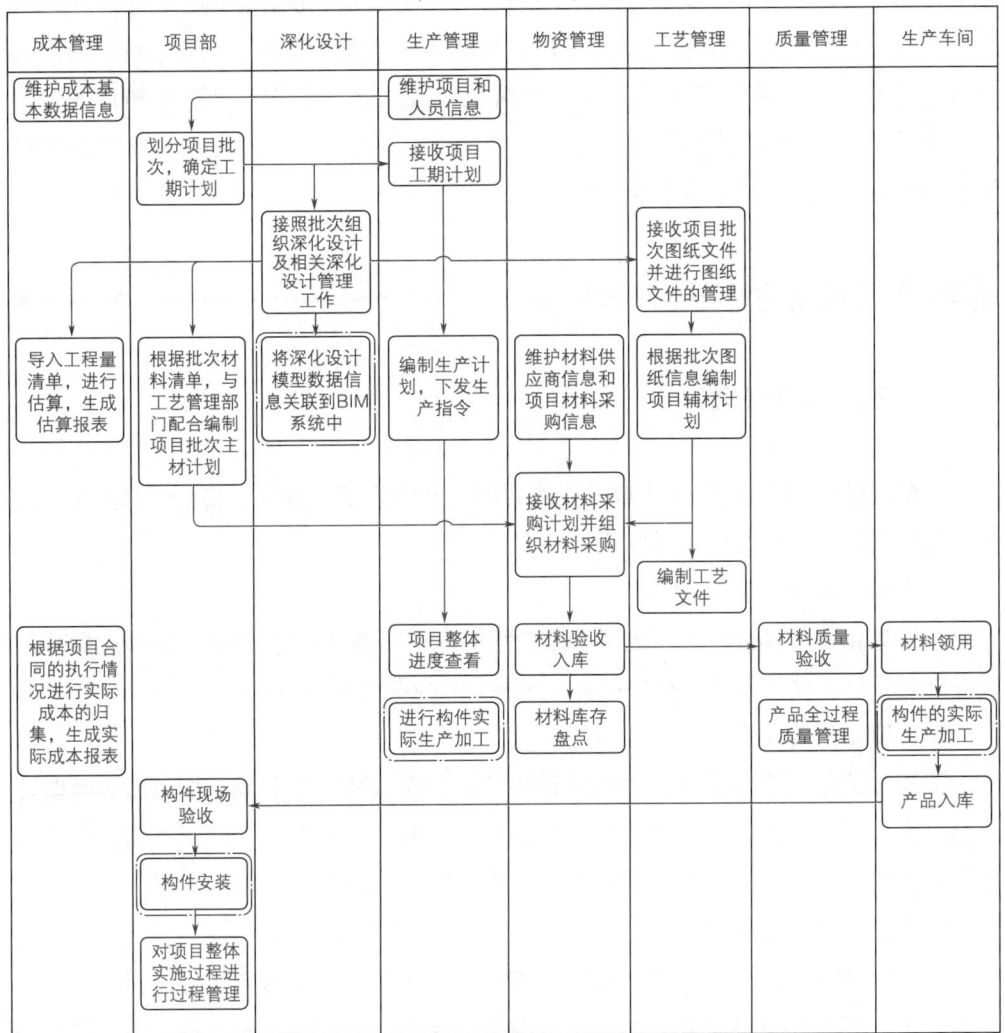

图 7-7　混凝土预制装配总体应用流程图

方案、设计分区及土建条件等）为依据，依托专业软件平台，建立三维实体模型，开展施工过程仿真分析，进行施工过程安全验算，计算节点坐标定位调整值，并生成结构安装布置图、零构件图、报表清单等的过程。作为连接设计与施工的桥梁，深化设计立足于协调配合其他专业，对施工的顺利进行、实现设计意图具有重要作用。

（1）应用流程

深化设计 BIM 应用的基本流程是：编制深化设计方案并组织开展深化设计工作，进行深化设计模型的建立、深化设计施工详图的绘制及管理等工作，并将深化设计模型与其他专业 BIM 模型进行协调。深化设计主要流程如图 7-9、图 7-10 所示。

成本管理	项目部	深化设计部	生产管理部	物资管理部	质量管理部	现场管理部
维护成本基本数据信息	维护项目和人员信息					
	划分项目批次，确定工期计划					
		按照批次组织深化设计及相关深化设计管理工作	接收项目工期计划及批次图纸文件			
导入工程量清单，进行估算，生成估算报表	根据批次材料清单，与加工厂配合编制批次主材计划	将深化设计模型数据信息关联到BIM系统中	编制生产计划开始构件加工	维护材料供应商信息和项目材料采购信息		
			材料验收入库	接收材料采购计划并组织材料采购		
						构件运输管理
			构件加工			
			构件出厂			构件进场管理
					构件进场质量验收	构件安装管理
根据项目合同的执行情况进行实际成本的归集，生成实际成本报表		根据现场反馈信息生成竣工BIM模型			构件安装质量验收	

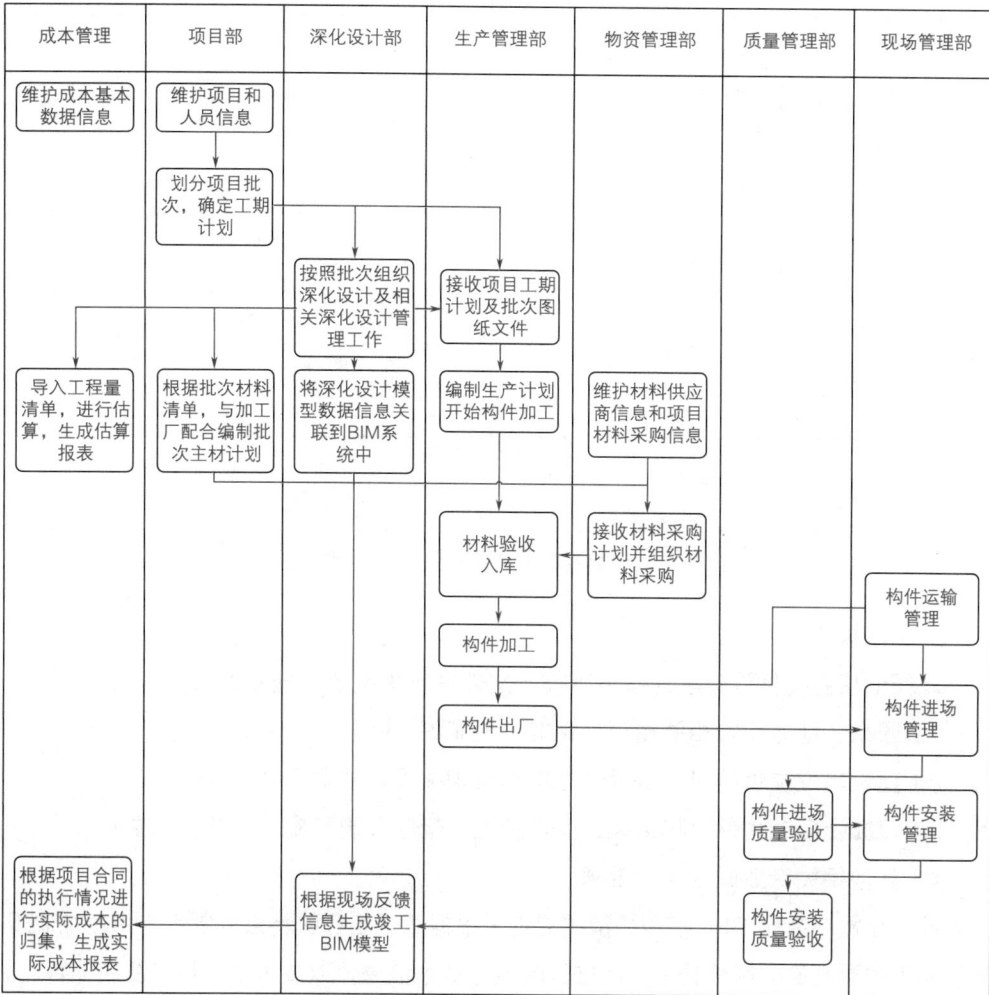

图 7-8　钢结构装配式施工 BIM 应用流程图

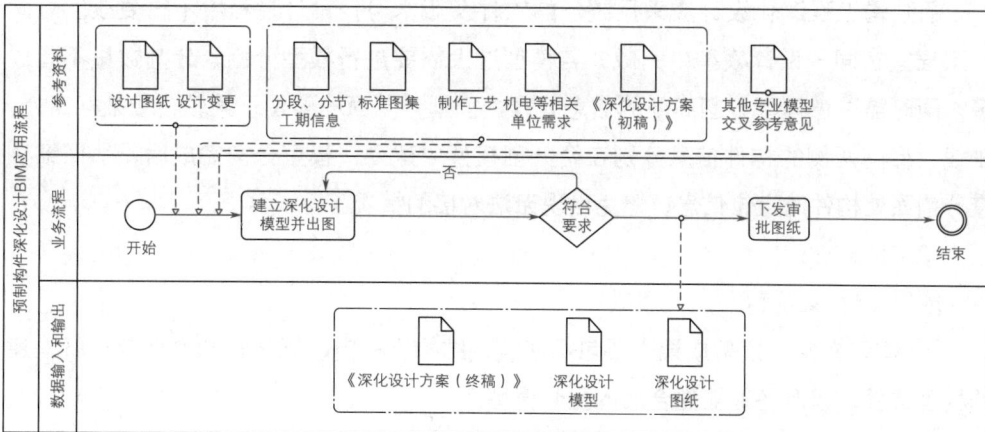

图 7-9　混凝土预制构件深化设计 BIM 应用流程图

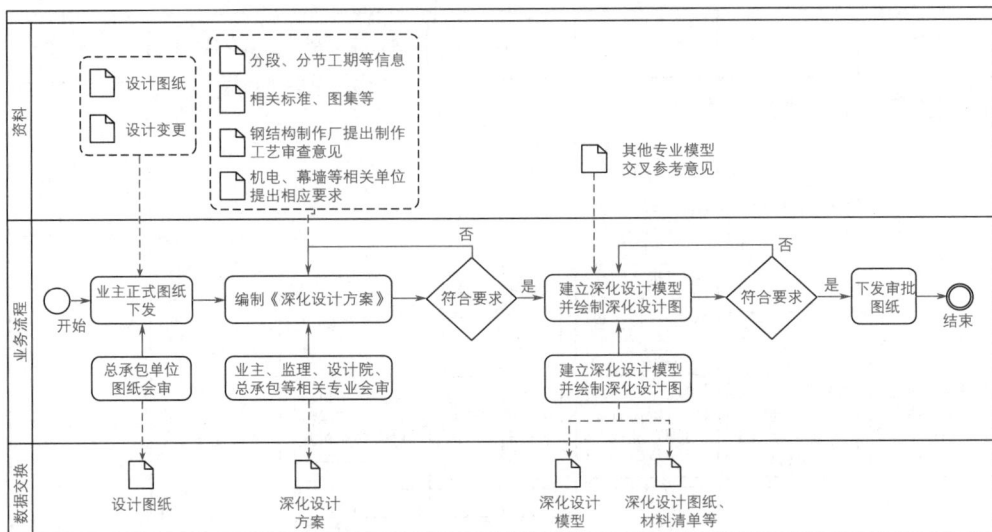

图 7-10　钢结构深化设计 BIM 应用流程图

（2）建模步骤

混凝土预制构件深化设计按下列技术文件进行模型的创建和更新：

1）国家、地方现行相关规范、标准、图集等。

2）建设单位提供的最终版设计施工图及相关设计变更文件。

3）混凝土预制构件材料采购、生产加工、运输及现场安装工艺技术要求。

4）其他相关专业配合技术要求。

混凝土预制装配 BIM 模型的编码规则需根据每个工程的特点，制定专用的编码规则。制定的原则是要区分构件、状态、区域等基本信息，以便于生产加工及施工管理。每个工程的编码规则制定后组织评审，且需负责构件安装的施工单位认可。深化设计建模过程中，需要根据编码规则将混凝土预制构件编码输入到构件属性信息中。

钢结构工程深化设计应采用统一的软件及版本号，设计过程中不得更改。且同一工程宜在同一设计模型中完成，若模型过大需要进行模型分割，分割数量不宜过多，同时需注意模型分割面处的信息处理。模型分割面一般位于某轴线或某标高处，轴线、标高两侧的构件信息分别在两分割模型中建立，模型分割完成后，须仔细核查分割面处构件的定位信息，避免出现无法对接的情况。

（3）成果交付

成果交付形式有：

1）模型文件：模型成果主要包括建筑、结构、机电、钢结构和幕墙专业所构建的模型文件，以及各专业整合后的整合模型；

2）文档在技术应用过程中所产生的各种分析报告等由 Word 等办公软件生成相应格式的文件，在交付时统一转换为 pdf 格式；

3）图形文件：主要是指按照施工项目要求，针对指定位置经 Autodesk Navis works 渲染生成的图片，格式为 pdf；

4）动画文件：BIM 技术应用过程中基于 Autodesk Navis Works 软件按照施工项目要求进行漫游、模拟，通过录屏软件录制生成的 avi 格式视频文件。

档案馆的 BIM 成果交付应包括：各专业 BIM 模型的最新版本及整合后的模型。模型信息按照《建筑工程资料管理规程》JGJ/T 185-2009 的要求，主要为 A 类及部分 B 类、C 类资料，见表 7-3。

BIM 成果交付资料　　　　　　　　　　　　　表 7-3

类别编号	工程资料名称	备注
决策立项文件 A1	项目建议书（代可行性研究报告）	
	项目建议书（代可行性研究报告）的批复文件	
	关于立项的会议纪要、领导批示	
	专家对项目的有关建议文件	
建设用地文件 A2	项目评估研究资料	
	规划意见	
	建设用地规划许可证、许可证	
	国有土地使用证	
	城镇建设用地批准书	
勘察设计文件 A3	工程地质勘察资料	
	设计方案审查意见	
	初步设计及说明	
	施工图审查通知书	
	设计中标模型及初步设计模型	
开工文件 A5	规划许可证、施工许可证	
竣工验收及备案文件 A7	建设工程竣工验收备案文件	
	工程竣工验收报告	
	建设工程规划、消防等部门的验收合格文件	
其他文件 A8	工程未开工前的原貌、竣工新貌照片	
	工程开工、施工、竣工的录音录像资料	
	建设工程概况	
	工程项目质量管理人员名册	
B 类资料	质量事故报告及处理资料	
	工程质量评估报告	
	工程变更单	
	竣工移交证书	

续表

类别编号	工程资料名称	备注
施工技术资料 C2	图纸会审记录	
	设计变更通知单	
	工程变更洽商记录	
施工记录 C7	分部（子分部）工程验收记录表	
竣工质量验收资料 C8	单位（子单位）工程质量竣工验收记录	
	单位（子单位）工程质量控制资料核查记录	
	单位（子单位）工程观感质量检查记录	
	室内环境检测报告	
	工程竣工质量报告	
	建筑节能工程现场实体检验报告	

【思政提升】

本项目主要介绍了 BIM 由来、发展现状和常用的 BIM 软件在工程中应用情况。通过本项目的学习，了解 BIM 的发展进程和建筑工程领域应用区域，认识到科技对建筑工程的影响。

【课后习题】

1. BIM 制图流程和常规设计的区别是什么？
2. 如何应用 BIM 进行正向设计？
3. BIM 在工程实施阶段有哪些作用？
4. 模拟施工创造了什么价值？

参考文献

[1] 姚谨英，姚晓霞．建筑施工技术 [M].7 版．北京：中国建筑工业出版社，2022.

[2] 魏瞿霖，王春梅．建筑施工技术 [M].2 版．北京：清华大学出版社，2017.

[3] 徐淳．建筑施工技术 [M].北京：北京大学出版社，2018.

[4] 王军霞．建筑施工技术 [M].2 版．北京：中国建筑工业出版社，2017.

[5] 马成龙．建筑施工技术 [M].上海：上海交通大学出版社，2023.

[6] 肖明和，张蓓．装配式建筑施工技术 [M].北京：中国建筑工业出版社，2018.

[7] 徐滨．装配式建筑施工技术 [M].北京：电子工业出版社，2022.

[8] 朱艳峰．土力学与地基基础 [M].北京：中国建筑工业出版社，2021.

[9] 昌永红．土力学与地基基础 [M].北京：机械工业出版社，2017.

[10] 钢筋混凝土主体结构施工 [M].3 版．天津：天津大学出版社，2016.

[11] 王峡．建筑装饰材料与构造 [M].天津：天津科学技术出版社，2021.

[12] 何公霖，杨龙龙，唐海燕．建筑装饰工程材料与构造 [M].重庆：重庆大学出版社，2021.

[13] 中华人民共和国住房和城乡建设部．建筑施工安全技术统一规范：GB 50870–2013[S].北京：中国计划出版社，2013.

[14] 中华人民共和国住房和城乡建设部．建筑地基基础工程施工规范：GB 51004–2015[S].北京：中国建筑工业出版社，2015.

[15] 中华人民共和国住房和城乡建设部．钢结构工程施工规范：GB 50755–2012[S].北京：中国建筑工业出版社，2012.

[16] 中华人民共和国住房和城乡建设部．混凝土结构工程施工规范：GB 50666–2011[S].北京：中国建筑工业出版社，2011.